Interpretation of
Histories in Mathematics

數學史演繹

陳長城　編著

國家圖書館出版品預行編目資料

數學史演繹 / 陳長城編著. -- 初版. -- 臺北市：臺灣東華, 民 100.11

384 面 ; 17x23 公分

　ISBN ISBN 978-957-483-674-1 (平裝)

　1.CST: 數學　2.CST: 歷史

310.9　　　　　　　　　　　　　　100017235

數學史演繹

編 著 者	陳長城
發 行 人	謝振環
出 版 者	臺灣東華書局股份有限公司
地　　址	臺北市重慶南路一段一四七號三樓
電　　話	(02) 2311-4027
傳　　眞	(02) 2311-6615
劃撥帳號	00064813
網　　址	www.tunghua.com.tw
讀者服務	service@tunghua.com.tw

2028 27 26 25 24 QK 9 8 7 6 5 4 3 2

ISBN　　978-957-483-674-1

版權所有・翻印必究

Dedicated to

the memory of my parents

Wonder Chen

揭開序幕

　　人類邁進二十一世紀，才不過短短的十年，科學家們在應用科技領域上的突出表現，卻早已讓人有一種目不暇給、難以適從的感覺。尤其是，人類在電子、材料和生物科技業界的活躍應用，其力求創新、日新月異的變化，更是莫不令人產生一種腳步錯亂、幾近窒息的現象。從這些亮眼的成績單上，我們似乎已經看到，不出一百年，人類必將進化而為半自動控制的人類。到時，為了要因應多變的、或者是難以預測的太空生態環境，人類的身體將被安裝記憶容量極大的電腦器械（譬如說，以極微小的奈米晶片植入人體微血管中）。以其快速的數值運算功能，來告知人類在外太空的安全行動方向，來保護人類避免身陷外太空的高溫或高壓的危險場所。

　　到那時候，人類勢必將以理智為一切行為的準則。人類勢必將逐漸失去傳統而又豐富的感情。那麼所謂的「七情六欲」者，也必將不知為何物。面對如此這樣一個即將到來的進步，而又可怕的未來，人類或將繼續演進，但也或將不知所措；或將痛不欲生，甚或將嚴厲的詛咒科學家給人類所帶來的浩劫。

　　五千年來，日出而做、日落而息，本來就活得好好的。雖然是艱苦了點，但也平凡、悠閒而踏實。就算再過五千年，我們人類也仍將日出而做、日落而息。地球也仍將按時運行而春夏秋冬。曾幾

何時，人類長久以來平凡、悠閒而踏實的生活，由於科技的進步，竟變得那麼的奢求、遙遠而永不復現。曾幾何時，到底是什麼力量，讓人類在短短的三百多年間演變得即將脫離傳統、違反人性。甚至，即將步上毀滅的道路？？？

話說，五、六百年前的一個震撼全歐洲的運動。那是十二到十四世紀間，西歐洲十字軍東征之後所必然產生的結果。當西歐洲地區的貴族騎士們接觸到東方的科技文明之後，他們體會到，「除了萬能的上帝之外，竟然還有如此完美的智慧結晶。」於是，風起雲湧般的思想解放運動於焉開展。全歐洲的人民對教皇統治的信心開始動搖。宗教教義的桎梏，再也不那麼牢不可破。數學家們跳脫了宗教迷失的糾纏，冒著生命的危險，向傳統的威權挑戰。於是，百家爭鳴、百花齊放。

在注入東方科技文明的催化劑之後，十五世紀歐洲的數學開始萌芽，開始有了創造性的變化。純幾何式的古希臘數學，在被賦予 x 和 y 的代數方法之後獲得重生；羅巴切夫斯基的發明，使得歐基里得幾何變得面目全非。在這些眾多驚天動地的創作當中，偉大的數學家，伊薩克牛頓的《流數術》或者是哥德富萊布尼茲的《微積分》當屬最為突出的發明。這個發明在傳統和現代之間用力的刻下了一道鴻溝，它在十七世紀的末葉，給傳統文明劃下了完美的休止符。

迎面而來的十八世紀，在微積分的理論基礎之下，分析學、應用分析學、工程力學以及電磁場學相繼問世。科學家們利用新穎而快速的「微積分計算方法」摧枯拉朽。在嶄新的科技領域裡，勢如破竹、開疆闢地，……。於是，傳統被拋棄，舊思想被束之高閣。

揭開序幕

人民開始調整他們的腳步，步伐變得急促、混亂而不知所措，……。原來，就是《微積分》這個鬼東西。自從西元 1668 年，牛頓為了解開那一個大自然神秘的引力，而發明《流數術》以來到現在，也才不過 343 年。看官們，您倒說說看。到底是什麼力量，帶領人類脫離傳統、違反人性。甚至步上毀滅的道路的呢？？？

提及《流數術》，其概念的興起當然不是一朝一夕的產物。當然也絕非牛頓一人之智慧所能獨立完成的創作。它是牛頓在獲得「極微小量」的概念之前，經過多日的苦思之後，在一個偶然的機會裡發現，中國古書《墨經六篇》中的經下篇所言，「斲半，進前取也。前則中無為半，猶端也。前後取，則端中也。」以及莊子《天下篇》中的惠施所言，「一尺之捶，日取其半，萬世不絕。」的道理之際，所建立起來的偉大思想。換句話說，《流數術》是集東西方的哲學思想，配合數學方法，在醞釀了兩千年之後所形成的智慧結晶。

依據前述所言原委，筆者就按此脈絡為思考之泉源，為撰寫本書之綱領。加上二十幾年來所累積的教學經驗，特別給全球華人年輕朋友們，編纂了一本包含東西方，數千年來的數學文明演進過程中較能夠代表階段性任務的數學歷史發展演繹的讀本。

本書適合對認識數學歷史發展有興趣的高中同學，對數學有偏好的國中學生，或者是想欣賞數學歷史演進的社會人士之休閒讀物。當然，本書主要還是以大學通識教學課程為主要設計對象。除此之外，它應該也是各大學教育學程中以數學為主修科系之大學生所必須選讀的必備書籍。本書分為七個 chapters，共有三十六個 sections。以平均每三個小時講授兩個 sections 的速度來說的話，概

略而言，本書適合三學分一個學期的課程。當然，對於可能發生的一些特殊狀況，而造成進度有所不足時，第七章的數學專題欣賞可以當作調整進度時的緩衝，而不致影響教學計畫上的完整性。

　　此書之編纂著實不易，除了整體的數學發展過程之認識外，還必須有客觀的教學環境配合。筆者在此要特別感謝逢甲大學應用數學系，所提供的教學環境、教學資源和教學上的一切設備，使得本書能夠順利付梓。當然，筆者也一併要感謝學術界的所有前輩，和同仁們的指導與相互砥礪，使得本著作內容能夠更加嚴謹，前後章節連結更為順暢。至於台灣東華書局編輯部同仁，在編輯排版上的配合，當然也不敢或忘，在此一併表達感謝之意。本書在編纂上若有不盡完備之處，尚祈各界學者先進不吝指正。

陳長城　謹序
2011 年 9 月於
逢甲大學理學院

前　言

　　一般的史學家可以輕鬆的以一個地區或以一個族群為主體,依據朝代、按照年序,記載人文社會發展的演進過程。然而,人類數學發展的過程,沒有國界的區隔,更沒有王朝的統治,用以規範科學家的思考模式。所以,一般而言,不管是數學公式的發明,或者是數學名詞、邏輯定義、甚至於計算行為之約定,其方式是多元的、不被法令或是框架所約定的。換句話說,其過程必定是零亂的。在如此多元而又零亂的過程當中,若要以世俗歷史的做法,單純的來編纂數學進化發展的歷史,實在有其極高的難度。所以,時至今日,無論是市面上所曾經出版過的數學史相關讀物,或者是網際網路上所刊載的數學史相關資料,無一不是因果來去不明,要不就是前後文字含意無法連貫,著實不易編寫。諸如此類之書籍刊物閱讀起來,不僅使得讀者們倍感吃力,而且似乎沒有一氣呵成的快感,以至於無法有效的記憶數學史上所曾經發生過的各個數學事件。或者,對於各個事件之年代,其前後和相關始末之訴說,常令讀者有混淆不清的感覺。

　　重新修編過後的讀冊,經過多方考量,筆者以「數學史演繹」一詞命之。並且按照數學事件發生的年代順序,以及階段性的任務為原則,將數學史演繹區分為七個章節。從茹毛飲血的洪荒時期開始,到五千年前有文字記載的時代,到紀元前後東方的算學興盛時

期，再到中世紀基督教統治的歐洲，以至現代人類科技的開山鼻祖，最後以開創未來的二十一世紀為結尾，一氣呵成。整編過後的《數學史演繹》內容順暢，每一個歷史事件發展的前後因果分明，邏輯論證條理清楚。整本書讀起來，不會令人有斷裂、迷失的感覺。讀起來只會讓人覺得意猶未盡、有一種想要追根究柢的衝動。尤其是對於各年代數學人物的敘述，其前後一致深入的描繪，令人讀起來，更會有身歷其境的臨場感。

　　現在，就讓我們從遠古時期中人類對於數字毫無概念的時代開始。慢慢的，走進數學的歷史。慢慢的、慢慢的……。

目　錄

揭開序幕	....	V
前　言	....	IX
目　錄	....	XI

第一章　源　1

 1.1 數字的傳說 2

 1.2 基本的幾何圖形 11

 1.3 數學符號的回憶 15

第二章　上古時期東西方數學活動的回顧　29

 2.1 中國工匠、規矩與勾股形 30

 2.2 畢薩哥拉斯與古希臘的數學 40

 2.3 墨家的哲學思想與數學成就 49

 2.4 歐幾里得與幾何原本 56

 2.5 古希臘三大幾何難題 67

 2.6 一位能夠移動地球的數學物理學家 72

 2.7 凱撒大帝與羅馬曆法 79

第三章　兩漢時期與魏晉南北朝　87

- 3.1　周髀算經 88
- 3.2　九章算術 96
- 3.3　劉徽與九章算術注 129
- 3.4　祖沖之父子與《綴術》 138
- 3.5　孫子算經 146

第四章　中古世紀歐洲數學的啓蒙　165

- 4.1　風雨飄搖的中世紀 166
- 4.2　中世紀歐洲一位傑出的數學家 173
- 4.3　宗教信仰與知識份子的矛盾情結 181
- 4.4　一場數學風暴、一個歷史懸案 196
- 4.5　一元三次方程式及卡爾丹諾公式 207

第五章　巨人的鋒芒──近代科技的始祖　219

- 5.1　代數學的先知──笛卡爾 220
- 5.2　謎一樣的數學家──費馬 229
- 5.3　流數術的發明──牛頓 238
- 5.4　另一位微積分英雄──萊布尼茲 251
- 5.5　俄羅斯偉大的數學家──尤拉 264
- 5.6　柯尼斯堡城的數學遊戲 274

第六章　重拾微積分信心　281

- 6.1　重整微積分嚴密性的頭號功臣──柯西 283
- 6.2　德國數學王子──高斯 293
- 6.3　現代函數的創始者──狄利徐里 307

6.4　一位艱苦經營的數學家——威爾斯特拉斯 314
6.5　二十世紀最偉大的數學家——希爾伯特 321
6.6　整裝之後再出發 331

第七章　數學專題欣賞　337

7.1　草棚下的天鵝 338
7.2　不是自然數的自然數 341
7.3　實數體系的阿基米得特性 348
7.4　中國剩餘定理 353

參考資料　367

第一章

源

很久、很久以前，人類歷史還沒有被文字記載以前，想必是民智未開，茹毛飲血的時代。在中國大陸某一個古老的起源地；在非洲大陸考古學家們日以繼夜，努力挖掘考證的地區；或是在那神秘而又令人驚懼的南美洲，馬雅民族的原居住地區。在那些遙遠而又古老的地區，人類的祖先曾經是一無所知，除了大自然之外，他們一無所有。飢餓了，他們便單純的採拾花草放在嘴裡嚼食，從而獲得維持生命力量的來源。碰到了野獸，他們或是驚嚇的逃逸、或是遲緩而被吞噬、或是奮力的與野獸拚搏。天象變異的時候，他們更堅強的和大自然交戰，否則便難逃集體遭受毀滅的命運，……。

現在，何不讓我們坐下來，仔細的想一想，生活在那樣一個周遭荒蠻，驚險萬分的環境當中，人類的祖先們是如何的無助，他們是如何的脆弱。那時候，聚居的部落尚未形成，社會秩序尚未建立。逐漸的，人類才開始感受到團體力量的重要。於是，他們學會了溝通，他們開始聚集而居。他們搭建起遮風避雨的住所，他們集體行動以防外力的侵害。此時，部落於焉興起，社會於焉形成，社會秩序的法則於焉制定。

曾幾何時，人類的智慧有了突破。他們學會了用樹枝來傳遞訊息，用石頭來表示今天出去狩獵所獲得的成果。曾幾何時，人類的體能有了改善。他們胼手胝足開荒闢地，他們學會了耕稼捕魚，他們囤積糧食為了明年的嚴冬。

數學史演繹

印尼爪哇直立猿人

上古時期人類的居住所

頭一章就讓我們來探討，人類是如何從一無所知，經由與大自然搏鬥的過程中累積經驗。從而建立起生存的模式。進而開創出傳遞訊息時所使用的工具、數字、符號，以及一些基本的幾何圖形概念的。

1.1 數字的傳說
1.2 基本的幾何圖形
1.3 數學符號的回憶

 **1.1 數字的傳說**

「數字」是什麼東西呢？它是什麼時候開始有的呢？它又是何人所創造的呢？這個疑問幾千年來，不管是在中國或是在印度，或是在古埃及，甚至於在古代希臘神秘的國度裡，都各自流傳著多種

不同版本的傳說。考古學家們為了解決常年來大家心中所存在的這個疑惑，不辭辛勞、上山下海，或到人煙罕至的非洲荒野，或到草木不生的中國大漠，或到危機四伏的中南美洲。考古學家們意圖以有限的生命，去追蹤數萬年來人類活動的蹤跡。他們日以繼夜，不斷的挖掘、不斷的探勘。然而，多年來的辛勞之後，考古學家們目前所能得出來的結論，卻是令人失望的不堪回首。考古學家們走過的來時路是那麼的堅苦，想必未來的路亦將會更為坎坷、更是艱困。直到目前為止，考古學家們依據所能掌握少數人類活動的遺跡，窮其有限的生命和智慧所能提供給我們的答案，也都僅僅是一些古老的神話和傳說而已。

盤古圖像

於是有人說，打從盤古開天闢地開始，人類就懂得如何使用數學。因為，有文字記載曰：「天，日高一丈，地，日厚一丈，盤古，日長一丈；如此萬八千歲，天數極高，地數極深，盤古極長。」此處之一丈或是萬八千歲，清楚的說明了當時的人類已經有數字大小的概念了。

又有人說，在那遙遠、遙遠的時代，在那萬籟寂靜、寒風凌厲的中國北方。多少年來，那一條孕育著中華大地的黃河流水，忠實的、勤奮的從不稍事懈怠的由東而西，划過那古老而又神秘的過去。根據中國古老的傳說，上帝在創造人類的時候，忘了賦予人類智慧。於是，有一天，萬物之神派遣使者，再度蒞臨人間。那是夜黑風高的一個晚上，黃河之水平緩如昔。剎那間，風雲色變、雷電交加，黃河之水掀起數十丈高的驚濤駭浪。過不久，當河水逐漸退卻之時，一隻頭似龍首、身如麒麟的巨獸，爬上了河岸。人們定神一看發現，牠口中含著一卷「圖冊」，圖冊中記載著多種依式排列的圓點圖案。又過數日，也是一個寧靜的夜晚，是另一個夜黑風高的日子，這一次發生在那波瀾不驚的洛水。另一位神明的使者又突然出現。那是一隻神龜，一隻馱著一卷「書畫」的神龜，以極為緩慢的腳步，牠也爬了上岸。此時，人們發現，書畫裡同樣記述著令人振奮和喜悅的智慧。於是，有人傳言，「數學起源於這兩卷圖冊與書畫」。後世之人，更將其分別命名為《河圖》、《洛書》。

君不見，古書上有記載曰：「數何肇？其肇自圖書乎？」。尚

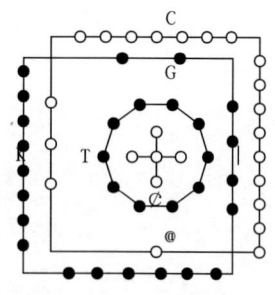

第一章 源

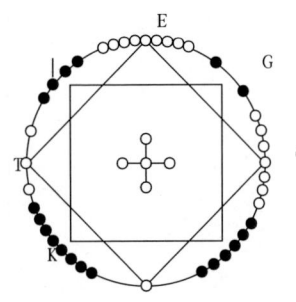

書中侯篇亦云：「河出龍圖，洛出龜書，赤以綠字，以授軒轅。」在許多中國古代數學的著作裡，也都敘述著有關河圖以及洛書這個神奇的故事。書中，有些人將河圖洛書並稱為《天地生成數圖》。

備註

1. 尚書中侯篇有一段記載曰：「帝堯即政，榮光出河，休氣四塞，龍馬銜甲，赤文綠色，甲似龜背，五色有列星之分，計政之度，帝王錄記興亡之數。」

2. 尚書洪範傳亦云：「天與禹，洛出書，神龜伏文而出，禹遂因而第之，以成九州。」

3. 另有古書記載，「河圖、洛書」者乃伏羲氏所發明。他將 1 至 9 等九個數字排成一個三列三行之正方形。使得每列、每行以及斜對角線上的三個數字和皆為 15。此一數字排列，早期被稱為「洛書」，或為「九宮算」。中古世紀時期，宋朝的楊輝又將其改稱為「縱橫圖」。當十三世紀傳到西方的時候，西方人則管它稱為「幻方」。君不見史書有云：「九宮者，即二、四為肩，六、八為足，左三、右七，載九、履一，五居其中。」

數學史演繹

4	9	2
3	5	7
8	1	6

九宮算

　　另外則是，古代希臘神秘的傳說。在那遙遠的地中海地區，虔誠的子民們認為：「數學是無所不能的太陽神阿波羅的智慧所創造出來的。」

　　話說，在太陽神阿波羅的宮殿裡，雄偉的圓柱閃閃發光。鑲著燦爛的黃金和火紅的寶石，聳立在殿堂的正上方。炫目的象牙所建構成的飛簷，寬闊的銀質門上美麗的浮雕，展現出古老又神奇的智慧。

　　這一天，大廳內威猛而令人懾服的阿波羅神，氣憤難消的坐在華麗的寶石座上。原來，雅典人民沒有能夠達成阿波羅的旨意，「將神殿門口那座正方體的香爐，按原模型重新打造，以便使得其容積增加一倍。」起初，雅典人民認為，阿波羅神的這個任務是何等的容易呀！他們認為，只消將原正方體香爐的每邊長度加長一倍不就成了嗎？

　　沒過多久，全新的香爐果然打造成功，雅典人民給太陽神阿波羅獻上最虔誠的敬意。結果，太陽神不僅不表喜悅，還施放瘟疫重重的懲罰了雅典的子民。可憐無知的民眾，看到太陽神大發雷霆憤怒的樣子，直覺不寒而慄、膽戰心驚。

　　到底那裡錯了呢？是否香爐的容量出了問題？幾經討論，人民

最後決定，將香爐的容積用水進行量測一番。結果，民眾們赫然發現，全新完成的香爐，其容量竟然是原來香爐容量的八倍之大。這可怎麼辦呢？到底要如何才能製造出一個為原來正方體之兩倍體積的正方體香爐呢？同學們，可否幫忙想想看啊！原來，這是一個辦不到的且非常古老的三大幾何難題之一，也正是所謂的「立方倍積」的問題。在一個沒有尺寸、沒有長短度量的遠古時期，太陽神對祂的雅典子民是何等的苛責與刁難啊！

從這一段流傳的神話當中，古希臘的人民於是深信，「數學是無所不能的太陽神阿波羅的智慧所創造出來的。」

附註

1. 古老的三大幾何問題是，化圓為方、立方倍積、三等分一銳角。有關這三大幾何問題，讀者可參閱本書第 2.5 節。
2. 距離土耳其第一大城，伊斯坦堡正南方約六百五十公里處的帕木卡芮地區，遍布石灰華泉水所形成的白色台地，因而被稱為棉花堡。它是一個著名的國際觀光勝地。自古以來，該地區孕育著無數的民族與文化，遍處都是古希臘羅馬神話記載中的古蹟。日前，意大利考古隊在帕木卡芮附近，一座希臘古城赫拉波里斯遺址內，發現了古希臘羅馬神話中的阿波羅太陽神殿。根據古希臘神話中的記載，太陽神阿波羅（Apollo）是希臘奧林柏斯十二主神之一。是宙斯與黑暗女神勒托（Leto）的兒子，阿耳忒彌斯的孿生兄弟。阿波羅又名福波斯（Phoebus），意思是「光明」或「光輝燦爛」之意。阿波羅是光明之神，在阿波羅身上找不到黑暗。他從不說謊，光明磊落。所以，他也被稱為真理之神。

其實，盤古開天地也好，河圖洛書也罷，甚至於太陽神阿波羅的發明也一樣。這些應該只是傳說而已，它們沒有可信的科學立論依據。以科技昌明的現代人的觀點來思考，「數字」絕不會是一朝一夕的產物，更不會是無所不能的神的賜予。「數字」想必是人類歷代的祖先們，在經歷千百年的生活、歷練的過程當中，運用心血和生命與大自然搏鬥的經驗，累積而成的智慧結晶。

想想看，就如同生物學家研究人類的進化過程一樣。「人」是如何產生的呢？生物學家說，「人」是由低等動物經過千萬年的演進、轉化而成的。那麼，可想而知，「數」也絕非是瞬時間的產物。它必定是人類在經過歲月的洗滌，細心的推敲探討之後所體會出來的經驗累積。精確的說，「數」應該是千百年來，人類經由一次又一次的生活實踐，在失敗的慘痛教訓中慢慢的累積經驗、歸納而成的法則。繼而由經驗法則再去驗證、再去實踐所創造出來的。簡單的說，「數字」是起源於人類因生存的需求而去勞動、去實踐之後所體會出來的心得，然後從心得中所創造出來的產物。

遠古時代，在一個沒有「數字」觀念的荒野。人類在屢次的狩獵當中，總是不加思考、勇猛的撲上前去與獸群格鬥。如此為了求得生存，他們總是一次又一次的被大自然吞噬。經過了無數次慘痛的教訓之後，他們終於發現，「一個人的力量，實在難以戰勝獸群。」於是，人類從而領悟了「多」的概念，在下一次的狩獵中，在他們撲上去與獸群格鬥之前，他們會看看人類的數量是否夠「多」？只有當獵人的數量夠多、氣勢夠狠的時候，他們才會發出戰鬥的吶喊，……。

又是某一天，在一個草木不生，白雪冰冷的深冬。人類饑餓難

第一章　源

熬，這時他們才沮喪的發現，他們已經沒有可供食用的果實了。然而，冷峻的冬夜，卻仍舊長得令人頹喪，……。從此，他們才又學習到，只有當倉儲的食物堆得「滿滿的」時候，他們才會停止冬天來臨之前食物的採集行動。天荒地凍、歲月漫漫，令吾等景仰的人類祖先們，他們為了繁衍人類繼起之生命，卯足勁兒與大自然較量。他們累積起經驗，他們領悟到，「多」與「少」的區別。這就是人類在產生「數字」的概念過程當中，最為原始的生活實踐。

然而，光是「多」與「少」的概念，還是不足以應付人類在演進的過程中，所遇上的多變的生活環境所需。那麼，到底在何時，人類開始懂得數（ㄕㄨˇ）數（ㄕㄨˋ）的呢？依據考古學家的發現，「數百年前住在巴西的保托庫德部落人，仍然只會用『•』和『多』來計數。」依此推斷，數學家們因此普遍的認為：「人類首先學會，如何從『多』的概念中，表現出『•』的用法。」數學家們還認為，原始人類在學會如何純熟的使用雙手之後，他們便懂得以一隻手拿一個物體，用以代表『•』這個最基本的數字概念的。隨後，在重複的演練之下，『•』的概念於焉誕生了。

部落群居生活的演變持續的前進，居民之間的互動變得更為頻繁。光憑著『•』與『多』的概念，在人與人之間訊息傳遞的技術上，已經逐漸的不敷使用。突然有一天，有人用雙手分別各拿一件物品之當時，『••』的概念隨之跳上了人類數學歷史的舞台。原來，『••』這個東西，並非是那麼的遙不可及。在同樣重複的動作之下，人類進而也完成了『••』這個數字的建立。在『•』和『••』的發明基礎之上，聰明的人類祖先想要表現『•••』，就再也不需要經歷那麼多的困難了。他們知道，除了用雙手各拿一件物品之外，旁邊再多擺上一件物品，如此代表的不就是『•••』的形象了

嗎？按此經驗的累積，數年後，四、或五、或六、或更大的數字，也陸續的在人類的生活實踐中依序的產生了。

上述，●、●● 以及 ●●● 等圖騰的產生，其過程若以現代人的智慧來想的話，或許會讓人覺得愚不可及。有人會想，要表達 ●、●● 或 ●●●，會有那麼的困難嗎？看我手指頭扳動幾隻不就行了嗎？但是，您可先別得意，當您把自己想像成一隻「類人猿」來體會的時候，就不是那麼一回事了。要知道，幾萬年前在類人猿時期，他們的手指頭，可不如現代人所想的那樣靈活耶。更何況，當時他們的腦容量，可也沒有如讀者們的那般大呢，不是嗎？

上古之初，遍野荒蠻。由於，所處天然背景條件之不同，雖然造成了各不同區域的人類有各自不同的生活與計數方式。然而，依考古學家們的研究結果顯示，以結繩來計數的方法最為被普遍使用。中國的《周易‧繫辭》一書，書中有言曰：「上古之人結繩而治，後世聖人，易之以《書契》。」《莊子‧胠篋篇》中亦云：「昔者容成氏、大庭氏、伯皇氏、中央氏、栗陸氏、驪畜氏、軒轅氏、赫胥氏、尊盧氏、伏羲氏、神農氏，當是時也，民結繩而用之。」（根據傳聞，二十世紀中期，雲南的少數民族仍然以結繩或刻木來記數呢）。此外，在紐約市立博物館裡，珍藏著一件從秘魯出土，叫「基普」的古代文物。它是一條打了結的繩子，這件文明古物同樣說明了，古時候生活在秘魯一帶的人類，也懂得如何以結繩計數的耶。

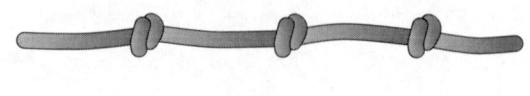

基普

第一章　源

附註

1. 《書契》者，釋名云：「契，刻也，刻識其數也。書契者，在骨、竹、木、或石上刻字也。」
2. 《書契》之作，尚可考者，始於殷代，但此並非謂殷之前沒有《書契》也。殷代甲骨文中，有如下一到十之計數方法。

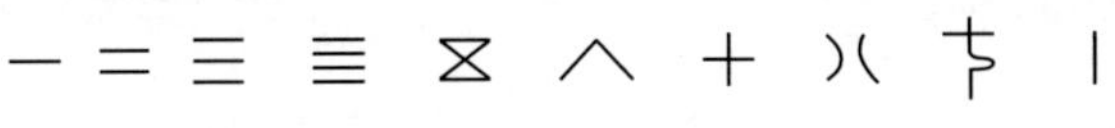

殷甲骨文

1.2　基本的幾何圖形

　　在民智未開，茹毛飲血的時代，在經歷千年、萬年與大自然奮戰的過程當中，在人類領悟出數字概念之同時，一些基本的幾何圖形，也在他們經年累月的觀察、記錄和體驗之下，逐漸的形成。

　　話說，有一天晚上，一輪皎潔的明月高高掛在天上，把那萬籟靜寂的夜晚，照耀成明亮有如白晝的大地。好奇的人類抬起頭，仰望遠方的天空。他們暗自心想，晚上的「太陽」總是那麼的溫柔、圓滑而令人喜愛。原來，那是十五的滿月。今天如此，三十天之後，他們也發現相同的情景再度的出現。這一次又一次的經驗，使他們懂得，在月圓轉而為缺之後，期待下一次滿月的來臨。

　　於是，他們開始追逐圓圓的夜月，他們開始崇拜圓圓的圖騰。此後，這樣一個大自然的圖像，在經過歲月的刻劃之後，深深的烙印在人類的記憶深處。從此，每當提到滿月之時，人們立刻聯想到的是，一個圓圓的、滿滿的、很平滑的封閉曲線形狀。

圓圓的夜月　　　　　　　　器皿上的圖騰

　　為了展現經驗所得，人類於是在他們所使用的各種器物上，雕鏤出腦中的記憶——「滿月形狀」的幾何圖形。「圓」的概念從而建立，人類文明歷史的第一頁從而開啟。

　　也是千萬年前，某一天的午後。在那廣大的非洲草原上，一群行色匆匆的獵人，手持著木棍、肩膀扛著竹竿。忽然間，三五成群的獵物出現在眼前。於是，他們興奮的撲上前去，意欲撲而殺之，取肉食之。然而，這些似乎沒有經驗的獵人，再怎麼也想不到，狀似羚羊的動物會飛奔而去，逃離他們的追擊。這時，沮喪的獵人並沒有離去，他們在樹蔭底下繼續守候。沒過一會兒，激情的場面再度的出現，他們再一次興奮的往前一擁而上。可是，挫敗的場景又再一次的讓他們沮喪不已。一次又一次的挫敗，下一次當他們碰到獸群的時候，他們改變了進攻的方式，他們試圖以木棍遠遠的丟擲而去。然而，挫敗、失望、沮喪的歷史總是一再的重演。此時，饑餓難耐的獵人似乎已經領悟到，若要順利的追得獵物，必須具備快而又準確的狩獵工具。

第一章　源

　　於是，那又快、又準、又狠、又有力的弓箭首度問世。當人們下一次外出狩獵之前，他們再也不會忘記要求攜帶那把奔馳在荒野中的獨門暗器——「緊繃的弓弦」。他們知道，唯有將弓弦緊緊的繃著的時候，才能將箭射得又快、又遠、又準，……。下次，當他們再一次與獵物追逐的時候，想必將是喜悅滿面，沮喪不復。

　　如此日復一日，年復一年，這樣一條緊繃的弓弦，在人類文明演進的過程當中，又深深的烙下了難以磨滅的記憶。而這條「緊繃的弓弦」，也讓人類進一步的建立了「直線」的概念。從此以後，當人們在器物上展現實力，雕刻圖案的時候，他們又多了一個選擇，多了「弓弦直線」的幾何圖形。

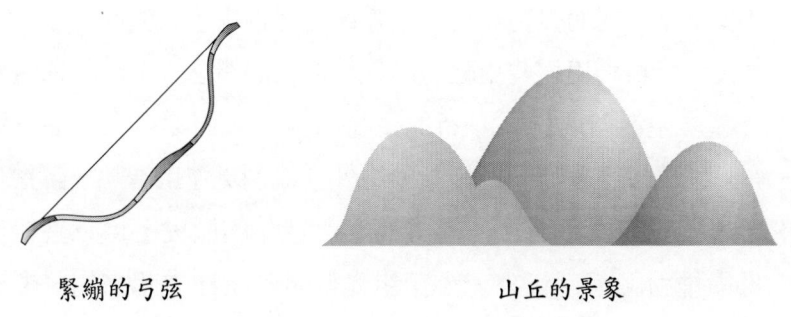

緊繃的弓弦　　　　　　　　　山丘的景象

　　築巢而居之前的人類，山洞是他們躲避風寒、防止野獸攻擊的最佳居住場所。半圓形、三角形或是四邊形狀的洞口，也隨之在他們的圖騰記載生活中增添了新的一頁。出外狩獵之時，行走在起伏不平的山巒野林間。每當他們往遠處眺望之同時，山丘的景象更是堅定了他們崇拜三角形的信念。住處附近、湖泊的水岸線、人獸的足跡、高聳參天的樹木，也都是早期人類構築圖騰文化的基本素材。

　　這些以寶貴的生命、悲慘的歲月、痛苦的經驗所建立起來的幾何圖案，除了豐富早期人類生活的內涵之外，也帶給他們在日常生

13

活實踐上莫大的啟示、鼓舞和幫助。譬如說，這個「直線」的概念，給原始人類所帶來的啟示是，當他們再次到部落前頭溪邊喝水的時候，一個直線的概念凌空劃過。他們心想，何不試試看直線走到溪邊會是如何？結果，他們發現，行走「直線路徑」最快到達水源地。他們高興萬分，他們體會到，除了緊繃的弓弦之外，直線還可以有那麼大的妙用。又譬如說，人們在建立了圓的概念之後，因而懂得以圓圓的形狀，製造出拖曳工具的輪子。另外，從三角形的概念中，他們懂得以三角的形狀支撐起，遮風避雨的草棚。至於，梯形的幾何圖案則激發了他們搭建出，容量更為寬敞的房舍，顯得更為美觀大方，。

多少年來，周而復始。在生活實踐的過程中，人們建立了形的概念之後，又再利用這些由經驗所累積而成的概念，訴諸生活實踐當中，賦予生活新的方式、新的生命力量。人們除了在生活實踐中，充分的展現了幾何圖形的魅力之外，他們更運用智慧，讓幾何圖形展現出它們的張力。使得人類文明進化的歷史，得以獲得活力、獲得推力。千百年來，人類祖先們辛勤所建立起來的美麗線條，除了豐富了古代人類生活的美學及藝術之外，也使得人類的智慧得以逐漸增長，人類繼起之生命得以持續繁衍、茁壯。

備註

根據考古學家的記載，在中國西安的半坡氏族遺址中，曾經發現一座原始村落的遺址。經過考究證明，那是六千五百多年前，新石器時代人類所居住的部落。這個占地約三萬平方公尺的原始村落，其中心有一

第一章　源

陝西半坡村遺址博物館

長方形的大型建築物，面積約為一百六十平方公尺。該建築物的周邊，分佈著面積約為二十平方公尺左右，或為圓形、或為方形的小型住處。另外，遺址中也出土了許多彩陶器皿，器皿上塗繪著各種精巧勻稱的圖案，有圓形狀的、長方形狀的、三角形狀的、甚至於還有螺紋形狀的。各個圖樣精彩紛呈，展現了古代人類在生活藝術上的美貌。時至今日，漫長的六千年過去了，西安的半坡氏族雖然早已歷經滄桑。然而，他們所遺留下來的幾何形體，仍然靜靜的躺在那邊。驕傲的向現代人類展示著，他們如何在艱苦勞動中，創造出空前的數學文明。

 ## 1.3　數學符號的回憶

「水」在人類進化的過程當中，扮演著不可缺少的重要角色。自從盤古開天闢地以來，人類總是追逐水草而定居，以耕稼作、以養家畜。因此，我們不難想像，古代的人類文明必定是起源於一些

大河流域。譬如說，中國的黃河、長江，埃及的尼羅河，印度的印度河、恆河，巴比倫的幼發拉底河、底格里斯河，……等。這些江河所流經過的廣大領域，土壤肥沃、草木富庶、鳥獸群聚，給遠古時代的人們提供了絕佳的生存環境。於是，人類的祖先就在這樣的優越環境之下，墾地而耕、結網而捕。從而，人口慢慢繁衍，部落逐漸形成，社會於焉興起。

　　社會興起之後，部落的長老們也就開始制定一些法則、律令，用以規範社會組成份子的一些行為、言語和勞動。（所謂的「社會制度」。）譬如說，為了防禦野獸的攻擊，他們組成戰士群。為了領導戰士群，他們共同推舉出首領。為此，他們必須制定組成戰士群的方法、制定推舉首領的制度。另外，為了社會的祥和以及家庭內的倫理，他們也制定了夫妻之間的共同守則，以及家庭的組成方式。人與人之間如何的相處，部落與部落間如何的約定，……等。慢慢的，市集成形，交易流通，城市興起，國家建立。

　　在部落社會剛形成時期的人類，因為地域的隔閡，個別生活周遭天然環境背景的迥異，而產生了不同的生活習性，養成了不同的民情風俗。例如，衣著的發明、飲食的習慣、住處的選擇、甚至於邏輯思維的方式，……等，都不盡相同。可是，儘管如此，各地區的人類在追求生存時，與大自然拚鬥的精神卻是一致的。為了獲取更多的食物、為了改善生存的條件，各地區的人類都有共同的想法。他們一致的認為，必須要開始發展科學，深入數學的研究，才能夠戰勝大自然。而且他們也想到，若要讓人類因生活實踐所累積出來的經驗能夠世代傳承、持續發展，人類必須發明「數學符號」。然後，人們才可以利用這些符號，來表達內心的想法或傳遞

第一章 源

訊息。然而，數學符號的建立，就如同前述，人類產生 1、2、3 的基本概念一樣，又是談何容易的事呢！每一個新的數學符號的建立，必定也是人類在經歷上百年、上千年的反覆實踐之後，所領悟出來的數學圖案吧。

話說，一萬多年前的古代埃及，一條綠色的巨龍蜿蜒盤桓在萬里荒漠之上。由南而北浩浩蕩蕩的尼羅河流水，有如千軍萬馬般的態勢，奔騰而上注入地中海。在地中海的出海口，尼羅河沖積出廣大而肥沃的三角洲（早期的人類稱其為「黑色之地（Kemet）」），這一片綠色的大地，孕育了一個古老的東方文明。話說，約莫一萬年前，尼羅河兩岸開始聚集了古埃及的人類。隨著農、漁業的發展，部落的規模慢慢的聚集，由小部落而變成大部落。人口逐漸繁

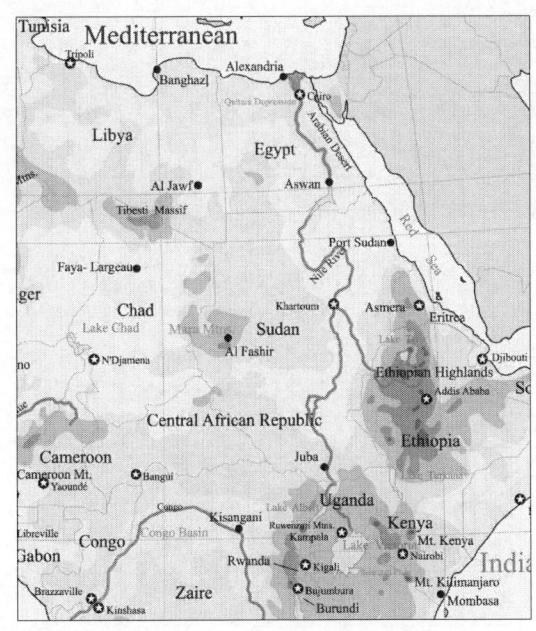

17

衍，對於生存物資的需求也因而越來越大。於是，尼羅河的子民們發明了手工業，改善了耕作和捕魚的方式，提高了農、漁業的收穫量。人類從此在這塊土地上安居樂業，人類從此在這塊土地上創造歷史。

備註

全長六千七百多公里的尼羅河，起源於現代非洲中部的烏干達和坦尚尼亞境內的維多利亞湖。由南而北貫穿古之埃及，最後流入地中海，流域面積廣達三百三十六萬平方公里。

約莫五千一百多年前，上埃及的統治者那摩爾征服了下埃及，而統一了上下埃及。那摩爾國王在鞏固了他的疆域之後，開始發展國家的經濟活動。隨著生產方式的逐漸發展，人們以物易物的交易行為於焉興起。人民富裕了，國家興旺了，於是，埃及王室便想到，如何給自己死後建立一個雄偉的陵墓。國家的領導——「法老王」將越來越多的國家資源投入自己陵墓的準備工程。並且召募全國人力，加入建築工事的行列，打造出人類史上空前偉大的建築——金字塔。這一連串的巨大工程，想必是勞民傷財，但也造就了

古埃及金字塔

第一章 源

埃及數學以及科技領域的迅速蓬勃發展。這個以神權為主的政體，維持了將近三千年的穩定發展。直到，以「賽斯」為根據地的埃及第二十六王朝——薩姆提克三世以降，由於國力積弱不振，傳統王朝的觀念逐漸瓦解，古埃及文化於是跟著凋零沒落。

根據考古學家的考證，五千年前，古埃及人所發明出來的數學表示法，雖然還沒有「位值制」的概念，可是已經有「進位制」的思想了。他們以下列符號分別代表一到一百萬的數字。

比方說，要表達三千四百一十三，他們可以用下列一串符號來書寫

又比方說，要表達一百二十一萬二千三百四十二，他們則寫成

這一串符號雖然稍嫌冗長，但也準確地表達了一百二十一萬二千三百四十二。在幾千年前來說，這一套計數方式，大大的提昇了古埃及人民的經濟活動水平，也充實了古埃及人民的生活內涵。

遠在埃及的尼羅河流域，開始孕育人類文明之同時，波斯灣地區的幼發拉底河與底格里斯河兩河流域，也出現了遠古人類的部落。這兩條幾近平行的河流，約莫在當今之伊拉克的首都，巴格達

19

城南方約二百公里處,匯流後注入波斯灣。在這塊肥沃的土地上,它哺育了另一個古老的東方文明——巴比倫文明。

五千多年前,在幼發拉底河東岸出現了許多的奴隸制城邦。四千多年前,蘇美人在歷經多次的戰役之後,在這兒建立起前所未有的、強大的軍事帝國,也就是著名的巴比倫王國。歷史上,兩河流域的統治民族迭經更換,巴比倫古城也曾經幾度繁榮而衰頹。西元前七世紀,重建後的新巴比倫王國,更是到達了高度的發展,社會富庶、經濟繁榮。

曾幾何時,這個歷經了二千多年興盛顯赫的巴比倫古城,在西元前五世紀,當強大的波斯灣軍隊入侵之後,開始變得日趨衰敗、日漸凋零。更有甚者,到了西元前三世紀,來自北邊的馬其頓部隊,將城裡的居民逐出了家園,巴比倫古城也遭受到空前的破壞、摧殘。於是,曾經一度有過輝煌歷史的巴比倫古城,從兩河流域上、從人類的歷史記載中,徹底的消失了。

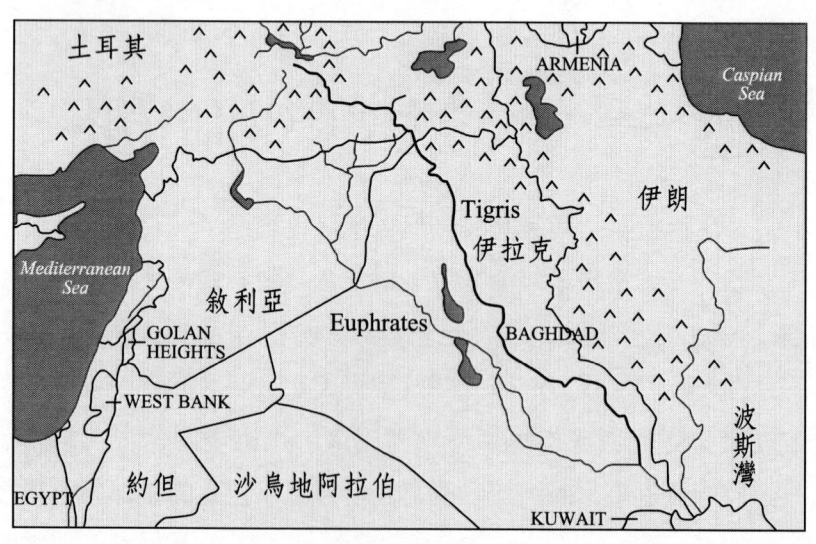

第一章 源

　　巴比倫古城雖然消失了，但是它鼎盛時期的風采，卻永遠銘刻在人們的記憶深處。巴比倫人所創造出來的歷史文明，更是以近乎神話般的傳說，活躍在世界各民族的文字記載裡。一百多年前，在一次考古學家的重要發現中，人們終於讀到古代巴比倫人所遺留下來的著作。這些在地底下沉睡了數千年的古巴比倫泥塊，以獨特的楔形文字，記載了兩河流域的子民們天才般的創作，講述著一個又一個閃亮動人的真實故事。

　　根據傳說，古代巴比倫人由太陽之起落，來推定一年之長短。由於太陽是圓形的，所以他們用一個圓周來表示一年。並且，將圓周分成三百六十等分，每一等分則表示一天。這是古巴比倫人最原始的曆法。根據這個曆法，巴比倫人將圓周所刻成的每一等分稱為一度，每度代表太陽繞行地球一日。接著，再用半徑在圓內作弦六次，得六圓周弧，每弧為六十度，……。根據這一段記載，考古學家們推測，古代巴比倫人很早就懂得以六十為進位的「位值制」的道理了。

　　古代巴比倫人的文字非常奇特，從考古出土的泥板上所遺留下來的刻痕發現，他們所使用過的符號有點類似楔子形狀。所以，現代考古學家們便將這些奇特的符號，稱為「楔形文字」。

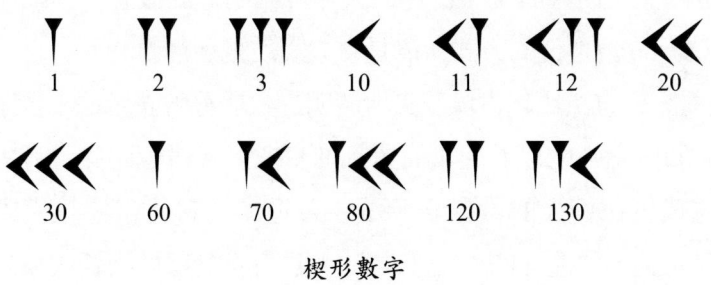

楔形數字

　　注意，前面的楔形數字當中，1 與 60 都是以一根楔子來表示。奇怪了！有沒有問題呀？當然沒有問題。我們前面曾經講過，當時的巴比倫人已經有「位值制」的概念了。也就是，當一根楔子擺在個位數的時候，它所代表的就是 1。要是把這根楔子擺在個位數的下一個位置的話，它就代表 60 了。其實，這個概念和中國人所發明的「十進位值制」的情形是一樣的。那麼，巴比倫人是如何以他們的智慧，用這些符號來表示數字呢？我們以三千七百二十四為例，古代巴比倫人將其寫成

　　注意，最左邊的那根楔子所在之位置為 3600，所以它就代表數字 3600。中間的兩根則在 60 的位置，所以它們代表 120。右邊四根較小的則各表示 1，合起來為 4。因此，整個符號表示出來的數字，應為

$$3600 + 2 \times 60 + 1 \times 4 = 3724$$

這種表示方法即使是現代人，都要大嘆不如了，何況是在四千多年前。這可是一項不得了的創作啊！他們不僅實現了現代人所謂的「進位制」，而且展現了巴比倫人「位值制」的概念。他們所採用的是，以 60 為進位的方式。真是令人嘆為觀止啊！

　　這種記數方法比起古埃及人所發明的數學符號表示法，多了「位值制」的概念，所以看起來簡單且進步多了。儘管如此，考古學家對於古代巴比倫人的數學表示法，普遍認為有其粗糙且模糊的地方。譬如說，由前面的例子來看，一不小心很有可能讓人家誤判成

184。因為，有人可能認為，前頭的三根楔子都位於 60 的位置，因而認定它所表示出來的數字是，$3\times 60+4=184$。這樣的問題也曾經出現在中國古代的「算籌」記數上，它同樣的也給中國的祖先們造成了不小的困擾。

談到「算籌」，它可是中國祖先們的智慧結晶。中國地處亞洲東部，瀕臨太平洋西岸。境內較為有名的流域，黃河與長江，發源於青藏高原的巴顏克拉山。每年春天冬雪溶化之際，水勢滾滾奔騰而下，由西而東浩浩蕩蕩。有時，如千軍萬馬般的呼嘯而過。有時，如慈母呵護般的柔柔順順。繞過群山、穿過平野，源遠流長。流經之處，其兩岸草木扶疏綠意盎然，土地肥沃萬物滋長。

曾幾何時，這兒開始聚集了東亞民族的先祖。有巢氏教導築巢而居之術，燧人氏鑽木取火熟物而食，伏羲氏織網捕魚養殖畜牧，神農氏則播種耕稼醫治百病，……。約莫 5000 千年前，逐鹿一戰，軒轅氏擊敗了四處擄掠燒殺的蚩尤，統一了上千個部落，建立了東亞

軒轅氏

洲第一個帝國。於是，在這一塊肥沃的土地上，中國祖先們創造了輝煌而又傳神的歷史，締造了歷久不衰的五千年文化。

根據最近在河南安陽、洹（ㄏㄨㄢˊ）北商城內，所發現的商代最大規模的宮殿遺址顯示，大約在三千六百多年前的殷商時期，當地的人類就懂得如何純熟的使用數字。從該宮殿的遺址中，考古學家們發現了一批古代文物，有龜甲、有獸骨。每片龜甲或獸骨上面都有文字刻痕，此即所謂的「甲骨文」。從先前所出土的古文物當中，我們發現有一片甲骨文字是這樣寫著的：「八日辛亥，允戈伐，二千六百五十六人。」從這一段文字記載中，我們可以清楚的了解，當時生活在中國大陸的人類，就已經掌握了現代人所習慣使用的「十進位制」的記數方法了。

隨著時代的變遷，中國在數字的記載和演算方面，也跟著有所突破。大約到了西元前 800 年左右，也就是東周初期，中國的社會發生了一場巨大的變革，它實現了從奴隸的社會制度轉變成封建的社會制度。社會制度的變革，大大的促進了科學技術的轉型和進步。在這社會轉型科技進步的過程當中，「計算方法的需求」也就自然的形成了。

有古書曰：「算籌，從竹、從具。」由此可以見得，中國在春秋戰國時期，就已經懂得用「竹籌」作四則運算了。《孫子算經》，《卷上篇》亦有言曰：「凡算之法，先識其位。一縱十橫，百立千僵，千、十相望，萬、百相當。凡乘之法，重置其位。上下相觀，頭位有十步至十，有百步至百，有千步至千。……，六不積，五不隻，上下相乘，至盡則已。凡除之法，……。」此即所謂的「籌算之術」也。此中，「籌者，又稱策，乃算子也。」其為長短、粗

第一章　源

竹籌

細、大小一致的小竹棒也。《前漢書律曆》志曰：「其算法，用竹徑一分，長六寸，兩百七十一枚，而成六觚為一握。」由此觀之，吾人已然了解，「籌算之術」者，乃以小竹棒，以縱橫循環的方式來表示數字也。然則，「縱者」何所謂？「橫者」又何所謂？

茲，將其 1 至 9 之相對應寫法表列如下，

縱寫法

| ‖ ‖‖ ‖‖‖ ‖‖‖‖ 丅 丆 丌 丌
1　2　3　4　5　6　7　8　9

橫書式

一 二 三 三 三 ⊥ ⊥ ⊥ ⊥
1　2　3　4　5　6　7　8　9

備註

孫子算經文中所提，六不積，五不隻者，乃「六」這個數字，不再用五枚算籌加一枚來表示。又「五」這個數字，也不以一枚橫籌來代表的意思。

我們同樣的舉個例子來說，
今以三千八百四十二為例，算籌表之為

≡ ⫼ ≣ ‖

又二萬三千九百二十七，則記為

‖ ≡ ⫼ ═ ⫪ 。

但是，三千八百零二又應該如何表示呢？聰明的中國祖先們想出，以空一隔來表示零，所以 3802 就被記為

≡ ⫼　　‖

這是一項突破性的作法，也是全世界人類最早對 0 這個數字有所認識而作處理的民族。這樣一個創造性的作法，解決了古代人類以及巴比倫人長久以來，所沒能解決的困擾。算籌的發明，對中國古代數學的迅速發展，有著巨大且深遠的影響。在算籌的基礎上，中國逐步形成了獨居一格的數學體系，這在當時的世界人類數學發展史上而言，是屬於領先地位的。

數千年的摸索，堅苦的奮鬥。人類胼手胝足，從一無所知的混沌世界，發展到西元前十世紀左右的時候。不管是在數學本身的成

就方面而論,或者是應用科學方面的純熟度來說,都已經有了某種程度的規模。舉凡算學、幾何、天文、曆法以及力學等,也都顯示出此時的人類,他們的智慧以及思考方式已經達到完全進化的階段。那麼,下一章就讓我們共同來探討,自從有文字記載以來,直到西元開始的這段期間(俗稱的上古時期),人類的數學活動和一些比較具有代表性的數學家的傑出貢獻。

數學史演繹

第二章

上古時期東西方數學活動的回顧

從史書上的記載中，我們可以發現，古代各地區的民族在數學方面的發展，皆有其個別獨到之處。譬如說，中國在算學方面的傑出表現；埃及人從觀察尼羅河的漲潮現象所發明的精確曆法；古希臘的畢薩哥拉斯、歐幾里得，以及阿基米德等人在幾何與物理學上的卓越成就；還有古羅馬帝國的「鳩利阿斯曆法」，……等。在史書上，都有其一段輝煌且燦爛的紀錄。而這些輝煌且燦爛的學術成果，對整個人類，在科學技術的演進過程當中，奠定了極為穩固的基礎。本章內容中，我們就依據上古時期（西元之前），數學在各地區的發展次序，選擇較具有代表性的主題，按年代的早晚和大家共同欣賞。

2.1 中國工匠、規矩與勾股形
2.2 畢薩哥拉斯與古希臘的數學
2.3 墨家的哲學思想與數學成就
2.4 歐幾里得與幾何原本
2.5 古希臘三大幾何難題
2.6 一位能夠移動地球的數學物理學家
2.7 凱撒大帝與羅馬曆法

2.1 中國工匠、規矩與勾股形

「規矩」者，乃圓規與直角尺之謂也。很久、很久以前，在中國大陸的北方，祖先們為了生存而堅苦勞動的時代。山川間、草原上，或溪流、或田野，……。曾幾何時，祖先們在叢林裡，順手拾起了兩根樹枝。在固定該兩根樹枝之同一端點之後，早期的人類隨手畫出了，一條又圓、又平滑的曲線。又曾幾何時，在一個偶然的機會裡，祖先們學會了使用一根不長不短的木棒，依據此一木棒，早期的人類也畫出了一條直線、測量出兩地之間距離的長短。於是，圓規與直角尺便開始流傳了起來。

有了圓規與直角尺，中國古代的工匠們便能夠製造出精密的耕耘農具、平滑而又順暢的運輸車輪、堅實而又強韌的攻城雲梯，……。然則，又曾幾何時，人們開始想要探究，到底是誰率先使用圓規和直角尺的呢？或者說，圓規和直角尺是起源於那一個年代？或是由何人所發明的呢？

有關這個疑問，民間流傳著多種不同的說法。其中，有一派學者專家，包括坊間的工匠技藝們，普遍的認為，規矩應該起源於春秋戰國時期。規矩應該是公輸般所發明的。根據歷史的記載，「公輸般（或曰，魯班）」生於西元前 503 年（周敬王 13 年），卒於西元前 444 年（周貞定王 25 年），大約是春秋末期、戰國初期的魯國人氏，後來為楚國所用。魯班出身於工匠世家，從小就跟隨家人從事建築工程，開始學習工匠技藝。於是，長大成人之後，便成了一位非常有名的工匠。他素有，「中國工匠始祖之封號」。下列是，

第二章　上古時期東西方數學活動的回顧

有關早期的規矩以及公輸般的相關史書記載。

墨子曰：「執其規矩，以度天下之方圓。」

《墨子魯問篇》曰：公輸子削竹木，以為鵲成而飛之，三日不下。

孟子曰：「不以規矩，不能成方圓。」又曰：「魯班嘗為木鳶，乘之以窺宋城。」

《渚宮舊事》記載：木鳶者，是一個能夠載人飛行的器具。戰爭中，可以擔任偵查的任務。

　　由此看來，春秋戰國時期，規矩的使用，已經是一個非常普遍的工具了。因此，有人推測規矩是由魯班所率先發明的。

　　根據傳說，早期魯班外出做工活的時候，他的母親總是寸步不離的跟隨著。原來，每當魯班用墨斗彈準線時，需要母親年邁的雙手幫忙往外拉住墨斗的線頭，予以固定之後，用力一彈而完成的。後來，由於母親年事漸老，體力漸衰，以至於無法跟著魯班終日在外奔波勞累。於是，聰明的魯班便想到，在墨斗的線頭栓上了一個小鉤子。如此一來，每當拉準線的時候，只要用鉤子鉤住木料的一端，魯班即可輕易的彈出直線，再也無需母親的老手相伴隨了。後世之人便將這個小小的線頭鉤子取名為「班母」。

　　又根據傳說，在木工的器械中，也有一個叫「班妻」的工具。那又是什麼東西呢？原來，在魯班做木料刨平工作的時候，他的妻子「雲氏」也是亦步亦趨的前後跟隨著。妻子總是會用雙手扶住木材的一頭，以固定木材、以方便魯班進行刨平的工作。只是，魯班後來也發覺這樣做，妻子實在太辛苦、太危險，也太浪費人力了。

於是，魯班又想到，只要在工作平台的另一端，釘上一塊堅硬厚實的木頭。如此一來，每當魯班刨木材的時候，木料只要頂住平台另一端的那塊木頭之後，就再也無需人手幫忙扶助了。此後，這塊堅實的「木頭卡口」就又被後世之人取名為「班妻」。

魯班曾經製造過的器具繁多，諸如撞車、車駕、木馬車、舟戰之器、鉤拒，以及木鳶（ㄩㄢ）等皆是。除此之外，雲梯的製造也是公輸般的拿手絕活。他所製造出來的雲梯車，是每個守城門將聞風喪膽的攻城利器。再者，木工們所使用的曲尺，雖名曰為「矩」，但一般坊間工匠們總也喜歡將其稱為「魯班尺」，以緬懷這位偉大的工匠之鼻祖也。據此觀之，後世之學者從而堅定的認為，「規矩」確實應該是由公輸般發明之後，開始廣為流傳的。

其實，早在西元前十一世紀的周朝初年，就有一位偉大的數學家「商高」，對「用矩之道」有所詳細的論述了。話說，周武王死後，周公輔弼武王幼子成王治理天下。當時周公聽說，商高對數學有專門的研究。於是，周公便敦請商高到家裡擔任成王的家庭教師。有一天，周公心血來潮召見商高，向商高請教「用矩之道」。商高答曰：「平矩以正繩，偃（一ㄢˇ）矩以望高，覆矩以測深，臥矩以知遠，環矩以為圓，合矩以為方。方屬地，圓屬天，天圓地方，方數為典，以方出圓，笠以寫天，天青黑，地黃赤，天數之為笠也，青黑為表，丹黃為裡，以象天地之位。是故，知地者智，知天者聖，智出于勾，勾出于矩。夫矩之于數，其裁制萬物，惟所為耳。」這一段話精闢的說明了商高對於規矩的使用，其熟練之程度已達出神入化之境界。於是，有人傳說，規矩應該是商高所發明的才正確。

第二章　上古時期東西方數學活動的回顧

註解：

1. 周武王建立了周王朝以後，過了兩年就害病死了。兒子姬誦繼承王位，就是周成王。那時候，成王年僅十三，再說，剛建立的周王朝還不太穩固。於是，武王的弟弟周公旦輔佐成王，掌管國家大事。周公盡心盡意的輔助成王，可是他的弟弟管叔、蔡叔卻在外面造謠生事。他們說，周公有野心，想要篡奪王位。當時，商朝遺族武庚，雖然被封為殷侯，但是受到周朝的監視，覺得很不自由。於是，武庚巴望著周朝快點發生內亂，以便乘機重新恢復他的殷商王位。武庚和管叔、蔡叔串通一氣，聯絡了一批殷商的舊貴族，煽動東夷各部落，鬧起了叛亂。武庚和管叔等人製造謠言，鬧得鎬京沸沸揚揚。成王年幼不知就裡，更弄不清楚謠言真假，對這位輔助他的叔父開始產生了疑心。此時，周公心裡很是難過。於是，周公在平定了內部的疑慮之後，毅然調動大軍親自東征。周公費了三年的工夫，終於平定了武庚的叛亂。周公平定了叛亂，他把帶頭叛亂的武庚殺了，並且下令把管叔革職，將蔡叔判決充軍。周公輔助成王執政了七年，總算把周王朝的統治鞏固了下來。他制訂了周朝典章制度。直到周成王年滿二十歲的時候，周公把政權交還給成王。從周成王到周康王兩代，前後約五十多年，是周朝強盛和統一的時期，歷史上叫做「成康之治」。

2. 平矩以正繩者：若要檢查一個平面是否成水平的，可將一個矩形直放，使其一邊靠著一懸掛之垂直準線，然後看看要檢查的平面是否與矩形之邊密合，這便是平矩以正繩也。

   平矩以正繩

3. 偃矩以望高者：偃，仰也。置目於矩形之右下角，仰起頭來沿著對角線仰望觀測點，可測出物體之高度，這便是偃矩以望高也。

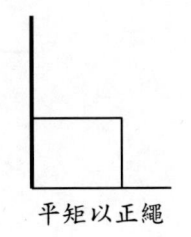

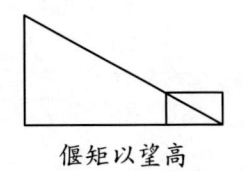

   偃矩以望高

33

4. 覆矩以測深者：覆，俯也。置目於矩形之右上角，俯首沿對角線下望觀測點，可以測得水之深度，這便是覆矩以測深也。

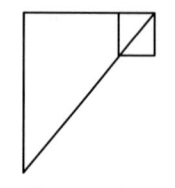

覆矩以測深

5. 臥矩以知遠者：臥，平放也。將矩平放，由其一隅沿對角線望向觀測點，便可測量出遠方物體所在位置之距離。此乃臥矩以知遠也。

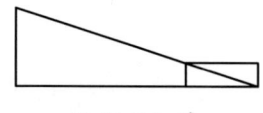

臥矩以知遠

6. 環矩以為圓者：將矩形直立，使其一邊固定為中心軸，將矩形繞此軸旋轉一周，便可得出一個圓。此乃環矩以為圓也。

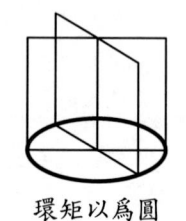

環矩以為圓

7. 合矩以為方者：將四個相同之矩形合併而為一個正方形之意也。此乃合矩以為方也。

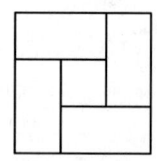

合矩以為方

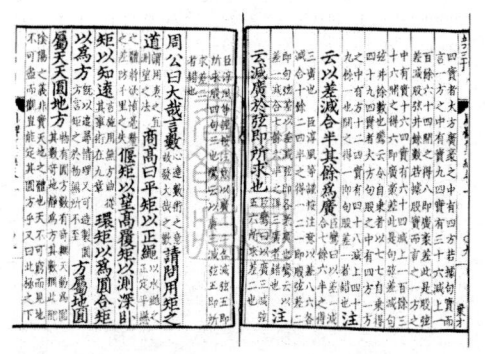

《周髀算經》中之用矩之道

8. 除了用矩之道,「勾股弦(或稱為勾股形)」是商高另一項重要的數學成就。早期中國的科學家們,在進行天文測量時,他們在地上直立起一根竹竿。當太陽光照射之時,此竹竿在地面上投射出一道日影。竹竿和日影構成了一個直角三角形的兩個直角邊。其中,那根竹竿被稱為「勾」,日影則被稱為「股」,而斜邊則為弦,此即所謂的勾股形。商高對於這類的問題,在周公問及「用數之道」時,答曰:「數之法出於圓,圓出於方,……。故折矩以為勾,廣(寬)三;股修(長)四;徑隅五;……。」從而吾人體會到,商高的「勾三股四弦五」的理論(相關細節請參看第 3.1 節的《周髀算經》)。

9. 希臘數學家畢薩哥拉斯(Pythagoras)於商高之後約五百年(西元前六世紀),提出之「畢氏定理」與商高的「勾股形」有相似之處。商高雖然在畢氏之前提出「勾三股四弦五」的理論,但是相關之證明多已失傳。所以,後世之數學家將此定理命名為「畢氏定理」。古希臘的數學家們對畢氏定理,有多種不同的證明。其中細節,請參看本書第 2.2 節。

10. 畢氏之後八百年,約莫西元 260 年左右,即當三國到魏晉時期。中國數學家趙爽以及劉徽,也分別對勾股形提出了不同於古希臘純幾何式的證明方法。

    (1) 趙爽在《勾股圓方圖說》中,結合幾何與代數,利用面積的運算得出勾股形的證明如下:

    他首先以一直角三角形之弦為邊長,作出一正方形,如下頁左圖所示。該正方形之面積為「弦^2」。趙爽稱其為「弦實」。然後,又以該正方形之四個頂點,分別作出邊長為「勾+股」長度之外接正方形。再利用「對稱原理」,把外面的大正方形所殘留的四個直角三角形,對稱到弦實面積內,所得出的四個相同大小的直角三角形稱為「朱實」。如此一來,弦實部

分扣除朱實之後，剩餘的小正方形為「黃實」。接下來，剩下的工作就是代數部分。從圖形中，我們發現

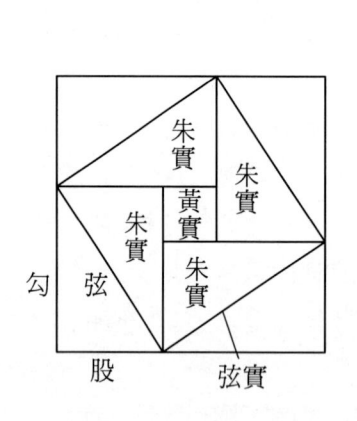

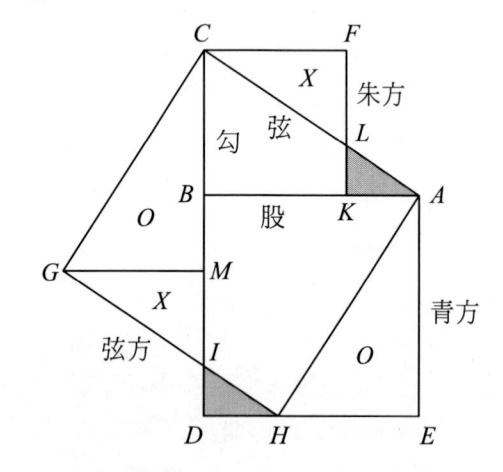

$$弦實 = 4 \times 朱實 + 黃實$$
$$弦^2 = 4 \times \frac{1}{2}(勾 \times 股) + (股 - 勾)^2$$
$$= 勾^2 + 股^2$$

(2) 劉徽則以「出入相補原理」為基本概念，提出了他的證明如下。

他以一直角三角形之三邊為基準，分別作出三個正方形，如上列右圖所示。以勾為邊之正方形被稱為「朱方」，以股為邊之正方形被稱為「青方」，以弦為邊之正方形則被稱為「弦方」。然後，將朱方與青方之正方形區域，以出入相補之道理，拼成弦方（參考下方說明）。茲說明如下：

$$\overline{CG} = \overline{AH} = 弦 \quad 且 \quad \angle CGM = \angle AHE, \quad \angle GCM = \angle HAE$$

所以， $\triangle CGM$ 與 $\triangle AHE$ 全等

也因而得知，

$\overline{CM} = \overline{AE} =$ 股, $\overline{GM} = \overline{HE} =$ 勾 $= \overline{CF}$

又因為，∠IGM = ∠LCF，∠GMI = ∠CFL = 直角

所以，△GMI 與 △CFL 全等。

同理，△IDH 與 △LKA 全等。

以上證明了劉徽的「出入相補」。所以，

弦方 = 朱方 + 青方

也就是說，弦^2 = 勾^2 + 股^2

現在我們再回頭看看，有關規矩的第三種傳說。有人認為，規矩應該早在公輸般之前一千六百年（約西元前二十一世紀）的時候，就已經發明了。那時候，中國正由原始部落發展成奴隸社會制度的時代。當時的農、漁、牧等生產，逐漸具有規模。人們在黃河的孕育下生息、勞動。他們曾經為了金黃色的收穫，而歌頌過黃河的偉大。但也因為河水的肆虐所造成的損傷，而詛咒過黃河的無情。於是，中國祖先開始展開與大自然的搏鬥。官僚們推動、進行整治黃河的偉大工程計畫。開始之初，舜帝派遣部屬鯀領導治水。有一天，鯀看見河水就要沖倒堤岸、淹沒村莊。於是，急速招集部落中的壯丁，進行圍堵即將氾濫的水勢。然而，水勢是如此的勇猛而浩大，大自然的力量是那麼的無法抵擋。於是，河堤潰決，河水吞噬了部落的村民們。「堵截」治水的方法，其結果讓中國的祖先們付出了慘痛的代價。鯀羞愧而終。

數年後，黃河依舊氾濫。這回，舜帝派遣鯀的兒子禹繼續治理水患。禹詳細的觀察前人圍堵治水的方法，用心的思考其失敗的原因。最後，他體會出「依據大自然的規律，順其勢而為。」的基本

要領，整治水患。隔日，禹翻山越領，實地勘察河流的走勢。不數日，禹帝率領民眾開通河道，因勢誘導河水流向。《史記·夏本紀》中記載：「禹，陸行乘車，水行乘舟，泥行乘橇，山行乘輂，左準繩，右規矩，載四時，以開九州，通九道。」終於，河水水流暢通，水患得以解決。

大禹手持耒耜（音壘四）

上述文中「左準繩，右規矩」者，乃本論述所指之重點。其大意為，禹左手拿準繩、右手握規矩，用以望山川之形，而定高下之勢。因此，後世之人傳說，「規矩」乃為距今約 4200 年前的大禹所發明的。

綜觀上述所言，「說者」或是無心，「聽者」卻是有意。於是，穿鑿附會、添油加醋，甚至於誇大其詞者比比皆是。因此，對於以上的傳說，吾人或許可能也不盡然相信。因為，又有史書記載，在山東嘉祥縣，漢朝武梁祠石室壁畫中，有一幅「伏羲氏手執

第二章　上古時期東西方數學活動的回顧

矩、女媧氏手執規」的畫像。該畫像中，蛇身人面之作，乃周列禦寇列子卷上所謂：「庖犧氏、女媧氏、神農氏、夏后氏，蛇身人面，牛首虎鼻也。」另有一石刻上面也記載著：「伏羲倉精，初造王業，畫卦結繩，以理海內。」職此之故，吾等祖先乃據以傳說，「規矩二器」為伏羲所制訂也。

漢朝武梁祠石室壁像

伏羲者、女媧者，乃古代神話中中華民族的遠古祖先也。吾人透過此一神話般的彩繪不難想像，規矩的發明在中國，其年代應該是非常久遠的。

女媧　　　　　伏羲

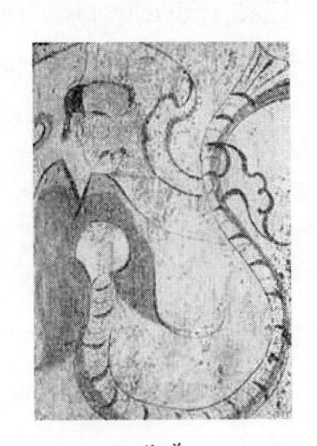

39

2.2 畢薩哥拉斯與古希臘的數學

約莫西元前十世紀左右，地中海北岸、歐洲東南方的一個半島上，出現了一個早已開化的文明古國——希臘。其在數學上的成就，就算是當今之數學家都要為之讚賞不已。尤其，他們在幾何學上的卓越表現，更是人類數學文明發展過程中的一朵奇葩。話說，距今約二千六百年前，受到古埃及文明的影響，希臘與埃及之間逐漸進行文化和商業方面的交流。兩地之間交通日益繁盛，希臘學子負笈，遠赴埃及留學或是經商者於焉盛行。諸如，泰利斯（624 B.C.–546 B.C.）、畢薩哥拉斯（580 B.C.–500 B.C.）、柏拉圖（426 B.C.–347 B.C.）、德謨頡利圖等，都是在埃及僧侶絳帳下，受業之希臘留學生。特別是畢薩哥拉斯者，他在接受古埃及和巴比倫的數學薰陶之後，在幾何方面的重要成就和精彩的表現，無不讓古代希臘人民昂首擴步、獨步全世界。

畢薩哥拉斯（Pythagoras）出生於希臘愛琴海上的薩摩斯（Samos）地方的貴族家庭。年少之時，他就喜歡研讀埃及僧侶亞麥斯的古文書（Ahmes papyrus）。尤其是對於古文書上所寫，有關直角三角形三邊長的各項論述，特別感興趣。畢氏長大之後，正值希臘和埃及，在文化、商業交流最為旺盛的時期。從小就嚮往埃及文明的畢薩哥拉斯，如同其他希臘年輕人一樣，排除萬難、不辭辛勞的來到埃及留學。

第二章　上古時期東西方數學活動的回顧

畢薩哥拉斯　　　　柏拉圖與亞里士多德

　　在埃及留學的這段期間，畢氏更遠赴巴比倫探究兩河流域的文明。畢薩哥拉斯遍遊當時世界上兩個文化水平極高的文明國度。畢氏的視野、胸襟、思想自然得以變得更為寬廣、更為純熟、更為犀利。數年之後，畢薩哥拉斯學有所成北返故里。畢氏選擇定居於大希臘（Magna Graecia）地區的克洛吞（Croton）。

　　根據民間的傳說，有一次畢氏在馬路邊，看到一位窮苦、勤奮而好學的年輕人，正在翻閱著一本幾何圖書。由於這本書已是破舊不堪，所以書本上的文字或線圖都幾乎難以辨認。此種情景，看在眼裡，深深打動了畢氏的心裡。於是，畢氏從包袱裡拿出了一本書給他。並且當下決定，資助這位好學的年輕人。畢氏告訴這位年輕人說，「你若能看得懂一個定理，我就給你一個錢幣。」

　　年輕人果然機智聰敏，沒過幾天的功夫，就把這本書給看完了。當然，也因而贏得不少的錢幣。不過重要的是，這位窮苦的年輕人從此對幾何學產生了極大的興趣。他反過來要求畢薩哥拉斯多教他一些定理，並且建議說，「如果老師能夠多教我一個定理，我就還給老師一個錢幣。」果然沒過幾天，畢薩哥拉斯就把他先前給

這位年輕人的錢,全部都給收了回來。

如此一來一往之間,這位窮苦而又上進的年輕人,再也不是昔日吳下阿蒙。就從這時候起,他開始追隨畢氏,並且與畢氏以師徒相稱。幾年過後,畢薩哥拉斯的門生越來越多。在大家的建議之下,他們創辦了一個類似政治和宗教的團體,此即所謂的「畢薩哥拉斯學社」。從此之後,畢薩哥拉斯轟動全國、名噪一時。

話說,畢薩哥拉斯學社不僅是一個獻身數學研究的社團,而且還是一個專注宗教修為的秘密團體。學社內部的所有活動都採取秘密進行為最高的原則。那一種神秘的行為,常令人感覺畢氏學社籠罩著不可思議的詭譎氣氛。社團規定,社中所有成員必須信守承諾、保守秘密,並且嚴格遵守「社團內所有的研究成果與發明,禁止對外洩漏。」的規定。

這樣一個社團可想而知,勢必會引起外人或是敵對團體的猜忌。果不其然,事隔沒多久,有某一個不同理念的反對派系收買暴徒,乘夜焚燬畢氏學社。一夕間,這個名聞遐邇的學社,竟然被燒成廢墟。學社成員四處逃逸,社毀人散。為了躲避災禍,畢薩哥拉斯匆忙的帶著母親離開了克洛呑,輾轉來到麥塔蓬坦城(Metapontum)。然而,終究劫數難逃,畢薩哥拉斯仍被反對勢力所雇用的暗殺集團刺殺,身受重傷含恨而終。

雖然畢氏學社從此消滅了,然而其學派之生命與研究成果,在歐洲、甚至於在整個世界數學的發展史上,卻扮演著極其重要的角色。尤其是,畢氏定理的發表問世,更是給畢薩哥拉斯留下了千古的美名。

第二章　上古時期東西方數學活動的回顧

附註

　　記得在 2.1 節的時候，我們曾經提及商高的「勾三股四弦五」的理論。這個理論發生在西元前十一世紀的周朝初期。比起畢薩哥拉斯的年代，足足早了五百多年。但是，由於「商高定理」的證明都已佚失，也未被多數的世人所採信。因此，後世之學者逐將，勾三股四弦五的論證，稱為「畢氏定理（Pythagorean Theorem）」。

　　本節最後，我們整理出一些畢薩哥拉斯學社中，比較具有代表性的研究成果，與大家共同分享。

1. 直角三角形兩股長之平方和等於弦長之平方。

　　當此定理發明之時，畢氏歡欣若狂。他用百牲祭神，酬謝神明賜予智慧。畢氏定理的證明，可見於歐幾里得（參閱 2.4 節）《幾何原本》，第一卷第 47 題。這個證明，歐氏自稱是出於自己的著作。但是，有「奧爾曼氏」者謂，歐氏《幾何原本》，卷一、卷二、卷四之材料，大部分出於畢氏之門徒。

　　其實，自古希臘以來，有關畢氏定理的證明，約有十數種以上。而它們之中，大多數都是利用幾何學的技巧，證明面積相等的方式而得出結論的。例如右圖所示，即為一例。

　　如此形狀之實例，可見諸於中華民國國立自然科學博物館生命科學廳。

　　下面一個則是比較明確而有興趣的證明。這個證明是西元前 300 年時，歐幾里得在整理「畢氏學社」的研究資料之後所提出的。歐幾里得的方法，大致上也是利用面積的相等來證明。如下圖

43

所示，歐幾里得證明，正方形 BDEC 之面積等於正方形 BAHK 與正方形 ACFG 的面積和。

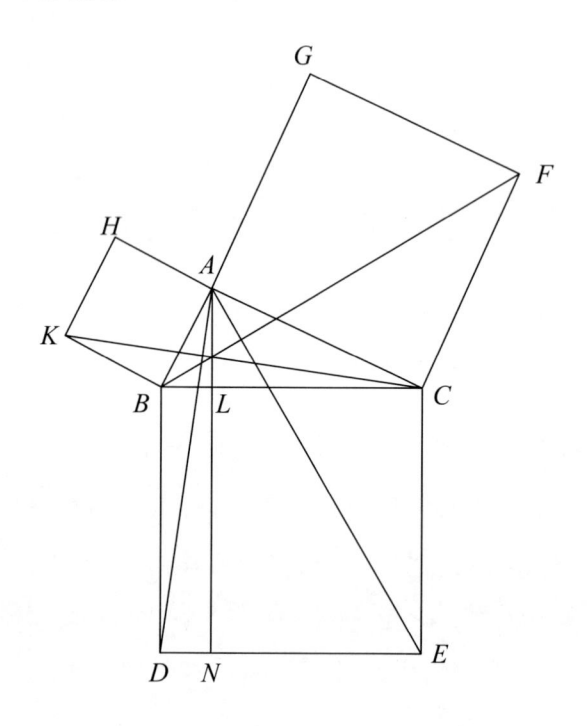

首先看看，$\triangle ABD$ 與 $\triangle KBC$，由於 $\overline{BD} = \overline{BC}$，$\overline{AB} = \overline{KB}$ 且 $\angle ABD = \angle KBC$，所以，$\triangle ABD \cong \triangle KBC$。再者，

$$\text{面積}(\triangle ABD) = \frac{1}{2}(\text{四方形 } BDNL \text{ 的面積})$$

$$\text{面積}(\triangle KBC) = \frac{1}{2}(\text{正方形 } BAHK \text{ 的面積})$$

所以，(四方形 BDNL 的面積) = (正方形 BAHK 的面積)　　(第 1 式)

現在看看，$\triangle ACE$ 與 $\triangle FBC$，由於 $\overline{AC} = \overline{FC}$，$\overline{CE} = \overline{CB}$ 且

∠ACE = ∠FCB，所以，△ACE ≅ △FCB。再者，

$$\text{面積}(\triangle ACE) = \frac{1}{2}(\text{四方形}CLNE\text{的面積})$$

$$\text{面積}(\triangle FBC) = \frac{1}{2}(\text{正方形}ACFG\text{的面積})$$

所以，(四方形CLNE的面積) = (正方形ACFG的面積)　　　(第 2 式)
(第 1 式) 與 (第 2 式) 說明，

(正方形BDEC的面積) = (正方形BAHK的面積)
　　　　　　　　　　+ (正方形ACFG的面積)

這個結果證明了畢氏定理。

　　除了諸多幾何方法的證明，從畢薩哥拉斯學派的研究資料中，也發現有別於純幾何方式的證明方法。「畢氏學社」提出了一個定則，利用該定則得以求出三個正整數，而該三個正整數即為直角三角形之三邊長，從而確立畢氏定理。

　　資料中，畢氏假設 $2n+1$ 為一直角三角形之一股長，則

$$\frac{1}{2}[(2n+1)^2 - 1] = n(2n+2)$$

為該直角三角形之另一股長，那麼該直角三角形之斜邊長將為 $n(2n+2)+1$。考慮下列等式，

$$(n(2n+2)+1)^2 = (n(2n+2))^2 + 2n(2n+2) + 1$$
$$= (n(2n+2))^2 + 4n^2 + 4n + 1$$
$$= (n(2n+2))^2 + (2n+1)^2$$

確立上述說法無誤。

按此定則，若 $n = 6$ 則得出直角三角形之三邊長分別爲

13，84，85

又若 $n = 1$，則得出直角三角形之三邊長分別爲

3，4，5

經過觀察，「畢氏學社」所整理出來的諸多研究資料，我們不禁要懷疑，畢薩哥拉斯早期似乎沒有注意到「無理數」的存在？從各方面的資料顯示，當初畢薩哥拉斯一直都認爲，「有理數」就能夠解釋一切自然的現象。他認爲「有理數」所表現出來的美，是其他藝術所無法比擬的。不僅如此，畢薩哥拉斯當時，甚至於極爲堅定的認爲，「無理數」是沒有其存在的必要的。他說，若眞有那樣一個東西存在的話，那麼，這個東西一定是「魔鬼的化身」、是「醜陋的惡徒」。

記得，在二千五百多年前的有一天，畢薩哥拉斯有一位叫希伯斯的學生。他在研究「勾股弦」定理的時候發現，如果一個直角三角形的兩股長都是 1 時，它的斜邊長將是一個有理數所無法表達的數字。後來，希伯斯更進一步的說明，這個數字就是 $\sqrt{2}$。然而，當畢薩哥拉斯聽到了這個消息之後，極其震怒、非常不悅。他認爲，希伯斯觸犯了「畢氏學社」的規定。於是，畢氏派人暗中把希伯斯給殺了。這一段悲慘的故事雖然說明了畢薩哥拉斯心胸的狹隘，但重要的是，它證明了我們上述的懷疑是正確的。

希伯斯死了。他不畏強權、相信眞理的精神，鼓動了當代數學家們的勇氣。於是，$\sqrt{3}$，$\sqrt{5}$，$\sqrt{7}$，……等，不可理喻的惡魔陸續

的出現。它們的出現，改變了古希臘人對數字的保守觀念，當然也改變了數千年後人類的數學文明。

2. 三角形之三內角總和為 180 度。如下圖所示。

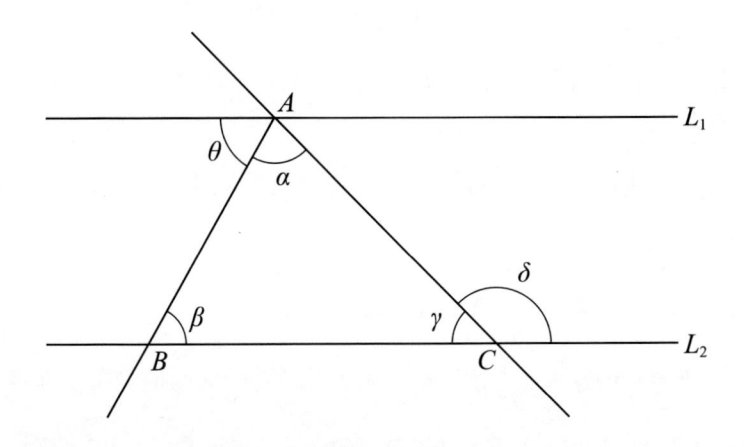

畢氏首先作一直線 L_1 通過 $\triangle ABC$ 之頂點 A，且平行於三角形之底邊 $\overline{BC}$ 所延長之直線 L_2。從而得知，

$$\angle \delta = \angle \alpha + \angle \theta，\angle \theta = \angle \beta$$

所以　　　　　$\angle \delta = \angle \alpha + \angle \beta$
已知　　　　　$\angle \gamma + \angle \delta = 180°$
因此　　　　　$\angle \gamma + \angle \alpha + \angle \beta = 180°$

這個證明，融合了幾何與代數的方法。這在上古時期而言，是一個偉大無比的創作。莫不令吾等後輩景仰佩服。

3. 畢氏學社是最早將自然數分為奇數及偶數的學術團體。

由整理出來的研討資料中顯示，畢氏學社發現，

「對任一正整數 n 而言，$1+3+5+\cdots+(2n+1)$，所得之各奇數和必為一完全平方數。」畢氏門人在經過求證、研究之後，甚至得出下列式子。

$$1+3+5+\cdots+(2n+1)=(n+1)^2$$

有關這個式子的原來證明已經不可考究。後世之人，以歸納法將其證明如下。

令 $n=1$，則 $1+(2+1)=4=(1+1)^2$。得知當 $n=1$ 時，成立。
假設 $n=k$ 時，亦成立。即

$$1+3+5+\cdots+(2k+1)=(k+1)^2$$

今令 $n=k+1$，得

$$\begin{aligned}左式 &= 1+3+5+\cdots+(2k+1)+(2(k+1)+1)\\&=(k+1)^2+(2(k+1)+1)\\&=k^2+2k+1+2k+3\\&=(k+2)^2\\&=((k+1)+1)^2\\&=右式 \qquad\qquad 得證。\end{aligned}$$

4. 畢氏學社對於數的比例問題，亦有其獨特的說法。

例如，

當 $a-b=c-d$ 時，畢氏稱 a,b,c,d 四數成算術比例。
當 $a:b=c:d$ 時，則稱 a,b,c,d 四數成幾何比例。
當 $a-b:b-c=a:c$ 時，稱 a,b,c 三數成調和比例。

第二章 上古時期東西方數學活動的回顧

附註

當今而論，a, b, c 三數成調和比例者意指，

$\dfrac{1}{a}, \dfrac{1}{b}, \dfrac{1}{c}$ 三者成算術比例也。或者說，

$\dfrac{1}{a} - \dfrac{1}{b} = \dfrac{1}{b} - \dfrac{1}{c}$ 之意也。

　　畢氏門人認為，數目之學有別於演算之術。他們考察一切事物，皆以「數」為其根本。他們認為，研究「數」的目的不是為了實際應用，而是透過揭露「數」的奧秘，來探索宇宙永恆的真理。在他們對「數」作了深入研究之後，所得出來的結論認為，學問有四種，即算術、音樂、幾何、天文等。書云：「行星之運行也，顯天體之間，數均力敵之奇徵也。非特此也，更有某某數目各具其特性之說也。如『一』為萬物之本，『四』為人之靈魂，『五』為顏色之原，『六』為寒冷之原，『七』為心思、健康、光明之原，而『八』則為愛情與友誼之原也。」

2.3　墨家的哲學思想與數學成就

　　墨子名翟，戰國時期的魯國人氏，中國偉大的哲學與思想家之一。墨翟生於西元前 476 年（大約周敬王 44 年），歿於西元前 390 年。如同公輸般一樣，早年墨子也曾經拜師學習工匠技藝。所以，除了人文哲理之外，他也可以說是一位「巧工能匠」。由於，他的中心思想都是以「愛」為本，所以他所製造出來的工藝成品，大都

以守城器械為主，這一點和魯班是有所不同的。到了後來，墨子為了實現自己的政治理念，而創立了「墨家學派」。墨子積極的提倡，並且推行《尚賢、兼愛、節用學說》。此一學說隨後與儒家的「忠恕」思想，並稱為春秋、戰國時期「世之顯學」，成為諸子百家中較有影響力的一家。

墨子 (476~390 B.C.)

墨家是一個組織縝密、紀律嚴明、極富戰鬥力的政治與學術團體。它的組織成員大多來自於坊間鄰里的技藝工匠。他們憑藉著力行實踐的精神，到處宣揚他們的政治理念，貫徹他們的政治主張。他們重視生產勞動和科學實驗，善於發現，勇於探索。因而，在自然科學方面的創作，墨家有其獨特的見解，有其崇高的地位，這在中國諸子百家中，有其無人所能取代的地位。

墨家的著述有「墨子十五卷七十一篇」，現僅存五十三篇。其中《經上》、《經下》、《經說上》、《經說下》四篇，為自然科

第二章　上古時期東西方數學活動的回顧

學方面的重要發明與著作。依照近代科學領域的分類，這四篇著作的主要內容包括，「論理學、幾何學、數理哲學、力學、光學等」。《經上篇》著述的主要內容為科學「名詞與符號」的「定義」，以及科學運算之表達。《經下篇》之著述內容，則為有關科學方面的一些「理論或定理」之敘述。《經說上篇》則為《經上篇》做註腳以及補充說明之著作。《經說下篇》則為《經下篇》解說論證以及一些推理的著述。此「墨經四篇」一直都被認為是中國古代自然科學的瑰寶。它們代表著上古時期，中國祖先們在純粹數學領域上所表現出來完美的思想架構。著書內容中，有一些犀利的邏輯思維，遠遠的領先了歐美科學長達二千年之久。這在世界自然科學發展史上，是獨自享有其崇高地位的。

附註

　　前述「墨經四篇」，加上《大取》、《小取》兩篇，合稱為《墨經六篇》。

　　《墨經六篇》到底有多好呢？它的思想到底有多先進呢？我們不妨，從中舉出幾個較為精彩的內容，與讀者一起來分享。

1. 經上篇云：「圓，一中同長也。方，柱隅四讙（ㄏㄨㄢ）也。」

　　這一段話給「圓」與「正方形」做了最為貼切的定義。它說，「圓」有一個中心，到中心皆為等距離之周邊即為圓。「正方形」，它的四個邊以及四個角皆相同之意也（柱乃邊也，隅（ㄩˊ）者角也）。

51

這是二千四百多年前，中國祖先們的智慧。看了之後，實在無不令吾等佩服萬分啊。

2. 經下篇云：「光之入照若射。」

　　這是一個理論。《經說下篇》將其解釋為，光線的照射是直線進入的。根據這個光學原理，科學家發明了「針孔成像」的理論。經過實驗證明，假如有一個人站在有一小孔的屏幕前，光線由此人之背後照射。則在屏幕後面的牆壁上，會出現一個倒立的人影。

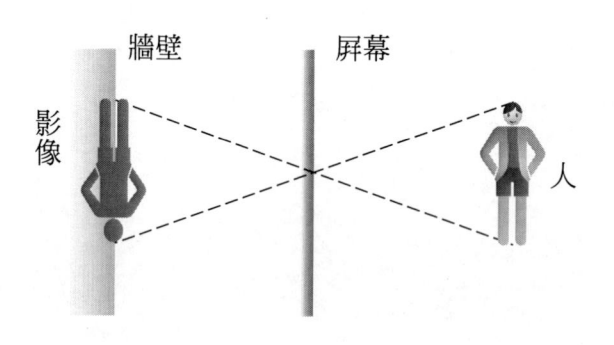

針孔成像

3. 經下篇云：「窮，或（ㄩˋ）有前，不容尺也。」

　　這一句話更是不得了了。《經說下篇》將其解釋為，如果一條直線是有限長的，那麼它的領域是有界限的，用尺去測量長度的話是可以測量出來的。（文中的「或」與「域」相通）。有興趣的同學們，不妨去了解一下，這是一個非常現代的數學定理。它是一般大學數學系的同學都深感興趣的題目。在高等微積分的課程中，它被稱為阿基米德（287~212B.C.）特性（Archimedean property）。

第二章　上古時期東西方數學活動的回顧

有關阿基米德特性是這樣寫的：

「若 x, y 為任意兩實數，且 $x > 0$，則存在一正整數 n，使得 $nx > y$。」

附註

　　這兩個東西方的理論，所講的是同一回事。阿基米德特性中所提的 y 就是墨經裡的「窮」，而 x 則為「尺」也。有關阿基米德特性的證明，請參閱本書第 7.3 節的說明。

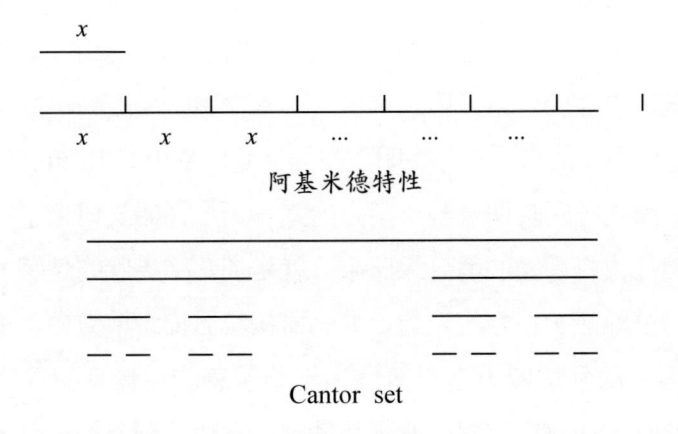

阿基米德特性

Cantor set

4. 經下篇云：「斳（ㄓㄨㄛˊ）半，進前取也。前則中無為半，猶端也。前後取，則端中也。」

　　這個「斳」字作削講，意指割的意思。另「端」字作「點」解。整句話的意思是說，如果把一條直線段，一半一半的往前割，一直割到剩餘部分不能再分割為止，那麼最後就變成了（端）點。如果每次割除的是，直線段的前後兩個三分之一部分，那麼到最後不能分割的時候，就變成線段的中間點了。與此相類似的現代數學，則是所謂的「康托集合」（Cantor set）。

53

數學史演繹

附註

George Cantor (1845-1918)。請參閱 Page 41，*Principles of Mathematical analysis*, Walter Rudin。有關「Cantor set」所引發的一連串問題，不僅是先進，更是現代從事分析的數學家所津津樂道的一些題目。如此這樣一個尖銳而有趣的命題，早在兩千多年前的中國就已經出現。著實讓歐美人士嚇得目瞪口呆，嘖嘖稱奇、佩服不已。

前面曾經提及，墨家是提倡「兼相愛，交相利」的。墨子認為：「天下之間沒有強凌弱、貴傲賤、智詐愚、交相攻伐之事。」他對統治者發動戰爭所帶來的禍害，常常進行尖銳的揭露和批判。下面是一則小故事，充分說明墨家的兼愛以及和平相處的精神。

話說在戰國時期，某年某月的某一天，外頭又傳來了有一大國即將出征攻打鄰國的消息。原來，就是那兵強馬壯的楚國，重金禮聘來了公輸般，正全力製造攻城的器械和雲梯，準備發兵併吞弱小的宋國。聽到這個不幸的傳言，墨子著急的為無辜的百姓深感憐惜。於是，便日夜兼程急速奔赴楚國，希望能夠力勸「楚王」停止這場即將帶給兩國百姓災難的戰爭。可是，楚王自恃兵力強大，平日又喜好遠交近攻稱霸一方，所以對墨子的勸說根本就聽不進耳。更何況，這回有了雲梯這般厲害的攻城器械助陣，楚王似乎早已有勢在必取宋國的打算。於是，墨子只得再進一步的向楚王進言：「聽說雲梯非常的厲害，可是楚大王您可有把握，宋國不會製造更厲害的守城兵器嗎？」聽了墨子的此番言論，楚王自想：「弱小的宋國，何來厲害的守城兵器？」楚王不予理睬，揮了揮手，示意墨

第二章　上古時期東西方數學活動的回顧

子速速離去，勿再多言。

　　然而，墨子心有不甘。他急中生智，解下了自己的腰帶，並且在桌上擺出了宋國城牆的模樣。他當場要求楚王，讓墨子與公輸般的雲梯模型，沙盤推演比試一番。幾經折衝，楚王勉強應允。墨子這回運用過人的智慧，憑藉著純熟的工匠技巧，當場破解了楚王的雲梯攻勢。剎那間，楚王惱羞成怒，大聲斥喝墨子，意欲將墨子擒而殺之。不料，墨子卻泰然自若，仰面笑將起來說：「我素有耳聞楚王脾氣暴躁，性喜侵略。所以，在我來楚國之前，早已安排就緒，將我的學生兵分兩路。一路趕往宋國做好守城的準備，另一路則想必已經在楚國的城門外守候多時了呢。你現在若殺了我，自然也討不到甚麼好處吧。」不待墨子言畢，楚王心中早已暗自盤算，「墨家組織信條，素以要求嚴謹、行動快速、堅苦卓絕、驍勇善戰聞名於天下。此次若是魯莽行動，或將慘敗，而得不償失。」於是，在群臣的參謀與勸阻之下，楚王放棄了併吞宋國的計畫。

　　因為墨子的勇敢勸說，楚宋兩國人民得以避免一場空前的耗劫。百姓們愉悅萬分，爭相走告、歡欣鼓舞。這則「墨子夜奔楚營，力諫楚王。」之美事傳開之後，諸子百家對於墨家過人的膽識、機靈的智慧無不佩服萬分，崇拜有加。另一方面，在經過墨子這番的感召之後，公輸般看在眼裡，心中徹底的體會到，天下百姓愛好和平的渴望。從此之後，公輸般改變了他製造器械的動機和信念。他轉而致力於生產農具和一些生活上的創造與發明。他再也不替統治者製造侵略戰爭的器械了。

55

2.4 歐幾里得與幾何原本

Euclid (320 B.C.~275 B.C.)　　　　Statue of Alexander the Great

　　西元前四世紀的最後三十年間，馬其頓國王亞力山大大帝（Alexander the Great）即位不久，便萌生征服世界的野心。果然，西元前 332 年，亞力山大大帝率領勇猛無比的鐵甲騎兵，輕易的攻破了早已積弱不振的埃及王朝。隨後，亞力山大在尼羅河出海口，修築城牆建立了當時人類史上最為著名的亞力山大城。這座城市發展極其迅速，舉凡兵營、文教中心、圖書館等建築，個個都是富麗堂皇極為雄偉。在這樣一個富庶的國度裡面，亞力山大廣為宣傳，招募學者、賢士。消息傳出之後，當時凡是有學問的人、有才能的鄉賢士紳，無不紛紛前往投靠。果然不出數年，亞力山大城很快的便取代了大希臘，而成為世界的學術和藝文重心。

　　約莫西元前 300 年左右，在亞力山大城眾多的文人學者當中，出現了一位勤奮好學、為人誠實、待人和善謙虛、頭腦思路敏捷的

教育家——歐幾里得（Euclid, 320 B.C. ~ 275 B.C.）。歐幾里得是柏拉圖學院的高材生，當時柏拉圖學院要求在校學生，必須能夠精通算學、幾何、天文和比例等四門專業。所以，不管是算學、幾何、天文或是比例學等，歐幾里得樣樣精通。值得一提的是，歐幾里得是一流的數學寫作專家。約莫西元前 290 年，歐幾里得大肆蒐集畢薩哥拉斯與柏拉圖前後年代一些重要的數學研究成果。經過歐幾里得細心的整理、精心的修訂之後，編輯而成一本曠世巨著《幾何原本》（*Elements*）。

《幾何原本》（*Elements*）共有十三卷，內容豐富、立論精湛。舉凡多面體、角錐體、平面幾何、無理量以及數論……等，皆盡編纂涵括其內。著書問世之當時，曾經有一些學究派閥懷疑，歐幾里得在這些偉大的數學結論中，到底加入了多少其個人獨到的見解，或是展現了多少其個人原始的創作？那些立場派系不同的老學究，甚至於將《幾何原本》批評為，「盡是一些古人遺作的抄本罷了」。

無論如何，那些批評或許只是派系之間的鬥爭而已。憑心而論，在吾等看了《幾何原本》的論述之後，對於歐幾里得的傑出貢獻，無不覺得後世之人都應該給予正面的支持和肯定的。心想，當時要是沒有歐幾里得的精心編纂，那麼古希臘絕大部分輝煌的數學成果，必將付諸東流，無法流傳於後世了罷！

正當火紅之時，約莫 30 歲的歐幾里得接受了托勒密王（Ptolemy I）（亞力山大大帝的繼承者）的請託，主持一所數學教育為主的學校。溫和敦厚而又充滿教學熱誠的他，對於有志於投入數學研究工作的人士，總是循循善誘、耐心的教導。雖說如此，對於

Claudius Ptolemy (367~283 B.C.)

一些不願腳踏實地，認真學習的學生，歐幾里得也會毫不客氣的令其速速離去。記得有一次，托勒密王向歐幾里得請教幾何時，問道：「除了《幾何原本》之外，還有沒有其他學習幾何的捷徑？」歐幾里得回答說：「在幾何學裡，沒有專門為國王鋪設的道路」（There is no royal road to geometry.）。又一次，有位學生才開始學習幾何，便向歐幾里得問道：「學習幾何有何用處？」當聽到這個問題的時候，歐幾里得心裡非常的不高興。他立刻叫人拿了三個便士給這位學生，並且要他走路。因為，歐幾里得認為，這位學生只會貪圖利益、短視，不適合學習幾何。

《幾何原本》（Elements）是用公理方法，建立演繹數學體系的最早典範。它是古代西方第一部最為完整的數學著作。長期以來，它被科學家們奉為著作的典範，並且統御幾何學長達二千年之久。自從《幾何原本》問世以來，一直是世界各地教科書的經典。大家都認為，它是學習幾何知識、培養邏輯思維能力的最佳教材。二十世紀最偉大的科學家——愛因斯坦，看了《幾何原本》之後，曾經感觸良深的說：「我親眼目睹了世界上第一部具有如此完美體

系的邏輯著作。邏輯體系在這部書裡面，被清楚的一步一步的推導，以至於它的每一個命題，完美到幾乎令人不敢置疑。」

利馬竇與徐光啟　　　　　清朝李善蘭大學士

　　幾經多年之後，《幾何原本》傳入中國。最早的中文譯本是，西元 1607 年明朝期間來華的傳教士利馬竇（Matteo Ricci）與翰林院學士徐光啟所合譯編輯完成的前六卷（稱為「明本」）。其餘則由清朝的李善蘭大學士與英國人偉列（Alexander Wylie）於 1857 年共同編譯完成（稱為「清本」）。國內現行國、高中的幾何教本，大部分也都以此《幾何原本》為基礎編輯而成。

附註

1. 文藝復興之後，數學家們的視野逐漸變得更為廣泛。他們體會到，地球絕不是一個無窮止境的平面。於是，科學家們對於《幾何原本》在思考的範疇上，出現了些許不同的見解。
2. 事情發生在十八、十九世紀的歐洲。數學家們開始對《幾何原本》

的個別定理以及定義敘述，進行爭論、修訂和補充。他們研究出一門所謂的「非歐幾何學」（請參閱本書6.2節）。

3. 此後，直到1899年，德國數學家希爾伯特（David Hilbert, 1862-1943）推行「公理化運動」，並且出版了一本《幾何學基礎（Grundlagen der Geometrie）》時，幾何學科學形式的演繹方式才得以確立。幾何學從此才得以擺脫，從直觀和經驗出發的傳統思考模式。

《幾何原本》總共有十三卷，歐幾里得卻只用了五個公設、五個公理以及23個定義，有條不紊、由簡而繁地證明了四百六十七個重要的定理。論證之精彩、邏輯之嚴密，是《幾何原本》的一大特色。其內容大致分別介紹了平面幾何、數論、無理數，以及立體幾何等方面的數學知識。由於篇幅有限，我們只能將其簡單的為大家介紹認識如下。

第一卷：為幾何學的基礎。其主要的論述內容盡在平面幾何的領域內。如三角形的全等、大角對大邊定理，平行線的特性，以及畢氏定理等問題。

第二卷：討論面積的變換和畢氏學派的幾何式代數。其內容總共包括了十四個代數命題。例如：
一個矩形被切成數塊之後，原矩形之面積必等於諸小矩形之面積和。（如下圖）

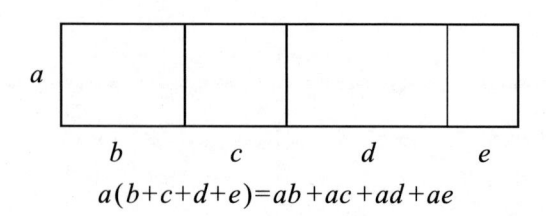

$a(b+c+d+e)=ab+ac+ad+ae$

第二章　上古時期東西方數學活動的回顧

又如，下左圖之鈍角三角形。書中之命題敘述如下：

$$c^2 = a^2 + b^2 + 2bh \qquad \text{(公式 A)}$$

他引用了兩個直角三角形與畢氏定理證明如下。他說，

$$a^2 = r^2 + h^2 \quad 且 \quad c^2 = r^2 + (b+h)^2$$

合併上述兩式得，

$$c^2 = a^2 - h^2 + b^2 + 2bh + h^2 = a^2 + b^2 + 2bh$$

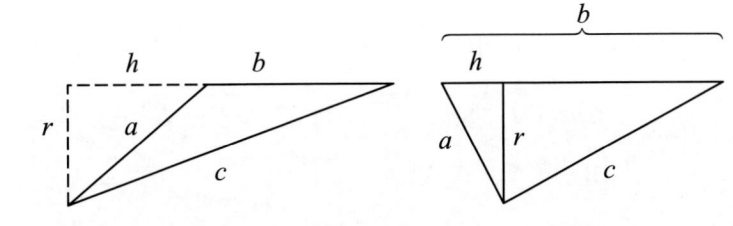

又以上右圖之銳角三角形為例。書中之命題敘述如下：

$$c^2 = a^2 + b^2 - 2bh$$

這個公式，他同樣引用之畢氏定理如下：

$$c^2 = r^2 + (b-h)^2 \text{，} a^2 = r^2 + h^2$$

兩式相減得

$$c^2 - a^2 = (b-h)^2 - h^2 = b^2 - 2bh$$

再得　　　　　$c^2 = a^2 + b^2 - 2bh$

第三卷：討論有關圓的弦、切線、割線等問題。如下圖。

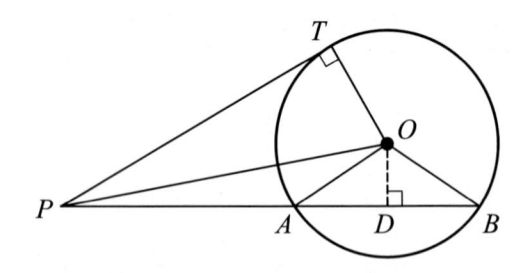

若 P 為圓外一點,且從 P 點分別作該圓的切線、割線各一。則

$$\overline{PT}^2 = \overline{PA} \cdot \overline{PB}$$

這個式子證明如下,

由於 $\overline{OT}$ 垂直於 $\overline{PT}$,所以 $\overline{PO}^2 = \overline{PT}^2 + \overline{OT}^2$。

又由前述(公式 A),得知,

$$\overline{PO}^2 = \overline{PA}^2 + \overline{OA}^2 + 2\overline{PA} \cdot \overline{AD}$$

再由等腰三角形之高的特性得知,$\overline{AD} = \overline{DB}$。

所以,$2\overline{AD} = \overline{PB} - \overline{PA}$。

也因此前述式子可以被改寫為

$$\overline{PO}^2 = \overline{PA}^2 + \overline{OA}^2 + \overline{PA} \cdot (\overline{PB} - \overline{PA})$$
$$= \overline{OA}^2 + \overline{PA} \cdot \overline{PB} = \overline{OT}^2 + \overline{PA} \cdot \overline{PB}$$

綜觀上述,我們得出結論如下。

$$\overline{PT}^2 = \overline{PA} \cdot \overline{PB}$$

第四卷:主要是研究圓的內接與外切正多邊形的圖形,以及圓內接正多邊形的尺規作圖法。這一卷共包含了 16 個定理。

第五卷：主要討論的是比例問題。共有 25 個重要的定理和定義。

第六卷：把第五卷中所建立的比例理論，應用到三角形、平形四邊形和其他多邊形等平面圖形上。這一卷共有 33 個命題。

第七卷：討論奇數、偶數、質數、合成數、平面數、立體數以及完全數等。其內容共有 23 個定義和兩個大定理。例如，歐幾里得輾轉相除法，用以求出整數的最大公約數以及最小公倍數的演算，都在第七卷之內。

附註

1. 所謂平面數者，乃二數相乘之積。立體數者，則為三數之積也。
2. 所謂完全數（Perfect number）者，乃一數等於其所有正因數和之一半者之謂。
   例如，28，它的正因數有 1，2，4，7，14，28。
   而這些數的和為 56，再者 56 之一半為 28，所以 28 為一完全數（參閱第九卷）。

第八卷：這一卷繼續討論其他相關的數論問題。譬如下述比例問題。

$$ma \cdot mb \cdot mc : na \cdot nb \cdot nc = m^3 : n^3$$

第九卷：探討了 36 個重要的命題。我們以下列四個命題為例，與大家分享。

    1. 正質數有無窮多個。

    2. 對任意正整數 n 而言，

$$a + ar + ar^2 + \cdots + ar^n = a(1-r^{n+1})/(1-r)$$

3. 對任意正整數 n 而言，

$$1 + 2 + 2^2 + \cdots + 2^{n-1} = 2^n - 1$$

4. 若 $2^n - 1$ 爲質數，則 $2^{n-1}(2^n - 1)$ 爲一完全數。

附註

上述命題 2 與 3 是大家所熟悉的幾何級數。下面我們來探討一下命題 1 與命題 4。

命題 1：正質數有無窮多個。

假設本命題錯誤，也就是說，假設正質數爲有限個，並且令

$$p_1, p_2, \ldots, p_k$$

爲所有有限個相異之正質數。

接著令 $m = p_1 \cdot p_2 \cdots p_k + 1$。

因爲，對任意 $i = 1, 2, \ldots, k$ 而言，$m > p_i$，所以，m 必爲一合成數。

假設 p 爲 m 的一個不爲 1 之質因數，

那麼 p 必爲某一個 p_i，$i = 1, 2, 3, \ldots, k$（因爲 $p_1, p_2, \ldots, p_k$ 爲所有正質數）。

因此，存在一個正整數 n 使得，

$$m = p_1 \cdot p_2 \cdots p_k + 1 = p_i n$$

這式子說明，$n = p_1 \cdot p_2 \cdots p_{i-1} \cdot p_{i+1} \cdots p_k + \dfrac{1}{p_i}$

這是一個不可能的結論。

所以，原假設錯誤。也就是說，正質數有無窮多個。

命題 4：若 $2^n - 1$ 為質數，則 $2^{n-1}(2^n - 1)$ 為一完全數。

假若 $2^n - 1$ 為一質數，則 $2^{n-1}(2^n - 1)$ 的所有正因數如下，

$$1,\ 2,\ 2^2,\ 2^3,\ ...,\ 2^{n-1},\ (2^n - 1),\ 2 \cdot (2^n - 1),$$
$$(2^n - 1),\ 2^2 \cdot (2^n - 1),\ ...,\ 2^{n-1} \cdot (2^n - 1)$$

現在，我們來證明 $2^{n-1}(2^n - 1)$ 等於上列所有正因數和的一半。首先，

$$2^n(2^n - 1) = (1 + 2^n - 1)(2^n - 1)$$
$$= (2^n - 1) + (2^n - 1)(2^n - 1)$$

由命題 3 得知，

$$2^n(2^n - 1) = (1 + 2 + 2^2 + \cdots + 2^{n-1})$$
$$+ (2^n - 1)(1 + 2 + 2^2 + \cdots + 2^{n-1})$$

將式子兩邊除以 2 得，

$$2^{n-1}(2^n - 1) = \frac{1}{2}((1 + 2 + 2^2 + \cdots + 2^{n-1})$$
$$+ (2^n - 1)(1 + 2 + 2^2 + \cdots + 2^{n-1}))$$

上述等式之右邊正是所有正因數和的一半。命題 4 得證。

舉個例子來說，當 $n = 3$ 時，$2^{3-1}(2^3 - 1) = 28$ 即為一完全數。

第十卷：主要討論「無理量」的問題，書中內容共包含了 115 個命題。

例如，

1. 長度為 $\dfrac{a}{b+\sqrt{c}}$ 或為 $\dfrac{a}{b-\sqrt{c}}$ 之線段的尺規作圖問題。

2. 已知一定量 X 和一小量 δ。今將 X 減去一半，再從剩餘的一半中減去一半，如此繼續下去，經過有限次數之減半後，其所剩餘之量會小於 δ。

換句話說，存在一正整數 n 使得 $\dfrac{X}{2^{n-1}} < \delta$。

這個論述說明了無窮小量的概念。

同學們或許還記得上一節，《墨經六篇》中之經下篇所言：「斮半，進前取也。前則中無為半，猶端也。前後取，則端中也。」這一個定理與前述幾何原本之論述，可說是不謀而合。

第十一卷：討論的是立體幾何。其主要內容包括，立體空間中的直線與平面的各種關係。

第十二卷：討論的是立體體積與表面積的測量。其內容包含，角錐、圓錐、圓柱以及球體的論述。譬如說，
1. 圓球之表面積與直徑的平方比值為一常數。
2. 圓球之體積與直徑的立方比值為一常數。
3. 圓錐體之體積等於同底等高的圓柱體體積的三分之一。

第十三卷：討論正多面體的作圖法。其介紹的範圍包含了五種正多

面體。如正四面體、正六面體、正八面體、正十二面體、以及正二十面體等。

附註

幾何原本中，歐幾里得所使用的五個幾何公設與五個數量公理敘述如下。

五個幾何公設：

1. 任一點到另一點必可作一直線連之。
2. 直線可以任意延長。
3. 可以任意點為圓心，任意長為半徑作一圓。
4. 直角皆相等。
5. 過線外一點，恰有一直線與已知直線平行。

五個數量公理：

1. 與等量相等的量必定相等。
2. 等量加等量其結果必定相等。
3. 等量減等量其結果必定相等。
4. 重合量必定相等。
5. 全量必大於分量。

2.5　古希臘三大幾何難題

　　歐幾里得利用五個公設和五個公理，將早期畢薩哥拉斯與柏拉圖時代，希臘人在幾何學的研究成果，有系統的整理出來，其所編輯而成的《幾何原本》，促使希臘人對幾何觀念有了正確的認識，

以及有效的運用。除此之外，《幾何原本》更進一步的將美麗的幾何藝術發揚光大，而流傳於後世。然而，就在這諸多的藝術文明結晶當中，出現了些許令人頭痛的幾何命題。這些命題長久以來，一直困擾著古代希臘，甚至於全歐洲的數學家們。他們絞盡腦汁地終身投入幾何學的研究，卻始終無法獲得問題的解決。二千年來，學者專家們對這些幾何難題是既喜愛又怕受傷害。直到十九世紀初期，法國數學家 Evariste Galois 發明 Galois 定理之後，這些問題才得以真相大白。此後，數學家們也才得以卸下長期以來掛在心頭上的那個千斤重擔。

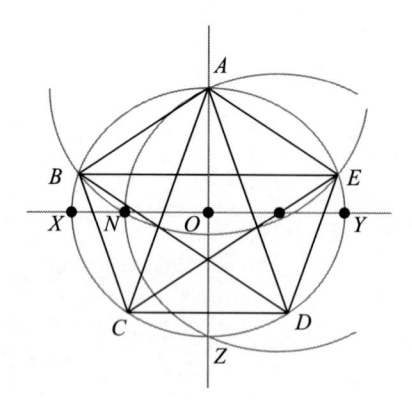

十五歲的 Evariste Galois
(1811~1832)

　　這些問題是什麼厲害的幾何難題呢？原來它們就是世界數學發展史上，赫赫有名的古希臘三大幾何問題。問題是這樣子的，用（沒有刻度的）直尺和圓規完成下列作圖。

1. 化圓為方：已知一圓，作一正方形，使其面積與該已知圓之面積相同。

2. 立方倍積：已知一正方體，作一正方體，使其體積為原已知正方體體積的兩倍。
3. 三等分任意角：已知一角，用直尺和圓規將其三等分。

我們細細的來思考一下這三個「尺規作圖」題。

首先，我們看看「化圓為方」。假設該已知圓之半徑為 r，那麼該圓之面積應為 πr^2（平方單位）。所以，要作一個正方形使其面積等於該已知圓之面積的問題，就變成了作一邊長為 $\sqrt{\pi} r$ 的正方形。

以「立方倍積」的問題來說。若已知一正方體之邊長為 a，則該正方體之兩倍體積為 $2a^3$（立方單位）。所以，要作另一正方體使其體積為該已知正方體體積的兩倍問題就變成了，作一邊長為 $\sqrt[3]{2}\, a$ 的正方體。

經過這樣一個簡單的認識，我們發現前面兩個問題可以被改寫如下：

1. 作一正方形，使其邊長為 $\sqrt{\pi} r$。或者簡單的說就是，在給定一單位長度之下，作一線段使其長度為 $\sqrt{\pi}$。
2. 作一立方體，使其邊長為 $\sqrt[3]{2}\, a$。或者簡單的說就是，在給定一單位長度之下，作一線段使其長度為 $\sqrt[3]{2}$。

至於三等分任意角的問題，說穿了也是作某一長度的線段問題。茲簡單說明如下，假設：$t = \cos\theta$ 且 $x = \cos(\frac{\theta}{3}), 0 < \theta < \frac{\pi}{2}$，則公式 $\cos\theta = 4\cos^3(\frac{\theta}{3}) - 3\cos(\frac{\theta}{3})$，變成 $4x^3 - 3x - t = 0$，其中 t 為一已知介於 0 與 1 之間的正數。

接著，令 $f(x) = 4x^3 - 3x - t$。由於，

$$f(1) > 0, f(-1) < 0, f(-1/2) > 0, f(0) < 0, f(1) > 0$$

所以，方程式 $4x^3 - 3x - t = 0$ 有兩個負實數根，以及一個正實數根。而且該正數根 x 介於 0 與 1 之間。

因此，三等分一任意角的問題，也可以被改寫為，「在已知一長度 t，$0 < t < 1$ 的情形之下，作一線段使其長度為 x，且 $0 < x < 1$。」如此一來，三大幾何問題全變成了：

「在給定一單位長度的情形之下，作某一長度的線段問題。」

很顯然，長度為 1、2、3、……或是 1/2、1/4、1/8、……的直線段尺規作圖，是可以輕鬆被完成的。然而，其餘還有那些線段長度作得出來？那些長度又作不出來呢？多少年來，這個問題一直圍繞著數學家們打轉。無論是茶餘飯後，或是大街小巷，每當見面的時候，數學家們總不會忘記詢問，「你能作出何種長度的線段？」這個問題持續了兩千年。無論是古希臘最高智慧的算學家，或是文藝復興時期之後若干偉大的數學家，他們都無不傾全力專注於此。甚至於，每當進行數學競試之時，大家都圍繞著這三大問題為出題的範疇。蓋，心思無分巧拙，人性無分智愚，俱奮勇專研，冀望戰勝於此三大難題也。

根據傳說，大約在西元前 350 年之時，曾經有一位希臘數學家 Menaechmus，想利用拋物線的製圖儀器，解決三分角的問題而就教於柏拉圖（Plato, 426 B.C.~347 B.C.）。結果遭到柏拉圖的一頓痛斥，曰：「如是，則捨天神所用千秋不易之精微想像，而復任吾人之官能，無異是將幾何學之優美廢棄而不顧矣。」

第二章　上古時期東西方數學活動的回顧

此三大幾何難題耗盡了早期數學家們的畢生精力。直到十九世紀，法國數學家 Evariste Galois 發明 Galois 定理之後，數學家們才得以利用代數的方法，證明出「三大幾何問題，在只能使用直尺和圓規的限制之下，是無法辦得到的」。

既然，這些問題是無解的，那麼，多年來數學家們的辛勞不就白費了嗎？其實並不盡然。數學家們因為研究三大幾何問題所引發出來的一些新概念，如，超越數的發現就是一個非常好的例子。這個發現使得數學家們能夠更熟練的，駕馭複數體系，洞悉複數體系的本質。諸如此例種種，都是數學家們在全力研究幾何問題時，所不曾想過的很好的意外收穫。所以，我們不能說數學家們早期投入的辛勞是白費的。

附註

1. 十九世紀初期，法國政治非常的混亂。很多年輕人常因為一不小心的言論或是魯莽的舉動而惹禍上身。Galois 就是出生在這麼一個不令人喜歡的年代。西元 1828 年，在法國巴黎 Ecole 多科工學院入學申請過程中，天才型的 Galois 因為驕矜洋溢，而惹惱了一些入學評審委員。為了進入這一所人人嚮往的一流大學，Galois 受盡了挫折，卻始終無法獲得入學許可。Galois 才轉而進入 Ecole 初級學院就讀。

    更令人惋惜的是，西元 1832 年 5 月 30 日，Galois 無端的被捲入一場政爭，而身受致命的重傷。次日，因傷重而不治，得年未滿 21。

    Galois 十八歲時，就開始研究多項式有零解的充分必要條件。這個研究結果到後來，竟成了抽象代數學上，Galois theory 的主要基石。除此之外，Galois 是世界數學史上，第一位使用 Group

（臺）這個專業術語的數學家。Galois 才十八、九歲而已，但在數論上，卻已經有如此深入的研究，著實令人欽佩。然而，在多次的卓越數學獎評選中，Galois 的作品總是不受評審的青睞，因此從未得獎。直到西元 1843 年 Galois 的一些遺作被整理出版之後，數學家們才猛然發現，Galois 在「五次多項式沒有公式解」的證明方面，比起當代一些大數學家的證明還要來得正確、甚至有深度。

2. 有關「三大幾何問題」的解決，並不是一個簡單的差事，有興趣的讀者，可以參閱下列幾本書刊。
   (1) 《幾個有名的數學問題》——康明昌著，中央研究院數學研究所發行。
   (2) *Famous problems of elementary geometry*——F. Klein.
   (3) *Basic Algebra I* ——Nathan Jacobson.

2.6 一位能夠移動地球的數學物理學家

他是天文學家的兒子，壯志凌雲的天才。做起學問來，他總是廢寢忘食。他對物理學以及相關科學領域的貢獻與自信，曾經獨霸學術界長達千餘年之久。若說他是數學與物理學史上的學術至尊，想必是沒有人會持相反意見的。他就是大家耳熟能詳、如雷貫耳的偉大科學家，阿基米德（Archimedes, 287 B.C.~212 B.C.）。

阿基米德出生在西西里的西拉庫斯（Syracuse, Sicily）。當今之學界將他與牛頓、高斯合稱為人類史上最為偉人的三大數學家。由於父親是天文學家，所以打從小時候起，阿基米德就在父親的薰陶和調教之下，對物理學產生了極大的興趣。他對物理學方面的認識，當然也就遠比其他同齡的小孩來的早好幾年。西元前 270

第二章　上古時期東西方數學活動的回顧

Archimedes (287 B.C.~212 B.C.)　　The Cathedral of Syracuse

年，才不過 17 歲大的阿基米德便在父親的期望和鼓勵之下，離開家鄉遠赴埃及的亞力山大學派留學。

　　在學者雲集的藝術殿堂上，阿基米德和來自各地的專家貴族們，共同切磋、共同研究。在藏書浩瀚的圖書館裡，歐幾里得幾何學的無窮奧妙，深深的吸引著這位古希臘的巨人。不數日，無論是在物理或是數學的領域上，阿基米德的智慧有如海綿般的快速吸收、快速成長。兩年過後，阿基米德初試啼聲，他發明了「槓桿與滑輪原理」。有一天，年方 20 歲的阿基米德誇下海口說：「若能給我一個支撐點，我將移動地球。」（Give me a place to stand and I will move the earth.）這一句話似乎吹的有點過了頭。但是無論如何，它卻說明了阿基米德對於槓桿原理的自信和驕傲。然而，這一段話卻掀起了一陣波瀾。亞力山大城學術界的前輩朋友們，絲毫不以為然的一致認為，阿基米德年幼無知、不知天高地厚。但為了要挫挫阿基米德的銳氣，大家於是商量決定，要阿基米德移動港口的一艘船，用以證實阿基米德所言不假。

Archimedes is said to have remarked about the lever:
"Give me a place to stand on, and I will move the Earth."

　　二千多年前在港口要移動一艘船，通常是一件需要一大堆工人的工作。當時的人們萬萬也想不到，如何能夠以簡單幾個滑輪和幾根木棍來移動一艘船？可是，令人驚訝的事情發生了。阿基米德以複合滑輪系統（compound pulley system）輕鬆的辦到了。親眼目睹這場盛事的學者專家們，無不豎起大拇指嘖嘖稱奇。故事傳遍了整個亞力山大城，阿基米德的學術聲望於焉確定。從此以後，學術界的朋友們，再也沒有人敢向阿基米德的自信挑戰。

　　除了在物理學上的天分，阿基米德在數學領域上的表現，也是令人刮目相看的。根據記載，早期他曾經試圖去計算一個「圓的面積」，甚至於一個「球體的體積」。同學們要注意，這是發生在二千二百年前的事情。這是一件比在港口移動一艘船還要困難的事情。因為，有關 π 這個數字，就算在中國，也是到西元三世紀的時候，才開始由中國數學家劉徽，以「割圓術」算出一個粗略近似值的。何況在歐洲，有關 π 值的研究，則是屬於文藝復興之後的事情呢！那麼，既然如此，阿基米德又是如何計算出圓的面積的呢？

　　原來，阿基米德使用了所謂的，「耗竭法」（method of exhaus-

第二章　上古時期東西方數學活動的回顧

tion）。他在一個圓內畫出很多不互相重疊、大小不一的長方形。當這些長方形幾乎鋪滿整個圓內區域的時候，他計算出所有這些長方形的面積和。然後，阿基米德以這些長方形的面積和，推算出這個圓形區域面積的近似值。這個「耗竭法」在二千多年前的數學歷史上是屬空前的。它是一個先進的，有關極限演算法的技巧。阿基米德的這個創作，他的先知、他的智慧，早已預測出二千年後，牛頓和萊布尼茲所發明的微積分的誕生。

　　話說西元前 241 年，阿基米德返回故鄉西拉庫斯（Syracuse），那時正值羅馬（Rome）和迦太基（Carthage）交戰時刻。羅馬艦隊兵臨城下，圍攻西拉庫斯港口。阿基米德承領國王之命，設計打造出可以調整遠近射程的弩砲（Ballista）和投石器（Catapult）。投石器可以投擲 500 磅重的石頭，直可摧毀敵人的船艦。弩砲所發射出的重型火箭，當然也能讓敵軍難以逃逸、無所遁形。就在這時候，西拉庫斯的軍情危在旦夕之際，迦太基的軍隊拖出了由阿基米德所監督製造的一部又一部的投石器，在港口岸邊一字排開。等候阿基米德的一聲令下，咻！咻！咻！一顆又一顆的巨大石頭飛向港外的羅馬艦隊。巨石擊落之處，不是船身斷裂、破損，就是海面激起海

仿古設計的弩砲　　　　　　　　　投石車原貌

嘯般的浪花，羅馬船隻驚慌之餘四處逃竄。但是，阿基米德並沒有就此放過那些因砲石襲擊之後所存活而逃離的船隻。他立刻命令岸上的士兵們，用長長的桿子以城垛為支撐，推向敵人的船隻，高高的把船隻舉起，拋向空中摔落海面沉入水中。另一方面，阿基米德又命令士兵們，利用特殊形狀的盾牌面，集中太陽光線，射向船隻的帆布上使其著火而亡。

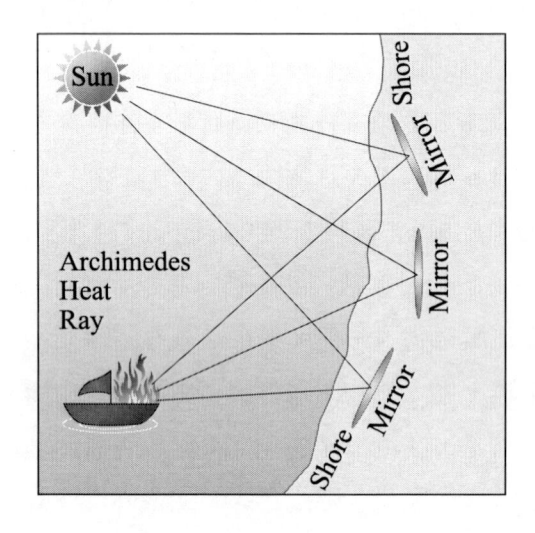

Archimedes may have used mirrors acting as a parabolic reflector to burn ships attacking Syracuse.

最後，羅馬艦隊落敗而逃，這次致命的一擊，幾乎讓艦隊長麥瑟盧斯將軍（Marcellus）顏面無光、永生難忘。他在戰爭日誌上，牢牢的記住了阿基米德的大名。並且尊奉阿基米德為「可怕的對手、可敬的神明」。數年之後，麥瑟盧斯將軍捲土重來。這次他謀定計畫，改由陸路進攻西拉庫斯。果然，天賜良機，西拉庫斯軍民因屢次戰役都打勝仗，就在把酒狂歡之際，大將軍出其不意的趁機襲擊。一陣混亂之後，兵士們四處逃竄，迦太基的軍隊兵敗如山倒。羅馬軍隊這次征服了西拉庫斯，麥瑟盧斯將軍雖難掩興奮，但

第二章　上古時期東西方數學活動的回顧

也沒有忘記那「可敬的神明」。於是大軍進城之前，他命令將士們，若有看到阿基米德不得格殺，必須活捉。可令誰都沒料到，一名糊塗的兵士入城之後，在街上見一老人正在研讀數學命題。這位老人入神的在地面上，來回畫出數個幾何圖形。糊塗的士兵見狀毫不加思考的，命令老人去見麥瑟盧斯將軍。老人不從，士兵遂而殺之，結束了阿基米德一生傳神的命運。

阿基米德死了，學生們在他的墓碑上，刻上一個球體，而球體則被一個最小可能的圓柱體（外切圓柱體）所包圍。並且在墓碑文上記載，該球體之體積與圓柱體之體積的比值為 2/3，該球體之表面積與圓柱體之表面積的比值亦為 2/3。這是為了緬懷師恩，以表達永不忘懷恩師之情。也是阿基米德在他一生所有的著作當中，最引以為傲、最為重要的著作成果。以時代背景而言，阿基米德無論是在物理或數學領域上的許多發現，是無人所能及的。尤其是他的一些理論，保持了幾個世紀的領先地位，更是令人有口皆碑的。所以，我們說：「阿基米德是人類自從有歷史記載以來，最偉大的科學家。」這句話應該是很貼切的。

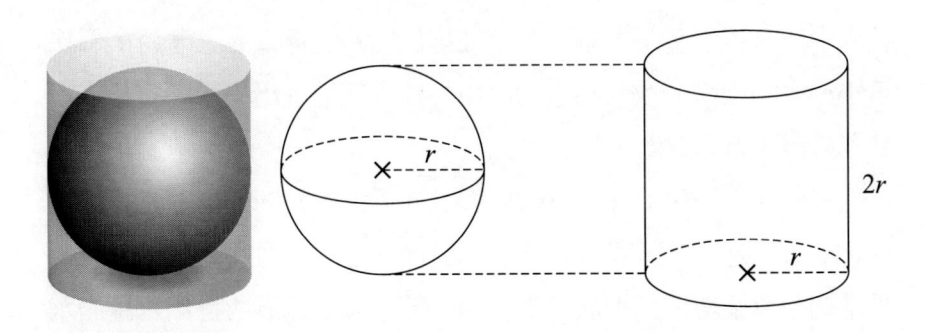

The sphere has 2/3 the surface area and volume of the circumscribing cylinder.

遺漏的故事一則：

有一天，西拉庫斯的國王叫鐵匠打造了一頂金皇冠。當皇冠拿到手時，國王懷疑，鐵匠是否偷偷用了其他金屬代替部分的黃金？於是，國王派遣衛士請來了阿基米德，希望阿基米德能夠查明真相。當著國王的面，阿基米德沉思了好一會兒。他認為這件疑案一時之間難以理清。於是稟報國王，容許寬限幾天的時間進行查訪研究。國王應允，阿基米德便行告退。

離開了皇宮，在回家的路上，阿基米德百思仍然不得要領。當晚一如往常，阿基米德將浴缸的水放滿之後，在進入浴缸泡澡之時，水位移動流過浴缸的邊緣溢出了水缸。看到此種情景，阿基米德頓時之間悟出了箇中的道理。阿基米德不自覺的大叫一聲：「Eureka！」（I have found it！）。忽然之間難得的靈感湧現，這時候阿基米德深怕那個概念突然消失。於是，澡也不洗了，阿基米德光著身子，到外面拿來幾件不同比重的物體，在浴室內重複實驗。最後，阿基米德得出了一個結論，那就是所謂的「阿基米德浮力定律」。

「如果把一個比重大於水的固體，放入滿水的缸中，則該固體在水中所減輕的重量，剛好等於被排出的水的重量。又若將一個比重小於水的固體，放入滿水的缸中，則水缸被排出的水的重量，剛好等於該物體的重量。」

實在是太棒了，阿基米德沿街大喊「Eureka！Eureka！Eureka！」他跑向皇宮問國王拿了那頂皇冠，並且向國王要了同等重量的純黃金塊。分別放入浴缸中，結果發現皇冠所排出水缸的水的重量，大於同等重量的純黃金塊所排出的水的重量。哇，完蛋

了!阿基米德證實,這位鐵匠確實使用了密度比黃金還小的其他金屬,暗中掉包了部分的黃金。隔日,只見那位鐵匠被處死在城門外的絞死臺上。

2.7 凱撒大帝與羅馬曆法

Julius Caesar
(July 13, 100 B.C. – March 15, 44 B.C.)

全長六千七百多公里的尼羅河(參閱 1.3 節),起源於現代非洲中部的烏干達和坦尙尼亞境內的維多利亞湖。由南而北貫穿古之埃及,最後流入地中海。流域面積廣達三百三十六萬平方公里,河水每年定期漲落。大約六月時候,由於湖水開始暴漲,豐沛的水勢沖向尼羅河,河川水位因而逐漸上漲。這種情勢會一直維持到九月底十月初。最後,河川水位達到最高峰。而後,又逐漸退潮恢復平靜。這種週期性的更新,除了滋養農人的田地之外,也造就了古埃及人在天文學上的另一項重大成就,那就是「埃及曆法」。

經過長時間的觀察，古代埃及人開始注意到，這一次水位最高峰的日期，與下一次水位最高峰的日期之間，相隔一段固定的天數。偉大的古埃及子民們，於是做了進一步的仔細研究和長時間的追蹤記錄。經過多次反覆的觀察記載之後發現，這一次的高峰期到下一次的高峰期來臨之時，總共為期三百六十五又四分之一天。天啊！這是多麼令人振奮的數據呀！從此以後，尼羅河流域的人們更進一步的將河川水位的高峰週期定為一年。並且將一年分為十二個月，每一個月以三十天計算。如此情形之下，一年將剩餘五天。這五天該怎麼辦呢？

尼羅河流域的子民們認為，這五天是不存在的。他們認為，辛苦工作了一年，應該要利用這五天充分的休息，飲酒作樂、歌舞昇平。另一方面，他們也利用這五天，為即將到來的一年，向上天祈福祝禱明年又是豐收的季節。注意，如此分配之後，每年還剩餘四分之一天，那又該怎麼辦呢？聰明的古埃及人，當然沒有忘記。他們精確的計算出，一千四百六十乘以四分之一，剛好等於三百六十

凱撒出征埃及

第二章　上古時期東西方數學活動的回顧

五。於是他們發覺，每隔一千四百六十年，就會多出一年。他們將這多出來的一年，稱為為剩餘之年。這就是古埃及的曆法，也是人類史上最早的曆法。尼羅河流域的古埃及子民們，在觀察大自然的變化時，所展現出獨特的洞悉能力，以及細膩的思維模式和驚人的計算能力，實在莫不令吾等嘆為觀止呀！

約莫西元前 50 年，也就是埃及曆法實施二千年後的一天，古羅馬帝國的大將軍，鳩利阿斯凱撒（Julius Caesar）領兵攻打埃及。強大的鐵甲軍隊所向無敵、戰無不勝、攻無不克。大隊兵馬壓境之處，著實令人聞風喪膽。凱撒大帝的神勇，威震了積弱已久的埃及王朝。古埃及的士兵們見狀，無不紛紛棄械投降。就在這次偉大的征服戰役中，凱撒大帝發現了古埃及進步的科技和先進的曆法制度。當鐵甲大軍班師回朝、凱旋歸國之時，除了牛馬牲畜以及器械等戰利品之外，凱撒大帝帶回了滿箱、滿箱的書籍，帶回了古埃及人勤勞的經驗和聰敏的智慧結晶。

埃及曆法被帶回羅馬之後，羅馬教皇便召集當時之學者專家進行研究。在經過廣泛的探討和意見的交換之後，機靈的羅馬人普遍認為，一年的十二個月當中，每個月的天數不應完全相同。傳統上，他們認為奇數是吉利的數目。因此，他們把奇數月份定為三十一天，而偶數月份則定為三十天。可如此一來，一年不就成了三百六十六天了嗎？於是，教皇和學者們在經過一番討論之後，又巧妙的安排，每年的二月份為二十九天，稱為平年，且每四年一次閏年，則為三十天。這種安排之後的結果，每一平年有三百六十五天，而且將每一平年所多餘之四分之一日，變成每四年一次的閏年。此後，每年春、夏、秋、冬四季就再也不致混亂了。首次修訂

81

數學史演繹

過的曆法比起原來之埃及曆法，當然顯得高明的多了。如此完美的曆法，當時之教皇和學者們一致推崇，將其命名為《鳩利阿斯曆法》。

附註

1. 由於凱撒大帝的生日在七月份，古羅馬人民為了表達對凱撒大帝的推崇，於是便把重新修訂過的曆法之七月，命名為鳩利（Juli，取 Julius 之前四個字母）。

西元前 44 年，凱撒大帝遇刺身亡，凱撒義子屋大維（Octavius）跟安東尼（Antony）以及李必達（Lepidus）三分羅馬天下。數年後，李必達首先失勢，剩下屋大維和安東尼兩雄對峙的局面。安東尼的原配是屋大維的姐姐，但後來卻又愛上了凱撒大帝的情婦，風

奧古斯都雕像
(September, 63 B.C. ~ August, 14 A.D.)

第二章　上古時期東西方數學活動的回顧

華絕代的埃及女王克麗歐佩脫莉亞（Cleopatria）。屋大維知情之後，乘機興師問罪。結果安東尼和克麗歐佩脫莉亞因兵敗而自殺身亡，結束了羅馬戰亂的局面。

　　戰亂平息，大羅馬帝國歸於一統，屋大維凱撒繼承了羅馬帝國的王位。百姓們為了要表達對屋大維擁戴之意，特別將屋大維尊稱為，「Augustus」（尊貴之意）。不僅如此，由於屋大維奧古斯都凱撒屢次的重大征服戰役，大都發生在八月份，為了要紀念這麼有意義的月份，教皇於是又召集學者們開會。會中決議將八月的天數改為三十一天，並且將其命名為奧古斯都（August）。另一方面，將平年之二月改為二十八天，閏年則改為二十九天。但是，與會的學者們發現，如此一來，將造成相連的七、八、九三個月皆為三十一天，很不恰當。於是，便又將九月和十一月改為三十天，十月與十二月則改為三十一天。這種近乎完美的安排，人民不但表達了推崇奧古斯都大帝的功績，而且又沒有違背一年有三百六十五又四

Queen of Egypt, Cleopatria
(January, 69 B.C. ~ August, 30 B.C.)

83

分之一天的道理，實在是太令人嘖嘖稱奇了。當然，經過了這一次修改後的曆法，全國民眾又將其稱為《奧古斯都曆法》。

然而，早期的埃及人或是羅馬人卻都不知道，實際上一年是有三百六十五日又五小時四十八分四十六秒的。也就是，一年大約有 365.2422 天。這與三百六十五又四分之一日，仍有些許差異。因此，奧古斯都曆法實施到西元 1582 年十月的時候，季節相差已有十數日之多。於是，當時的羅馬教皇格累高里（Gregary）十三世不得不，便又召集當時之學者專家們，共同商議修改曆法。他們首先假設，每年都是 365 天，那麼一百年之後將多出 24.22 天。於是，他們在每四年置一閏年的原則下，決定每滿百年所置之二十五個閏年，更改為每百年置二十四個閏年。可如此情況之下，每滿一百年之後，所多出的 0.22 天又該怎麼辦呢？他們於是又更進一步決定，每滿四百年多置一個閏年，而為九十七個閏年。如此安排之下，每滿四百年將造成最小之誤差為 0.12 天，而每滿四千年也將只造成 1.2 天的誤差。以平均值而言，每年也只有 25.92 秒的誤差，應該是屬於可以接受的範圍。這個再一次經過修訂後的曆法，歐洲人將其稱為「格累高里曆法」。它就是現在通行於世界各地的曆法，我們中國人稱之為陽曆者。

附註

世界各國開始使用「Gregorian calendar」的年代。

1582—Spain, Portugal and their possessions, Italy, Polish-Lithuania, France, Netherlands, Luxembourg.

1583—Austria, Catholic Switzerland, Germany

第二章　上古時期東西方數學活動的回顧

1584—Bohemia, Moravia
1587—Hungary
1610—Prussia
1648—Alsace

「Gregorian calendar」修訂完成之時的慶祝晚宴

1682—Strasbourg
1700—Protestant Germany, Switzerland, Denmark, Norway, Iceland
1752—Great Britain and its possessions
1753—Sweden, Finland
1811—Swiss
1867—Russian Alaska
1873—Japan
1875—Egypt
1896—Korea
1912—China, Albania
1915—Latvia, Lithunia
1916—Bulgaria
1918—Russia, Estonia
1919—Romania, Yugoslavia

1922—USSR
1923—Greece
1926—Turkey

第三章

兩漢時期與魏晉南北朝

大約從二千二百年前開始,也就是西元前 200 年左右,從劉邦建立漢王朝開始,直到西元六世紀左右,魏晉南北朝時期結束。這段期間中國雖然戰事不斷,政治雖然歷經盛衰,但此期間的中國,在天文與算學方面的學術成就,則是呈現一片繁榮景象的。在這大約七百多年間,一些比較具有代表性的中國天文算學家,有劉歆(ㄒㄧㄣ)、張衡、趙爽、劉徽、王蕃、皮延宗、祖沖之、祖暅、……等。至於,這段期間所出現的學術著作當中,比較具有代表性的則當屬,《周髀算經》、《九章算術》、《海島算經》、《綴術》、《孫子算經》、《夏侯陽算經》、《張邱建算經》、《五曹算經》、《五經算術》、《緝古算經》等所謂的,《算經十書》了。這些豐富的學術研究成果大大的奠定了,秦漢之後、唐朝強盛的國力,以及昌明的文化和繁榮的經濟。

附註

　　初唐永徽年間,唐高宗為了要提昇民眾的數學教育,特別敕令議大夫李淳風,率國子監算學博士等人審議編訂《算經十書》。並由高宗皇帝親自頒定為國子監算學館學員們的必修課程,每年科舉考試數學命題的主要題目依據教科書。

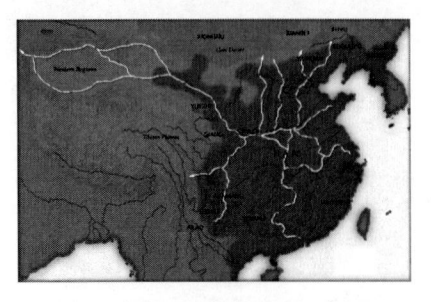

西元前 87 年漢朝的統治區域　　　　張騫出使西域圖

3.1　周髀算經
3.2　九章算術
3.3　劉徽與九章算術注
3.4　祖沖之父子與《綴術》
3.5　孫子算經

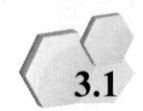

3.1　周髀算經

西元二千一百年前,約莫漢王朝時期,天文學研究之風盛行。當時,中國的天文算學家們運用了中國固有的幾何學與算學方面的智慧,用以探究天象異動、天體運行之規律;用以測量天有多高、地有多遠等問題。他們經過多年的研究之後,將天體結構歸類出下列三種不同的看法。

一、宣夜說

這一派的學者認為,「宇宙由氣構成,無邊無際、無形無色,天在氣中懸浮,日月星辰則以氣運行不息。」

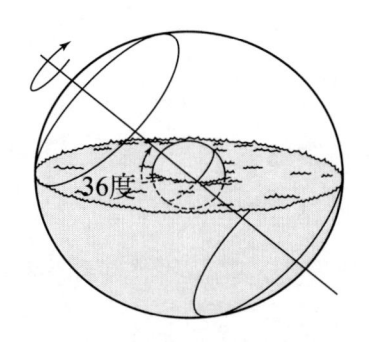

第三章　兩漢時期與魏晉南北朝

宣夜說

渾天說 　　　　　　　　　蓋天說

二、渾天說

　　主張渾天說的算學家們認為，「天與地皆為圓形，天運行於外、地被裹於內，天動、地靜。」

　　東漢末年蔡邕在朔方上書說：「《周髀》術數具存，考驗天狀，多所違失。惟渾天近得其情，今史官候台所用銅儀則其法也。」

　　唐瞿曇悉達《開元占經》卷二《論天》中亦曰：「夫言天體者蓋非一家也。世之所傳有渾天、有蓋天。說渾天者言，天渾然而圓，地在其中。……」

三、蓋天說

主張蓋天說者，則以《周髀算經》的理論為基礎。他們認為，「天像個蓋笠，地像個復盤，天與地皆是弧形狀，天和地相距八萬里。」

然而，何謂《周髀算經》呢？我們且看下列一段對話。

昔有榮方者問於陳子曰：「周髀者何？」

答曰：「古時天子治周，此數望之從周，故曰周髀，髀者表也。日，夏至，南萬六千里，冬至，南十三萬五千里。日中立竿測影，此一者天道之數也。髀長八尺，夏至之日晷一尺六寸，冬至之日晷十三尺五寸。髀者股也，正晷者勾也。」

依此而論，《周髀算經》者指的就是，在王城之地，立一八尺長之「木竿」，此「木竿」者謂之為表。天文學家們依不同時節，觀察此木竿因日之照射所得之影，謂之為晷。再用以商高定理測量天有多高、地有多遠之術也。

附註

1. 古時天子治周，此數望之從周，故曰周髀。這個「周」字意指王城之地也。
2. 「周髀長八尺，夏至之日晷一尺六寸，冬至之日晷十三尺五寸。」這句話的意思是說，在王城之地豎立一八尺長的木竿。由於日之照射，夏至的時候此木竿之日影長為一尺六寸，冬至之時，日影長則為十三尺五寸。

第三章　兩漢時期與魏晉南北朝

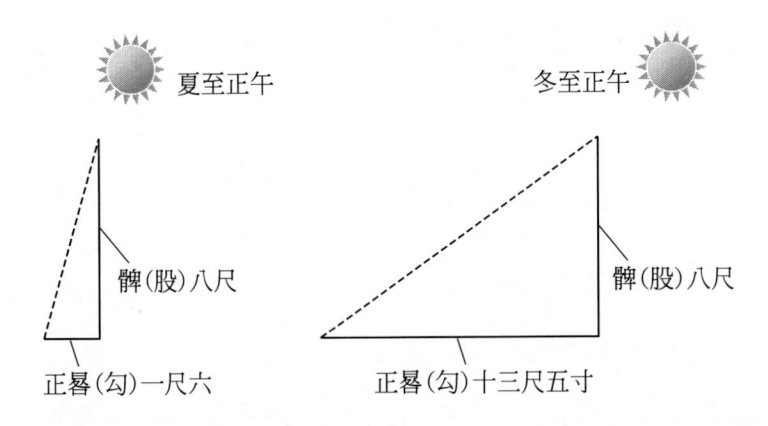

夏至正午　　　　　　　　冬至正午

髀(股)八尺　　　　　　　髀(股)八尺

正暑(勾)一尺六　　　　　正暑(勾)十三尺五寸

3. 「夏至南萬六千里，冬至南十三萬五千里。」這個距離又是如何得來的呢？當時科學家們的做法是，以長安為中心點，豎立一髀。此之同時，也分別在長安之正北方和正南方一千里處，各立一髀。夏至當天中午，因太陽之照射而測得髀之影長分別為：長安一尺六寸，長安北邊一千里處一尺七寸，長安南邊一千里處一尺五寸。依此測量結果推斷得知，南北每隔一千里，髀影長度相差一寸。這就是民間傳說的，天上一寸，地下一千里之謂也。今夏至之日影長一尺六寸，故知夏天的太陽位於長安南方一萬六千里處。冬至之日影長十三尺五寸，故知冬天的太陽位於長安南方一十三萬五千里處也。

4. 有了上述的結果，天文科學家們想更進一步的測量太陽的高度。

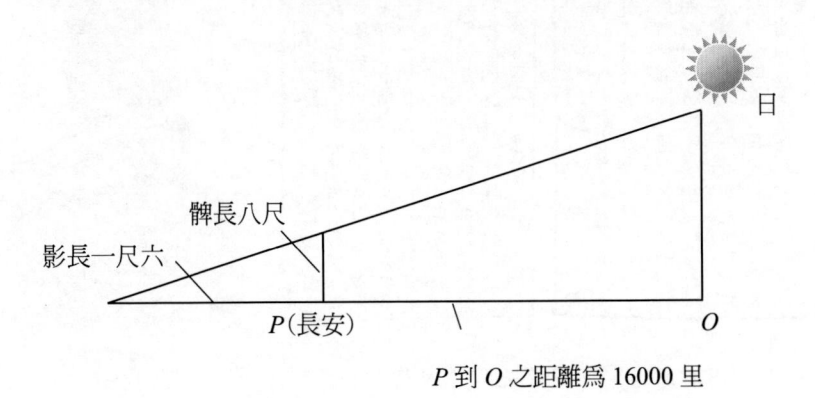

日

髀長八尺

影長一尺六

P(長安)　　　　　O

P 到 O 之距離為 16000 里

他們的做法是，利用相似直角三角形（如上圖）邊長比例的理論計算如下。

$$\frac{8尺}{1.6尺} = \frac{日高}{16000里+1.6尺} \Rightarrow \frac{8尺}{1.6尺} \cong \frac{日高}{16000里}$$

得出太陽離地面的高度約為

$$日高 \cong 80000里$$

此為《周髀算經》中之「日高」測量術，簡稱為「日高術」。這個結果以當時人類對於天文認識的背景來說，是一個非常合理的線性推估。可是，同學們看了當然會覺得好笑。因為，大家都知道太陽和地球的距離相去，約一億四千九百五十萬公里，遠遠超過古代天文學家們所能夠想像出來的數字。那麼問題出在那兒呢？原來早期的科學家們都認為，地球表面是無窮盡的平面。那裡會想到，它是一個球表面呢！

《周髀算經》提及「天離地八萬里」　　　　周公旦

第三章　兩漢時期與魏晉南北朝

　　由於年代久遠，《周髀算經》這部算書的主要作者是誰已經無從考證。根據合理的推測，《周髀算經》應該是一批天文科學家們在研究天文學之餘，所獲心得共同編輯而成。《周髀算經》在數學領域方面的主要論述，集中在下列三個範疇。

一、分數的四則運算，尤其是分數乘除方面的技巧。

二、以「勾股定理」為用，以計算太陽在正東或正西方位時之遠近距離。這些計算當中，包含了十二位數開平方根的計算過程。

三、測量太陽高度之所謂的《日高術》。

　　從這些內容來看，《周髀算經》應該算是一部道地的「勾股及算學」方面的應用。所以，數學家們都一致認為，《周髀算經》應該是中國的第一部算學書籍。可是，自古以來中國的天文學家們，卻都極力的主張，《周髀算經》是一部屬於天文學方面的著作。這樣一個看法，吾等皆認為有失偏頗。

　　《周髀算經》之論述詞句艱澀難懂，非一般讀者所能窺探其奧妙者。它匯集了周、秦以至西漢，在天文學方面的研究成果。書中有一大部分的內容是在描述早期周公與商高對談有關，「用矩」與「用數」的道理。相關的「用矩之道」，已在第二章第一節裡和大家介紹過。下面我們來看看，《周髀算經》中的「用數」之道。

　　昔者，周公問于商高曰：「竊聞大夫善數也，請問古者包犧立周天歷度，夫天不可階而升，地不可得尺寸而度，邈乎懸廣無階可升，蕩乎遐遠無度可量。請問數安從出？心昧其機請問其目？」商高曰：「數之法出于圓方。圓出于方，方出于矩，矩出于九九八十一。故折矩以為勾，廣三、股修四、徑隅五，既方其外，半之一

矩，環而共盤，得成三、四、五，兩矩共長二十有五，是謂積矩。故禹之所以治天下者，此數之所生也。」

「圓出于方」者，乃因古人深知圓之周長不易測得，從而改以計算，圓之內接或外切正多邊形之邊長，內外夾擊逐次逼近的方式為之。當圓之內、外正多邊形之邊數越來越多時，則正多邊形之邊長將愈接近圓之周長矣。

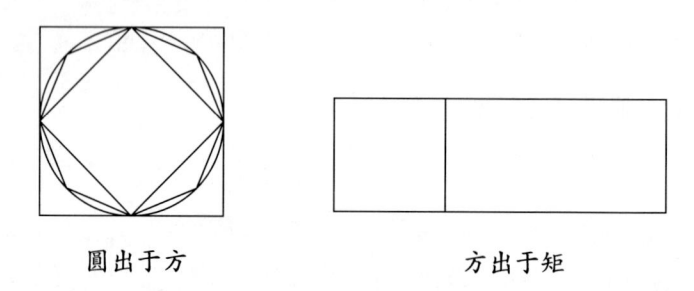

圓出于方　　　　　　　　方出于矩

「方出于矩」者，乃從一長與寬不等之矩形的兩個長邊，分別截取與短邊相同長度之一線段，連接此兩截點而得一正方形之謂也。

「矩出于九九八十一」者，乃以一個正方形為一單位，將兩個單位之正方形並列而得一矩形者，其之長與寬分別為二與一，此乃一二得一矩形，其之長為二也。又將三個單位之正方形並列而得一矩形，其之長與寬分別為三與一，此則為一三得一矩形，其之長為三也。如此次第為之而得，一四而四，一五而五，……，二二而四，二三而六，二四而八，……，三三而九，三四十二，三五十五，……，四四十六，四五二十，四六二十四，……，五五二十五，五六三十，五七三十五，……，六六三十六，六七四十二，六八四十八，……，七七四十九，七八五十六，七九六十三，八八六十四，八九七十二，九九八十一也。

第三章　兩漢時期與魏晉南北朝

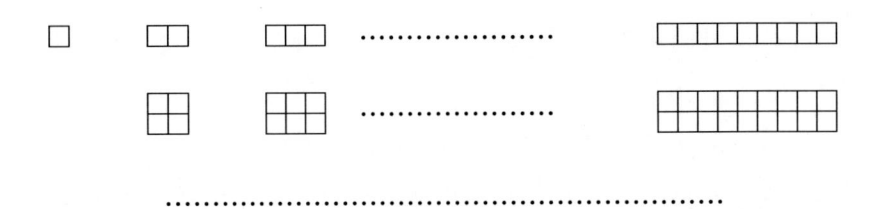

「折矩以爲勾，廣三、股修四、徑隅五。」者（如下圖左），其意爲在一矩形之相鄰兩邊各截取兩點，使其長度分別爲三與四。然後，再連接此兩截點，而得出之一直角三角形，其勾長爲三、股長爲四、弦長則爲五之謂也。

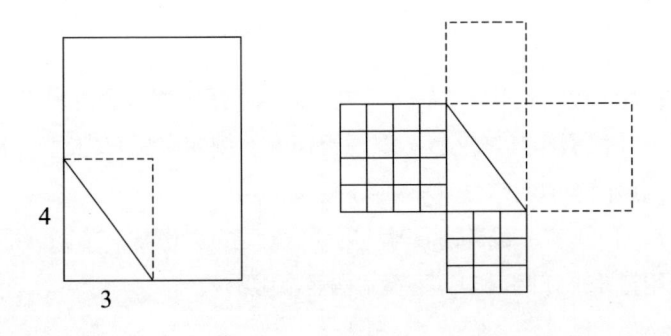

「既方其外，半之一矩。」者，乃以上述所截取之直角三角形之兩股爲邊，用以形成一矩形，再由該矩形之四邊爲基準，分別向外各作一正方形（既方其外之意，如上圖右），然後將虛線部分拭去（半之一矩之意）而得。

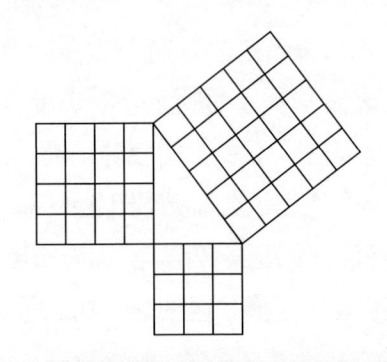

「環而共盤，得成三、四、五。」者，意思是說，前述半其一矩之後，在直角三角形之斜邊處也作一正方形（環而共盤之謂），得出邊長分別為三、四、五之三個正方形也（如上圖）。

「兩矩共長二十有五，是謂積矩。」者，意指前述直角三角形之兩股所作出之兩正方形面積分別為九與十六，合計得二十有五。這個數字剛好就是斜邊所作出之正方形的面積。此乃勾三股四弦五之道理也。

附註

1. 包犧者伏羲也。根據傳說，「九九歌訣」是由伏羲所發明的。古書有云：「伏羲作九九之數，以應天道。」魏朝之劉徽也說：「伏羲作九九之術，以合六爻（一ㄠˊ）之變。」
2. 三千一百年前，商高就懂得利用「伏羲之九九歌訣」，微妙而貼切的應用在矩形作圖之中，著實令吾等佩服稱頌。

3.2 九章算術

東漢末年，外戚與宦官權謀鬥爭，朝政敗壞、綱紀蕩然無存。直到三國、兩晉與南北朝，這段為時三百多年（西元 220 年-589 年）期間，中國的政治基本上是處於分裂局面的。此期間軍事撻伐、戰亂不斷，因而造就了不少能夠運籌帷幄、決勝於千里之外的傑出政治家和軍事家。然而，雖說政局不穩、戰事不斷，此期間中國歷史的舞台上，在戰事的另一個角落，也出現了一些偉大的算學家。諸如，趙爽、劉徽、王蕃、祖沖之、祖暅等，他們無視於來回

征戰的軍馬，他們居陋室沉潛於學術的研讀。他們承襲學術香火、默默的做出了有別於政治和軍事的重要貢獻。

　　數學在中國經過一千多年的發展，到了魏晉南北朝時期，自己已經逐漸獨立形成了一個完整的數學體系。《九章算術》就是在這樣一個政局雖然動盪不安，學術思想卻已然成熟的環境之下，集眾人之智慧所編輯而成的。它既累積先人的生活經驗，歸納出通則。它也收錄了當代學者的智慧創作，整理出可以依循的生活公式。《九章算術》在中國數學史上，直可說是最為重要的經典之作。歷代以來，在學術界《九章算術》總是有「算經之首」的美譽。

附註

1. 廣韻卷四算條云：「九章算術，漢許商、杜忠、陳熾、魏王粲並善之。」
2. 東漢光和二年製造的大司農斛、權的銘文中亦云：「依黃鐘律曆、《九章算術》，以均長短、輕重、大小，用齊七政，令海內皆同。」

《九章算術》講的到底是些什麼東西呢？我們不妨先提供兩道非常有趣的數學題目，便可知其端倪。

一曰：

「今有上禾三秉，中禾二秉，下禾一秉，實三十九斗；

上禾二秉，中禾三秉，下禾一秉，實三十四斗；

上禾一秉，中禾二秉，下禾三秉，實二十六斗。

問上、中、下禾實一秉各幾何？」

另一曰：

「今有甲發長安，五日至齊；乙發齊，七日至長安。今乙發已先二日，甲乃發長安。問幾何日相逢？」

面對這樣的命題，讀者當可略知《九章算術》的內涵了。同學們感覺如何？還喜歡嗎？它們似乎不會太簡單吧。其實，這兩道命題只是分別被收錄在《九章算術》一書中之「方程」與「均輸」兩章內的題目而已。其細節詳實如何，容後再敘。

大略來說，《九章算術》的內容包含了「分數四則運算」、「面積和體積的計算」、「開平方和開立方的法則」、「線性聯立方程組的解法」、「一元二次式的解法」、「負數的概念及其加減法則」以及「各種比例的分配」、……等。其內容相當豐富，牽涉甚為廣泛。除了有三千年前周朝時期所流傳下來的老問題，也有二千二百年前西漢以後的新發現。書中命題大多和早期人民的生活背景有著密不可分的關聯。舉凡算術、代數、幾何等問題均包括在內。尤其是線性聯立方程組的解法，以及負數概念的發明，更是同一時期內世界其他地區所望塵莫及的傑出創作。這種高水準的表現，對中國南北朝，以至於隋唐之後的數學發展，造成了極為深遠的影響。當然，也因而奠定了中國數學從中古世紀時期開始，居於領先世界長達一千年之久的地位。

《九章算術》總共收錄了 246 道應用數學的問與答的題目。編輯者將其分門別類，以九大章節分別命名之。這九大類型的章名依序為「方田」、「粟米」、「衰分」、「少廣」、「商功」、「均輸」、「盈不足」、「方程」、「勾股」。以下我們就按章節逐一介紹，並於每一章之後，簡單列舉幾個例子，與大家共同分享咱們

第三章　兩漢時期與魏晉南北朝

中國祖先的智慧結晶。

一、方田

　　主要是介紹各種田畝面積的計算。諸如，方田（方形田畝）、圭田（三角形田畝）、箕田（梯形田畝）、圓田（圓形田畝）、以及弧田（弧形田畝）等。此其中圓的面積計算公式為，直徑自乘的四分之三，或圓周自乘的十二分之一。若以現代的面積計算公式 πr^2 而言，此書就是將圓周率 π 視為三的意思。此即「周三徑一」之謂也。除此之外，「方田」這一章同時也介紹了分數之加、減、乘、除四則運算與約分的技巧。

1. 今有田，廣十二步、從（ㄗㄨㄥˋ）十四步。問為田幾何？
   答曰：一百六十八步。

2. 又有田，廣十五步、從十六步。問為田幾何？
   答曰：一畝（二百四十積步為一畝也）。

3. 今有田，廣一里、從一里。問為田幾何？
   答曰：三頃七十五畝。

   方田術曰：廣從步數相乘得積步，此積為田冪，凡廣從相乘謂之冪。又以畝法二百四十步除之，即為畝數。（每240積步為一畝，375畝為90000積步，開方除之得，每一里300步也。）

4. 又有田、廣二里、從三里。問為田幾何？
   答曰：二十二頃五十畝。

   里田術曰：廣從里數相乘得積里。以三百七十五乘之，即為畝數。百畝為一頃。

5. 今有箕田，舌廣二十步，踵廣五步，正從三十步。問爲田幾何？
答曰：一畝一百三十五步。

箕田術曰：並踵舌而半之，以乘正從。畝法而一。

6. 今有圭田廣十二步，正從二十一步。問爲田幾何？
答曰：一百二十六步。

圭田術曰：半廣以乘正從。

7. 今有圓田，周三十步，徑十步。問爲田幾何？
答曰：七十五步。

圓田術曰：半周、半徑相乘得積步。

附註

以周三徑一為率。徑半之，自乘，得二十五步。
又以三乘之得七十五平方步。

8. 今有弧田，弦三十步、矢十五步。問爲田幾何？
答曰：一畝九十七步半。

弧田術曰：以弦乘矢，矢亦自乘，並之，二而一。

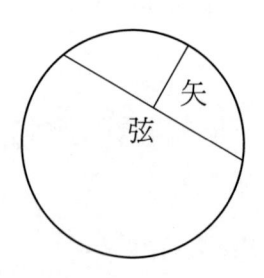

9. 今有九分之八，減其五分之一。問餘幾何？

　　答曰：四十五分之三十一。

10. 又四分之三，減其三分之一。問餘幾何？

　　答曰：十二分之五。

　　減分術曰：母互乘子，以少減多（從多中扣除少者），餘爲實（分子）。母相乘爲法（分母），實如法而一（分子與分母相等，則商爲一）。

二、粟米

粟米章所介紹的是百分法與比例的應用問題。特別是市集中以物易物之時關於各種穀物間之交換，其比例之計算方法。首先，我們列出當時市集中，稻作雜糧各種穀物之間的交換比率表。

粟米率法：粟率五十得以交易

糲米三十	粺（ㄅㄞˋ）米二十七
大米五十四	御米二十一
小米十三半	粺飯五十四
糲飯七十五	御飯四十二
菽（ㄕㄨˊ，豆類）、荅、麻、麥各四十五	
稻六十	豉（ㄕˋ）六十三
飧九十	熟菽一百三半
糵（ㄋㄧㄝˋ，造酒的麴）一百七十五	

1. 今有粟一斗，欲爲糲米。問得幾何？

　　答曰：爲糲米六升。

　　術曰：以粟求糲米，三之，五而一。

2. 今有粟二斗一升，欲爲粺米。問得幾何？
   答曰：爲粺米一斗一升、五十分升之十七。

   術曰：以粟求粺米，二十七之，五十而一。

3. 今有粟一斗，欲爲小米。問得幾何？
   答曰：爲小米二升、一十分升之七。

   術曰：以粟求小米，二十七之，百而一。

4. 今有粟三斗六升，欲爲粺飯。問得幾何？
   答曰：爲粺飯三斗八升、二十五分升之二十二。

   術曰：以粟求粺飯，二十七之，二十五而一。

5. 今有粟九斗八升，欲爲御飯。問得幾何？
   答曰：爲御飯八斗二升、二十五分升之八。

   術曰：以粟求御飯，二十一之，二十五而一。

6. 今有粟三斗少半升，欲爲菽。問得幾何？
   答曰：爲菽二斗七升、一十分升之三。

7. 今有粟四斗一升太半升，欲爲荅。問得幾何？
   答曰：爲荅三斗七升半。

8. 今有粟一十斗八升、五分升之二，欲爲麥。問得幾何？
   答曰：爲麥九斗七升、二十五分升之一十四。

   術曰：以粟求菽、荅、麻、麥，皆九之，十而一。

9. 今有粟七斗五升、七分升之四，欲爲稻。問得幾何？
   答曰：爲稻九斗、三十五分升之二十四。

術曰：以粟求稻，六之，五而一。

10. 今有粟七斗八升，欲為豉。問得幾何？

答曰：為豉九斗八升、二十五分升之七。

術曰：以粟求豉，六十三之，五十而一。

附註

以粟數乘所求率為實，以粟率為法，實如法而一。

三、衰分

「衰」者按照比例也，「分」者分配也。意指，依爵位之大小、能力之優劣、物質之貴賤、……等，按照其應得之比例分配之意也。此外，本章同時也介紹等差級數、等比級數之計算方式，借貸利息之償還以及有關分數之四則運算等。

1. 今有大夫、不更、簪裹（ㄋㄠˇ）、上造、公士，凡五人，共獵得五鹿。欲以爵次分之，問各得幾何？

答曰：大夫得一鹿、三分鹿之二。不更得一鹿、三分鹿之一。簪裹得一鹿。上造得三分鹿之二。公士得三分鹿之一。

術曰：列置爵數，各自為衰，副并為法。以五鹿乘未并者各自為實。實如法得一鹿。

爵數者謂：大夫五、不更四、簪裹三、上造二、公士一。

2. 今有大夫、不更、簪裹、上造、公士，凡五人，共出百錢。欲令高爵出少，以次漸多。問各出幾何？

答曰：大夫出八錢、一百三十七分錢之一百四。不更出一十錢、一百三十七分錢之一百三十。簪裹出一十四錢、一百三十七分錢之八十二。上造出二十一錢、一百三十七分錢之一百二十三。公士出四十三錢、一百三十七分錢之一百九。

術曰：列置爵數，各自爲衰，而反衰之 $(\frac{1}{5}, \frac{1}{4}, \frac{1}{3}, \frac{1}{2}, 1)$，副并 $(\frac{1}{5}+\frac{1}{4}+\frac{1}{3}+\frac{1}{2}+1=\frac{137}{60})$ 爲法。以百錢乘未并者 $(100 \times \frac{1}{5})$ 各自爲實。實如法得一錢。

3. 今有牛、馬、羊食人苗。苗主責之粟五斗。羊主曰：「我羊食半馬。」馬主曰：「我馬食半牛。」今欲衰償之，問各出幾何？

答曰：牛主出二斗八升、七分升之四。馬主出一斗四升、七分升之二。羊主出七升、七分升之一。

術曰：置牛四、馬二、羊一，各自爲列衰，副并爲法。以五斗乘未并者，各自爲實。實如法得一斗。

4. 今有女子善織，日自倍，五日織五尺。問日織幾何？

答曰：初日織一寸、三十一分寸之十九。次日織三寸、三十一分寸之七。又次日織六寸、三十一分寸之十四。再次日織一尺二寸、三十一分寸之二十八。第五日織二尺五寸、三十一分寸之二十五。

術曰：置一、二、四、八、十六爲列衰，副并爲法。以五尺乘未并者，各自爲實。實如法得一尺。

5. 今有稟粟五斛，五人分之，欲令三人得三，二人得二。問各幾

何？

答曰：三人，人得一斛一斗五升、十三分升之五。二人，人得七斗六升、十三分升之十二。

術曰：置三人，人三；二人，人二，爲列衰 (3, 3, 3, 2, 2)。副并爲法 (3 + 3 + 3 + 2 + 2 = 13)。以五斛乘未并者 (5 × 3)，各自爲實。實如法得一斛。

6. 今有甲持粟三升，乙持糲米三升，丙持糲飯三升。欲令合而分之，問各幾何？

答曰：甲二升、一十分升之七。乙四升、一十分升之五。丙一升、一十分升之八。

術曰：以粟率五十，糲米率三十，糲飯率七十五爲衰，而反衰之 $(\frac{1}{50}, \frac{1}{30}, \frac{1}{75})$，副并爲法 $(\frac{1}{50} + \frac{1}{30} + \frac{1}{75} = \frac{1}{15})$。以九升乘未并者 $(9 \times \frac{1}{50})$，各自爲實。實如法得一升。

7. 今有布一匹，價直一百二十五。今有布二丈七尺，問得錢幾何？

答曰：八十四錢、八分錢之三。

術曰：以一匹尺數 (40 尺) 爲法，今有布尺數乘價錢爲實，實如法得錢數。

8. 今有生絲三十斤、乾之，耗三斤十二兩。今有乾絲一十二斤，問生絲幾何？

答曰：一十三斤一十一兩十銖、七分銖之二。

術曰：置生絲兩數，除（扣除）耗數，餘 (26.25) 斤，以爲法。

三十斤乘乾絲兩數爲實 (30×12)。實如法 ($\frac{30\times 12}{26.25} = \frac{96}{7}$ 斤)

得生絲數。

備註

二十四銖爲一兩。

9. 今有田一畝、收粟六升、太半升。今有田一頃二十六畝一百五十九步，問收粟幾何？

答曰：八斛四斗四升、一十二分升之五。

術曰：以畝二百四十步爲法，以六升、太半升乘今有田積步爲實，實如法得粟數。

10. 今有貸人千錢，月息三十錢。今有貸人七百五十錢，九日歸之。問息幾何？

答曰：六錢、四分錢之三。

術曰：以月三十日，乘千錢爲法。以息三十乘今所貸錢數，又以九日乘之，爲實。實如法得一錢。

按編者：以月三十日爲法，月息三十錢爲實者，得一錢爲貸人千錢一日息也。今以息一錢乘所貸錢數，又以九日乘之爲實，千錢爲法。實如法得一錢。

四、少廣

「少」多少也，「廣」寬廣也。「少廣」者專門研討，開平方、開立方、開立圓等問題。從已知的平面圖形之面積或圓柱體或

球體之體積,以及其已知之一邊長度,來計算其未知者之邊長也。唐朝太史令李淳風注曰:「少廣以御積冪方圓,按一畝之田,廣一步、長二百四十步。今欲截取其從(長也)少以益其廣(寬也),故曰少廣。」

1. 今有田廣一步半。求田一畝,問從幾何?
   答曰:一百六十步。

   術曰:下有半,為二分之一。以一為二,半為一,并之得三,為法。置田一畝為二百四十積步,亦以一為二乘之,為實。實如法得從步。

2. 今有積五萬五千二百二十五步。問為方幾何?
   答曰:二百三十五步。

3. 又有積七萬一千八百二十四步。問為方幾何?
   答曰:二百六十八步。

4. 又有積五十六萬四千七百五十二步、四分步之一。問為方幾何?
   答曰:七百五十一步半。

   開方術曰:置積為實。借一算步之,超一等。議所得,以一乘所借一算為法,而以除。除已,倍法為定法。其復除。折法而下。復置借算步之如初,以復議一乘之,所得副,以加定法,以除。以所得副從定法。復除折下如前。若開之不盡者為不可開,當以面命之。若實有分者,通分內子為定實,乃開之,訖,開其母報除。若母不可開者,又以母乘定實,乃開之,訖,令如母而一。

5. 今有積一千五百一十八步、四分步之三。問為圓周幾何?

答曰：一百三十五步。

6. 今有積三百步。問爲圓周幾何？

答曰：六十步。

開圓術曰：置積步數，以十二乘之，以開方除之，即得周。

按編者：此術以周三徑一爲率。若以 $2r$ 爲徑，得 $6r$ 爲周，$3r^2$ 爲積。以此爲用，置積步數，以十二乘之，得 $3r^2 \times 12 = 36r^2$。再以開方除之，即得周，$6r$。

7. 今有積一百八十六萬八百六十七尺。問爲立方幾何？

答曰：一百二十三尺。

8. 今有積一千九百五十三尺、八分尺之一。問爲立方幾何？

答曰：一十二尺半。

開立方術曰：置積爲實。借一算步之，超二等。議所得，以再乘所借一算爲法，而除之。除已，三之爲定法。復除，折而下。以三乘所得數置中行。復借一算置下行。步之，中超一，下超二等。復置議，以一乘中，再乘下，皆副以加定法。以定法除。除已，倍下、并中從定法。復除，折下如前。開之不盡者，亦爲不可開。若積有分者，通分內子爲定實。定實乃開之，訖，開其母以報除。若母不可開者，又以母再乘定實，乃開之。訖，令如母而一。

9. 今有積四千五百尺。問爲立圓徑幾何？

答曰：二十尺。

10. 今有積一萬六千四百四十八億六千六百四十三萬七千五百尺。問爲立圓徑幾何？

答曰：一萬四千三百尺。

開立圓術曰：置積尺數，以十六乘之，九而一，所得開立方除之，即丸徑。

五、商功

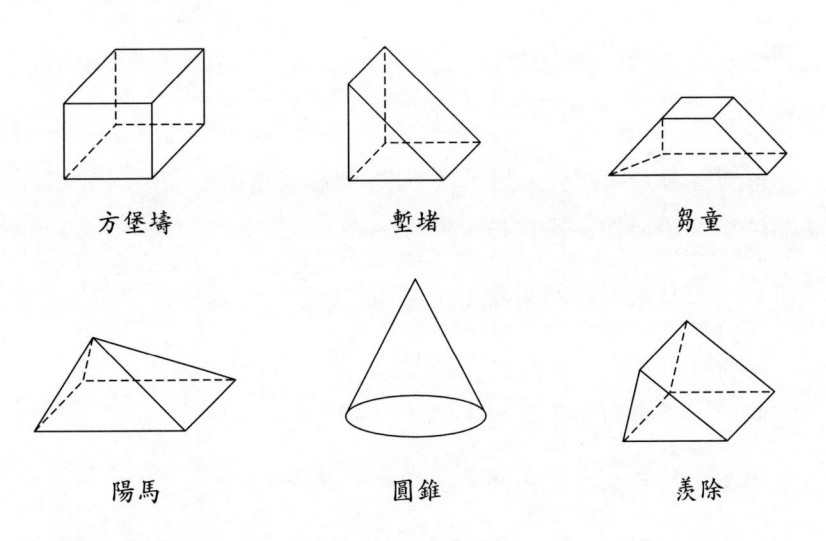

「商」是計算，「功」是工程實體也。「商功」者，計算工程實體之體積也。本章所主要介紹的工程實體有牆垣、城廓、角牆（ㄉㄠˇ，柱也。）、圓牆、角錐、圓錐、堤防等。另外，塹（ㄑㄧㄢˋ）、溝渠、河川等容積之計算也包括在內。這一章，我們仍以實例為用，以曉商功者何。

方堡壔　　　塹堵　　　芻童

陽馬　　　圓錐　　　羨除

1. 今有穿地，積一萬尺。問為堅、壤各幾何？

   答曰：為堅七千五百尺。為壤一萬二千五百尺。

   術曰：穿地四，為壤五，為堅三，為墟四。以穿地求壤，五之，求堅，三之，皆四而一。以壤求穿，四之，求堅，三之，皆五而一。以堅求穿，四之，求壤，五之，皆三而一。

109

　　　　城、垣、隄、溝、塹、渠，皆同術。

2. 今有垣，下廣三尺，上廣二尺，高一丈二尺，袤二十二丈五尺八寸。問積幾何？

　　答曰：六千七百七十四尺。

3. 今有城，下廣四丈，上廣二丈，高五丈，袤一百二十六丈五尺。問積幾何？

　　答曰：一百八十九萬七千五百尺。

　　術曰：并上下廣而半之，以高若深乘之，又以袤乘之，即積尺。

4. 今有方堡壔，方一丈六尺，高一丈五尺。問積幾何？

　　答曰：三千八百四十尺。

　　術曰：方自乘，以高乘之，即積尺。

5. 今有圓堡壔，周四丈八尺，高一丈一尺。問積幾何？

　　答曰：二千一百一十二尺。

　　術曰：周自乘，以高乘之，十二而一。

6. 今有圓錐，下周三丈五尺，高五丈一尺。問積幾何？

　　答曰：一千七百三十五尺、一十二分尺之五。

　　術曰：下周自乘，以高乘之，三十六而一。

7. 今有塹堵，下廣二丈，袤一十八丈六尺，高二丈五尺。問積幾何？

　　答曰：四萬六千五百尺。

　　術曰：廣袤相乘，以高乘之，二而一。

8. 今有委粟平地，下周一十二丈，高二丈。問積及為粟各幾何？

答曰：積八千尺。爲粟二千九百六十二斛、二十七分斛之二十六。

9. 今有委米依垣內角，下周八尺，高五尺。問積及爲米各幾何？

答曰：積三十五尺、九分尺之五。爲米二十一斛、七百二十九分斛之六百九十一。

10. 今有委菽依垣，下周三丈，高七尺。問積及爲菽各幾何？

答曰：積三百五十尺。爲菽一百四十四斛、二百四十三分斛之八。

委粟術曰：下周自乘，以高乘之，三十六而一。其依垣內角者九而一。其依垣者，十八而一。

斛法：粟一斛，積二尺七寸。米一斛，積一尺六寸、五分寸之一。菽一斛，二尺四寸、十分寸之三。

六、均輸

本章所主要解決的是，行進間的追逐問題與各種混合類題的計算。尤其是對於繳納糧稅者，在運輸糧食的路程中所需時間的計算，以及如何按人口比例、路途遠近、穀物貴賤，合理攤派稅捐徭役的計算等問題。

1. 今有人當稟粟二斛。倉無粟，欲以糯米一、菽二，以當所稟粟。問各幾何？

答曰：糯米五斗一升、七分升之三。菽一斛二升、七分升之六。

術曰：置糯米一、菽二，求爲粟之數，并之得三、九分之八，以爲法。亦置糯米一、菽二，而以粟二斛乘之，各自爲實。實如法得一斛。

按編者：糯米一爲粟，$\frac{5}{3}$。菽二爲粟，$2 \cdot \frac{10}{9}$。并之，得 $\frac{35}{9} = 3\frac{8}{9}$ 以爲法。以粟二斛爲實，實如法得糯米數。又以二乘糯米數得菽數。

2. 今有取傭負鹽二斛，行一百里，與錢四十。今負鹽一斛七斗三升、少半升，行八十里。問與錢幾何？

   答曰：二十七錢、十五分錢之十一。

   術曰：置鹽二斛升數，以一百里乘之爲法。以四十錢乘今負鹽升數，又以八十里乘之，爲實。實如法得一錢。

   按編者：十升爲一斗，十斗爲一斛。少半升者，三分升之一也。

   即 $(\frac{173.3 \times 40}{200} \times \frac{80}{100} = 27.728$ 錢$)$。

3. 今有惡粟二十斗，舂（彳ㄨㄥ）之，得糯米九斗。今欲求粺米十斗，問惡粟幾何？

   答曰：二十四斗六升、八十一分升之七十四。

   術曰：置糯米九斗，以九乘之，爲法。亦置粺米十斗，以十乘之，又以惡粟二十斗乘之，爲實。實如法得一斗。

   按編者：依粟米率法，粺米十斗爲糯米 $10\frac{30}{27} = 10 \times \frac{10}{9}$ 斗。今欲求糯米 $10 \times \frac{10}{9}$ 斗，需惡粟 $\frac{20}{9} \times 10 \times \frac{10}{9} = \frac{20 \times 10 \times 10}{9 \times 9}$ 斗。

4. 今有善行者行一百步，不善行者行六十步。今不善行者先行一百步，善行者追之，問幾何步及之？

112

答曰：二百五十步。

術曰：置善行者一百步，減不善行者六十步，餘四十步以爲法。以善行者之一百步，乘不善行者先行一百步，爲實。實如法得一步。

按編者：善行者每行百步，比不善行多行 (100 − 60) = 40 步。善行者追及不善行者之先行的一百步，需行 $\frac{100}{40}$ = 2.5 百步。

今以一百乘之即得，($\frac{100 \times 100}{40}$) 步。

5. 今有不善行者先行一十里，善行者追之一百里，先至不善行者二十里。問善行者行幾何里及之？

答曰：三十三里、少半里。

術曰：置不善行者先行一十里，以善行者先至二十里增之，以爲法。以不善行者先行一十里，乘善行者一百里，爲實。實如法得一里。

按編者：依題意，善行者行一百里，先至不善行者三十里。欲問善行者行幾何里，先至不善行者一十里？乃 $\frac{100}{3}$ = $33\frac{1}{3}$ 里也。

6. 今有兔先走一百步，犬追之二百五十步，不及三十步而止。問犬不止，復行幾何步及之？

答曰：一百七步、七分步之一。

術曰：置兔先走一百步，以犬走不及三十步減之，餘爲法。以不及三十步乘犬追步數爲實，實如法得一步。

按編者：犬追之二百五十步，不及三十步。意指，犬奔二百五十步，追及兔已先逃一百步的七十步。若此，犬奔百步，則追及兔已先逃離百步的 $\frac{70}{2.5}=28$ 步。欲問犬不止，復行幾何步及三十步？乃 $\frac{30}{28}\times 100 = \frac{2.5\times 30\times 100}{70} = \frac{30\times 250}{70}$

$= 107\frac{1}{7}$ 步也。

7. 今有甲發長安，五日至齊；乙發齊，七日至長安。今乙發已先二日，甲乃發長安。問幾何日相逢？

答曰：二日、十二分日之一。

術曰：并五日、七日以爲法 ((5 + 7) = 12)。以乙先發二日減七日，餘 ((7 − 2) = 5) 以乘甲日數爲實 ((5 × 5) = 25)。實如法得一日。($\frac{25}{12} = 2\frac{1}{12}$) 日

按編者：甲日行 $\frac{1}{5}$ ，乙日行 $\frac{1}{7}$ ，并之 $\frac{1}{5}+\frac{1}{7}$ 爲甲乙二人日行行程和。今乙已先發二日，餘程， $\frac{5}{7}$ 。欲問幾何日相逢？乃

$$\frac{\frac{5}{7}}{\frac{1}{5}+\frac{1}{7}} = \frac{5\times 5}{12}$$ 日也。

8. 今有假田，初假之歲三畝一錢，明年四畝一錢，後年五畝一錢，凡三歲得一百。問假田幾何？

答曰：一頃二十七畝、四十七分畝之三十一。

術曰：置畝數及錢數，令畝數互乘錢數 $(3\times 4, 3\times 5, 4\times 5)$，并之 $(3\times 4+3\times 5+4\times 5=47)$ 爲法。畝數相乘 $(3\times 4\times 5=60)$，又以百錢乘之 $(3\times 4\times 5\times 100=6000)$，爲實。實如法得一畝。

9. 今有池，五渠注之。其一渠開之，少半日一滿；次，一日一滿；次，二日半一滿；次，三日一滿；次，五日一滿。今皆決之，問幾何日滿池？

答曰：七十四分日之十五。

術曰：各置渠一日滿池之數，并之以爲法。以一日爲實。實如法得一日。

按此術：其一渠少半日滿者，一日三滿也。次，一日一滿。次，二日半滿者，一日五分滿之二也。次，三日滿者，一日三分滿之一也。次，五日滿者，一日五分滿之一也。并之得，四滿十五分滿之十四。以此數爲法，又以一日爲實，實如法得一日。

10. 今有人持米出三關。外關三而取其一，中關五而取其一，內關七而取其一，餘米五斗。問本持米幾何？

答曰：十斗九升、八分升之三。

術曰：置米五斗。以所稅者三之、五之、七之，$(5\cdot 3\cdot 5\cdot 7)$ 爲實。以餘不稅者二、四、六相乘 $(2\cdot 4\cdot 6)$ 爲法。實如法得一斗。

七、盈不足

所謂「盈不足」者，乃過多與不足之意也。「盈不足術」者，

概依命題之意，將其建構成一元一次方程式，從而得出其解之謂也。按此言，本章所介紹的問題者，即爲現今之人所謂的一元一次方程組也。基本上，這一章可以被分爲三大類題。一是，一盈、一不足；次爲，兩盈或兩不足；再次爲，一盈、一適足或一不足、一適足，……等。

1. 今有共買物，人出八，盈三；人出七，不足四。問人數、物價各幾何？

   答曰：七人，物價五十三。

2. 今有共買雞，人出九，盈十一；人出六，不足十六。問人數、雞價各幾何？

   答曰：九人，雞價七十。

   盈不足術曰：并盈與不足爲實，以所出率以少減多（從多中扣除少者），餘爲法。實如法得一人。以所出率乘之，減盈、增不足即物價。

3. 今有共買金，人出四百，盈三千四百；人出三百，盈一百。問人數、金價各幾何？

   答曰：三十三人。金價九千八百。

4. 今有共買羊，人出五，不足四十五；人出七，不足三。問人數、羊價各幾何？

   答曰：二十一人，羊價一百五十。

   盈不足術曰：置所出率，以少減多（從多中扣除少者），餘爲法。兩盈、兩不足，以少減多，餘爲實。實如法者得人數。以所出率乘之，減盈、增不足，即物價。

5. 今有共買豬，人出一百，盈一百；人出九十，適足。問人數、豬價各幾何？

   答曰：一十人，豬價九百。

6. 今有買共犬，人出五，不足九十；人出五十，適足。問人數、犬價各幾何？

   答曰：二人，犬價一百。

   盈不足術曰：以盈及不足之數為實。置所出率，以少減多，餘為法。實如法得一人。其求物價者，以適足乘人數得物價。

7. 今有醇酒一斗，直錢五十，行酒一斗，直錢一十。今將錢三十，得酒二斗。問醇、行酒各得幾何？

   答曰：醇酒二升半，行酒一斗七升半。

   按編者：酒二斗，以行酒價一十乘之，得二十。以二十減三十（從三十中扣除二十），餘，以為實。以行酒價減（扣除）醇酒價，餘為法。實如法得醇酒一斗。

8. 今有善田一畝，價三百；惡田七畝，價五百。今并買一頃，價錢一萬。問善、惡田各幾何？

   答曰：善田一十二畝半，惡田八十七畝半。

   術曰：并置惡田價五百乘一頃畝數，錢一萬乘惡田數七畝，以少減多為實。又置惡田價五百，善田一畝價三百乘惡田數七畝，以少減多為法。實如法而一，得善田畝數。

八、方程

這一章系統性的介紹了聯立線性方程組的解法。在問題中，甚至於發現了四個方程式、五個未知數的不定方程組。此其中也有

所謂的 Gauss-Jordan elimination 的解法。除此之外，也發現了正數與負數的運算觀念與法則。

1. 今有上禾三秉，中禾二秉，下禾一秉，實三十九斗；上禾二秉，中禾三秉，下禾一秉，實三十四斗；上禾一秉，中禾二秉，下禾三秉，實二十六斗。問上、中、下禾實一秉各幾何？

   答曰：上禾一秉，九斗、四分斗之一，中禾一秉，四斗、四分斗之一，下禾一秉，二斗，四分斗之三。

   方程術曰：置上禾三秉，中禾二秉，下禾一秉，實三十九斗，於右方。上禾二秉，中禾三秉，下禾一秉，實三十四斗，於中。上禾一秉，中禾二秉，下禾三秉，實二十六斗，於左。

$$\begin{pmatrix} 1 & 2 & 3 \\ 2 & 3 & 2 \\ 3 & 1 & 1 \\ 26 & 34 & 39 \end{pmatrix}$$

   以右行上禾遍乘中行而以直除。又乘其次，亦以直除。然後以中行中禾不盡者遍乘左行而以直除。左方下禾不盡者，上爲法，下爲實。實如法者得下禾。求中禾者，以法乘中行下實，而除下禾之實。餘如中禾秉數而一，即中禾之實。求上禾者，亦以法乘右行下實，而除下禾、中禾之實。餘如上禾秉數而一，即上禾之實。實皆如法，各得一斗。

   按編者：置一 4×3 矩陣如上。以矩陣之「行運算（column operation）」，依序化減如下：

118

$$\begin{pmatrix} 1 & 2 & 3 \\ 2 & 3 & 2 \\ 3 & 1 & 1 \\ 26 & 34 & 39 \end{pmatrix} \sim \begin{pmatrix} 1 & 0 & 3 \\ 2 & 5 & 2 \\ 3 & 1 & 1 \\ 26 & 24 & 39 \end{pmatrix} \sim \begin{pmatrix} 0 & 0 & 3 \\ 4 & 5 & 2 \\ 8 & 1 & 1 \\ 39 & 24 & 39 \end{pmatrix} \sim$$

$$\begin{pmatrix} 0 & 0 & 3 \\ 0 & 5 & 2 \\ 36 & 1 & 1 \\ 99 & 24 & 39 \end{pmatrix}$$

左行不盡者，36 為法，99 為實，實如法得下禾 $2\frac{3}{4}$ 斗。代入中行，以 1 乘之，以減 24，餘 $21\frac{1}{4}$，為實。5 為法。實如法得中禾 $4\frac{1}{4}$ 斗。再以下禾 $2\frac{3}{4}$ 斗，中禾 $4\frac{1}{4}$ 斗，代入右行。類同運算，得上禾 $9\frac{1}{4}$ 斗。

這個題目不僅揭示了三元一次聯立方程式。而且，也介紹了《矩陣消去法》的題解。以當時之算學而言，這實在是令人嘆為觀止，太偉大了。

2. 今有上禾三秉，益實六斗，當下禾一十秉。下禾五秉，益實一斗，當上禾二秉。問上、下禾實一秉各幾何？

答曰：上禾一秉實八斗，下禾一秉實三斗。

方程術曰：如方程，置上禾三秉正，下禾一十秉負，益實六斗正。次置上禾二秉負，下禾五秉正，益實一斗正，以正負術入之。

按編者：置上禾一秉實 x 斗，下禾一秉實 y 斗。則得方程如下：

$$\begin{cases} 3x+6=10y \\ 5y+1=2x \end{cases}$$

3. 今有牛五、羊二，直金十兩。牛二、羊五，直金八兩。問牛羊各直金幾何？

   答曰：牛一，直金一兩、二十一分兩之一十三。羊一，直金二十一分兩之二十。

   術曰：如方程。置牛一，直金 x 兩，羊一，直金 y 兩。

   $$\begin{cases} 5x+2y=10 \\ 2x+5y=8 \end{cases}$$

4. 今有賣牛二、羊五，以買十三豬，有餘錢一千。賣牛三、豬三，以買九羊，錢適足。賣六羊、八豬，以買五牛，錢不足六百。問牛、羊、豬價各幾何？

   答曰：牛價一千二百，羊價五百，豬價三百。

   術曰：如方程，置牛二、羊五正，豬一十三負，餘錢數正；次，牛三正、羊九負、豬三正；次，牛五負、羊六正、豬八正，不足錢負。以正負術入之。

5. 今有甲乙二人持錢不知其數。甲得乙半而錢五十，乙得甲太半而亦錢五十。問甲、乙持錢各幾何？

   答曰：甲持三十七錢半，乙持二十五錢。

6. 今有二馬、一牛價過一萬，如半馬之價。一馬、二牛價不滿一萬，如半牛之價。問牛、馬價各幾何？

   答曰：馬價五千四百五十四錢、一十一分錢之六，牛價一千八百一十八錢、一十一分錢之二。

   術曰：如方程，損益之。

7. 今有武馬一匹，中馬二匹，下馬三匹，皆載四十石至阪，皆不能上。武馬借中馬一匹，中馬借下馬一匹，下馬借武馬一匹，乃皆上。問武、中、下馬一匹，各力引幾何？

    答曰：武馬一匹力引二十二石、七分石之六，中馬一匹力引十七石、七分石之一，下馬一匹力引五石、七分石之五。

    術曰：如方程各置所借，以正負術入之。

    按編者：置下馬一匹力引一、中馬二匹力引六、并之（七）爲法，四十石爲實。實如法，得下馬一匹力引石數（$\frac{40}{7}$）。以下馬一匹力引石數乘三，得中馬一匹力引石數（$\frac{120}{7}$）。以中馬一匹力引石數，減原載石數四十，得上馬一匹力引石數（$40 - \frac{120}{7} = \frac{160}{7}$）。

8. 今有令一人、吏五人、從者一十人，食雞一十；令一十人、吏一人、從者五人，食雞八；令五人、吏一十人、從者一人，食雞六。問令、吏、從者食雞各幾何？

    答曰：令一人食一百二十二分雞之四十五，吏一人食一百二十二分雞之四十一，從者一人食一百二十二分雞之九十七。

    術曰：如方程，以正負術入之。

$$\begin{pmatrix} 5 & 10 & 1 \\ 10 & 1 & 5 \\ 1 & 5 & 10 \\ 6 & 8 & 10 \end{pmatrix}$$

九、勾股

這一章主要介紹《周髀算經》中的勾股弦定理。主要在於利用勾股公式，或相似直角三角形的概念，求出現實生活中所碰到的高度或距離問題。很重要的一點是，在計算勾股的式子當中，二千年前的中國數學家們就已經能夠成熟的運用一元二次方程式的解法了。同學們看了下列例子之後，必定會讚賞不已，感嘆古人之偉大而自認弗如了。

1. 今有圓材，徑二尺五寸，欲爲方版，令厚七寸。問廣幾何？

   答曰：二尺四寸。

   術曰：令徑二尺五寸自乘，以七寸自乘減之，其餘開方除之，即廣。

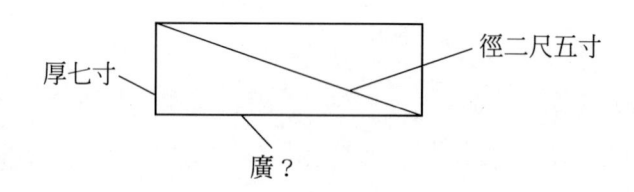

   厚七寸　　　徑二尺五寸
   　　　廣？

2. 今有木長二丈，圍之三尺。葛生其下，纏木七周，上與木齊。問葛長幾何？

   答曰：二丈九尺。

   術曰：以七周乘三尺爲股，木長爲勾，爲之求弦。弦者，葛之長。

3. 今有戶，高多于廣六尺八寸，兩隅相去適一丈。問戶高、廣各幾何？

   答曰：廣二尺八寸，高九尺六寸。

第三章 兩漢時期與魏晉南北朝

術曰：令一丈自乘爲實。半相多，令自乘，倍之，減實，半其餘。以開方除之，所得，減相多之半，即戶廣。加相多之半，即戶高。

按編者：

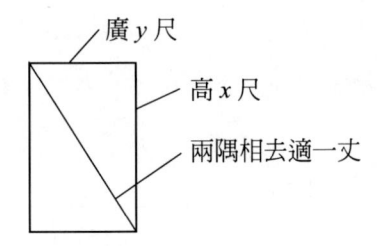

廣 y 尺
高 x 尺
兩隅相去適一丈

置高廣尺數，各爲 x 與 y。兩隅相去十尺。得方程如下，

$100 = x^2 + y^2$

$\Rightarrow \quad 100 = 2xy + (x-y)^2$

$\Rightarrow \quad 200 = 4xy + 2(x-y)^2$

$\Rightarrow \quad 200 - (x-y)^2 = 4y^2 + 4y(x-y) + (x-y)^2$

$\Rightarrow \quad \sqrt{200-(x-y)^2} = 2y + (x-y)$

$\Rightarrow \quad \sqrt{200-(x-y)^2} - (x-y) = 2y$

$\Rightarrow \quad \dfrac{\sqrt{200-(x-y)^2}}{2} - \dfrac{(x-y)}{2} = y$

$\Rightarrow \quad \sqrt{\dfrac{100-\dfrac{(x-y)^2}{2}}{2}} - \dfrac{(x-y)}{2} = y$

上述式子即爲，術曰所言，令一丈自乘爲實。半相多，令自乘，倍之，減實，半其餘。以開方除之，所得，減

相多之半，即戶廣。

4. 今有戶不知高廣，竿不知長短。橫之不出四尺，從之不出二尺，邪之適出。問戶高、廣、袤（ㄇㄠˋ）各幾何？

答曰：廣六尺，高八尺，袤一丈。

術曰：從橫不出相乘，倍，而開方除之。所得加從不出即戶廣，加橫不出即戶高，兩不出加之，得戶袤。

按編者：

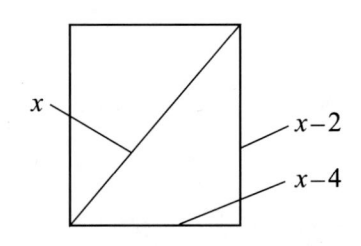

袤者戶之對角線長也。今置竿之尺數 x，則戶之高、廣、袤尺數分別爲，$(x-2)$、$(x-4)$、x。則

$(x-2)^2 = x^2 - (x-4)^2$

$\Rightarrow \quad (x-2)^2 = 8 - (x-2)$

$\Rightarrow \quad (x-2) = 8$

$\Rightarrow \quad x = 10$

另一方面

$(x-4)^2 = x^2 - (x-2)^2$

$\Rightarrow \quad (x-4)^2 = 4x - 4 = 4(x-1)$

$\Rightarrow \quad (x-4) = 2\sqrt{x-1}$

之前的式子，$x = 10$ 代入

$$(x-4) = 2\sqrt{9} = \sqrt{16} + 2$$
$$\Rightarrow \quad 廣 = (x-4) = \sqrt{2(4\cdot 2)} + 2$$
$$\Rightarrow \quad 高 = (x-2) = \sqrt{2(4\cdot 2)} + 4$$
$$\Rightarrow \quad 袤 = x = \sqrt{2(4\cdot 2)} + 6$$

此即，從橫不出相乘，倍，而開方除之。所得加從不出即戶廣，加橫不出即戶高，兩不出加之，得戶袤。

5. 今有二人同所立。甲行率七，乙行率三。乙東行。甲南行十步而邪東北與乙會。問甲乙行各幾何？

答曰：乙東行一十步半；甲邪行一十四步半及之。

術曰：令七自乘，三亦自乘，并而半之，以爲甲邪行率。邪行率減於七自乘，餘爲南行率。以三乘七爲乙東行率。置南行十步，以甲邪行率乘之，副置十步，以乙東行率乘之，各自爲實。實如南行率而一，各得行數。

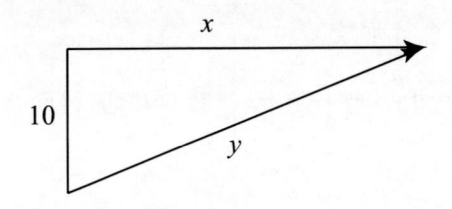

按編者：各置乙行步數 x，甲斜行步數 y。得方程如下，

$$\begin{cases} 10 + y = \dfrac{7}{3}x \\ x^2 + 100 = y^2 \end{cases}$$

$$\Rightarrow \quad x^2 + 100 = (\dfrac{7}{3}x - 10)^2$$

$$\Rightarrow \quad x^2 = \frac{7\cdot 7}{3\cdot 3}x^2 - 20\cdot \frac{7}{3}x$$

$$\Rightarrow \quad (\frac{7\cdot 7}{3\cdot 3}-1)x^2 - 20\cdot \frac{7}{3}x = 0$$

$$\Rightarrow \quad (\frac{7\cdot 7}{3\cdot 3}-1)x = 20\cdot \frac{7}{3}$$

$$\Rightarrow \quad (7\cdot 7 - 3\cdot 3)x = 20\cdot \frac{7}{3}\cdot 3\cdot 3 = 20\cdot 7\cdot 3$$

$$\Rightarrow \quad x = \frac{10\cdot 7\cdot 3}{(7\cdot 7-3\cdot 3)/2}$$

$$\Rightarrow \quad x = \frac{10\cdot 7\cdot 3}{7\cdot 7-(7\cdot 7+3\cdot 3)/2}$$

此即，令七自乘，三亦自乘，并而半之，以爲甲邪行率。邪行率減於七自乘，餘爲南行率。置南行率爲法。副置十步，以三乘七爲乙東行率乘之爲實。實如法得乙東行步數。

6. 今有勾五步，股十二步。問勾中容方幾何？

答曰：方三步、十七分步之九。

術曰：并勾、股爲法，勾股相乘爲實，實如法而一，得方一步。

按編者：置方數 x 得方程如下，

$$\frac{12-x}{x} = \frac{12}{5}$$

$$\Rightarrow \quad (12+5)x = 5\times 12$$

$$\Rightarrow \quad x = \frac{5\times 12}{12+5}$$

此即，并勾、股爲法，勾股相乘爲實，實如法而一，得方一步。

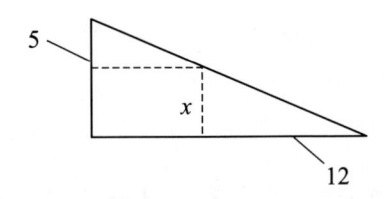

7. 今有邑，方二百步，各中開門。出東門十五步有木。問出南門幾何步而見木？

答曰：六百六十六步、太半步。

術曰：出東門步數爲法，半邑方自乘爲實，實如法得一步。

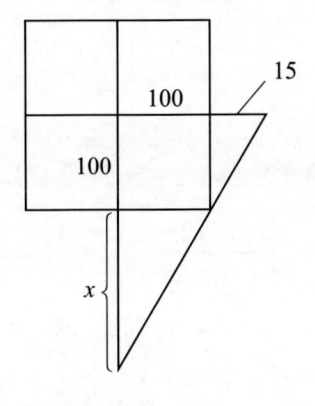

按編者：置出南門步數 x 得方程如下，

$$\frac{x}{100} = \frac{x+100}{115}$$

$\Rightarrow \quad 115x = 100x + 10000$

$\Rightarrow \quad 15x = 10000$

$\Rightarrow \quad x = \frac{10000}{15}$

此即，出東門步數爲法，半邑方自乘爲實，實如法得一步。

8. 今有邑方不知大小，各中開門。出北門三十步有木，出西門七百五十步見木。問邑方幾何？

答曰：一里。

術曰：令兩出門步數相乘，因而四之，爲實。開方除之，即得邑方。

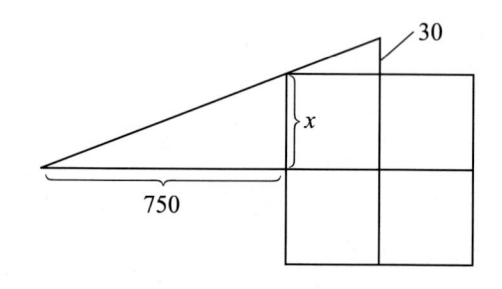

按編者：置邑方步數 x，得方程如下，

$$\frac{x/2}{750} = \frac{30+(x/2)}{750+(x/2)}$$

$\Rightarrow \quad (x/2)^2 = 30 \cdot 750 = 22500$

$\Rightarrow \quad x^2 = 22500 \cdot 4$

$\Rightarrow \quad x = 150 \cdot 2 = 300$ 步 $= 1$ 里

此即，令兩出門步數相乘，因而四之，爲實。開方除之，即得邑方。

從這些眾多的例題當中，我們發現《九章算術》中有些題解或是敘述，甚爲艱澀難以理解。就算古今之學者專家們，也不易了解箇中解說者意何所指。於是，二千多年來，後世之學者們皆普遍認

爲，實在有必要將《九章算術》予以注解一番。因而，從東漢末年開始，就有很多數學家投入了《九章算術》題解的注釋工作。而這其中，又要以曹魏時期之大數學家劉徽者，他所作的《九章算術注》最爲完備和最具代表性了。

《九章算術》代表著二千年來，中國在數學科技基礎上居於領先世界的地位。它的成熟度，除了累積了漢代之前數千年來中國祖先們的智慧與創作之外，它的細膩、它的完美程度，更無不使得古今中外的科學家們陶醉其中。看官們，您可知曉？魏晉南北朝之後，中國隋唐盛世的科技之所以如此昌明，實乃因當時的朝廷極力推崇《算經十書》，才得以奠定了它們永垂不朽之基業的。

然而，《九章算術》一書中，如此衆多漂亮而又優美的命題，只因篇幅之關係，作者僅能擇要窺視其端倪，無法逐一和讀者共同欣賞，分享《九章算術》全貌，著實可惜。因此之故，作者認爲，就算時到二千年後的今天，吾輩喜好此《九章算術》者，仍然有必要，專門爲《九章算術》開一些 seminar 的課程，逐一研討著作的 246 道題目。用以期盼後世學者能夠從中體會出上古時期中國祖先們，在算學方面的傑出表現。

3.3 劉徽與九章算術注

自從《九章算術》成書之後，專門爲其作注釋的專家學者，就已隨之蜂擁而起。諸如，《許商算術》、《杜忠算術》等都是在研讀《九章算術》之後所寫出來的作品。此外，東漢的馬續、張衡、

劉洪、鄭玄等也都是通曉《九章算術》，而曾經為之作注的數學家。只是，這一時期的作品大都僅及於「歸納法的證明」而已，未能在「理論基礎」上作出任何的證明。所以，正確的說，給《九章算術》作注較為完整的一部，當屬《九章算術》成書二百年之後，魏晉時期的劉徽之所著者矣。

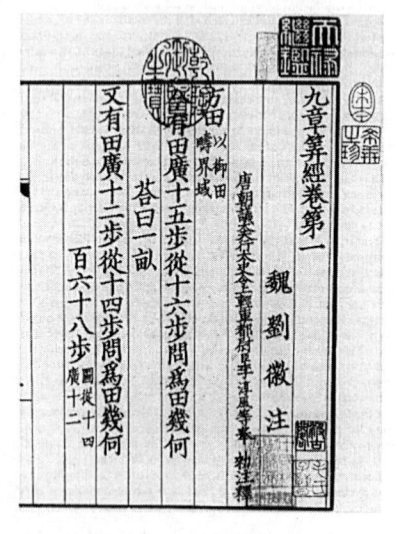

劉徽之《九章算術注》　　　　劉徽

劉徽出生在曹魏統治下的北方，約今之山東省臨淄（ㄗ）縣一帶。他的治學態度十分嚴謹，他所編著的《九章算術注》一書，用心的探討了早期數學家們所遺留下來的算學邏輯思想。在書中，劉徽細心的反覆思考，《九章算術》中的各個題解。他從不依賴、也絕不迷信前人的所有立論和學說。尤其是在探索數學的一般原理時，劉徽總是抱持著懷疑和追根究柢的態度。他曾經說過：「事類相推，各有攸歸，故枝條雖分，而同本幹者，知發其一端而已。」又

第三章　兩漢時期與魏晉南北朝

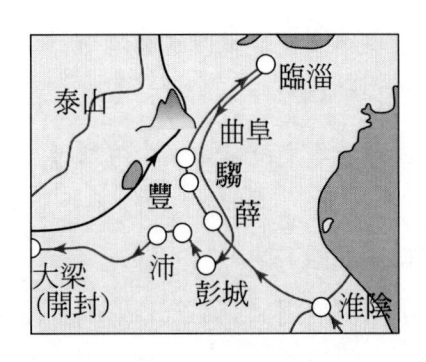

臨淄，面積 $668\ \mathrm{km}^2$，人口 59 萬

說：「觸類而長之，則雖幽遐詭伏，靡所不入。」劉徽在研習《九章算術》的過程中，自始至終都秉持著這種堅毅不拔的態度。他對各個題目的解法，細心的推敲、闡釋。然後，逐一的提出了簡要的說明。此外，他更是旁徵博引，論證題解的正確性。所以，每當發現書中有個別錯誤的時候，他會率直且毫不保留的給予指正。正如他所說的，「是以敢竭頑魯，採其所見，為之作注。」這樣一個高尚的情操，真正的表現了一個數學家勇於探索、勇於批判、正直而毫不畏懼的精神。更令人稱道的是，從《九章算術》的研讀心得中，他提出了許多創作性的理論。這些新的理論，讓《九章算術》中的許多數學概念，得到了更為嚴謹的表述。這些新的理論帶領著中國古代的算學技術，進入了更為精確、更為廣闊的境界。

劉徽在《九章算術注》中的創見很多，其中最為後人所稱道的貢獻，要算是《割圓術》的發明。話說，在《九章算術》的類題當中，諸如，第四卷的「少廣」這一章的第十七、十八道題目，

曰：今有積一千五百一十八步、四分步之三。問為圓周幾何？
答曰：一百三十五步。

131

又曰：今有積三百步。問為圓周幾何？

答曰：六十步。

開圓術曰：置積步數 $(3r^2)$，以十二乘之 $(12\cdot 3r^2)$，以開方除之，即得周 $(6r)$。

又曰：直徑自乘的四分之三 $(3r^2)$，

或圓周自乘的十二分之一 $((6r)^2/12=3r^2)$ 為圓面積。

從這些命題當中發現，《九章算術》裡頭所採用的圓周率，皆為「周三徑一」的古率。一開始，劉徽就懷疑，這個數字絕不會是一個很精確的推測。當時，他認為直徑與圓周的比率，應該是「徑一周三有餘」。他這個概念的發現，來自一個圓內接正六邊形的啟示。如下圖所示。

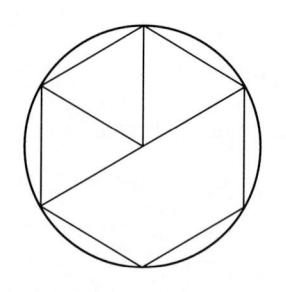

他說，假若圓的直徑為 $2r$，則該圓之內接正六邊形的每一邊長為 r。因此，六邊形的周長為 $6r$，也就是三倍的直徑長。可是，很顯然的，圓的周長比六邊形的周長要長了許多。根據這個道理，劉徽才斷然的確認，直徑與圓周比應為「徑一周三有餘」。

這個概念被確立之後，劉徽不但沒有就此結束對圓周率的探討。它更是立定志向，非得把「圓周率的精確數字」算出來不可。此刻，他的內心也早已經篤定的知道，當圓之內接正多邊形的「邊數」越來越大時，正多邊形的周長將會越來越逼近圓之周長。此正

第三章　兩漢時期與魏晉南北朝

所謂的：「割之彌細，所失彌少。割之又割，以至於不可割，則與圓周合體而無所失矣。」就從這時候開始，劉徽啟動了他漫長的「割圓」傳奇生涯。

首先，他將內接正六邊形，擴充而為正十二邊形。然後，再以勾股定理算出圓周率為

$6\sqrt{2-\sqrt{3}}$，約為 3.10583

按編者：

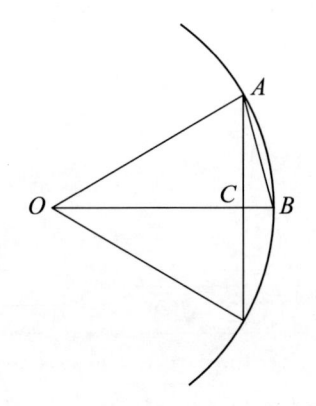

$\overline{OA} = r$, $\overline{AC} = \dfrac{r}{2}$

則　$\overline{OC} = \dfrac{\sqrt{3}}{2}r$, $\overline{CB} = (1-\dfrac{\sqrt{3}}{2})r$

因此 $\overline{AB} = \dfrac{r}{2}\sqrt{1+(2-\sqrt{3})^2} = r\sqrt{2-\sqrt{3}}$

所以正十二邊形之周長為

$12 \cdot r\sqrt{2-\sqrt{3}} = (2r) \cdot 6\sqrt{2-\sqrt{3}}$

那麼，以正十二邊形周長所推估出來的圓周率為

$$6\sqrt{2-\sqrt{3}} \approx 3.10583$$

當然，3.10583 的圓周率還不足以滿足，劉徽精益求精的科學精神。接著，他畫出了圓內接正二十四邊形，並且據此更進一步的算出了圓周率為

$$12\sqrt{2-\sqrt{2+\sqrt{3}}}$$，約為 3.13263

按編者：

1. 再如上圖，此時 $\overline{AC}$ 之線段長度為正十二邊形每一邊長的一半，即

$$\overline{AC} = \frac{r}{2}\sqrt{2-\sqrt{3}}$$

再用之以勾股得出

$$\overline{OC} = r \cdot \sqrt{1-\frac{1+(2-\sqrt{3})^2}{16}} = \frac{r}{2}\sqrt{2+\sqrt{3}}$$

$$\overline{CB} = r \cdot (1-\sqrt{1-\frac{1+(2-\sqrt{3})^2}{16}}) = r \cdot (1-\frac{\sqrt{2+\sqrt{3}}}{2})$$

再次，用之以勾股，得出正二十四邊形每一邊長為

$$\overline{AB} = r \cdot \sqrt{(1-\frac{\sqrt{2+\sqrt{3}}}{2})^2 + (\frac{\sqrt{2-\sqrt{3}}}{2})^2} = r\sqrt{2-\sqrt{2+\sqrt{3}}}$$

正二十四邊形之周長則為

$$24 \cdot r\sqrt{2-\sqrt{2+\sqrt{3}}} = 2r \cdot 12\sqrt{2-\sqrt{2+\sqrt{3}}}$$

所以，以正二十四邊形周長所推估出來的圓周率為

$$12\sqrt{2-\sqrt{2+\sqrt{3}}} \approx 3.13263$$

2. 依此要領，以圓內接正四十八邊形之周長為圓周長時，所推估出來的圓周率則為，

$$24\sqrt{2-\sqrt{2+\sqrt{2+\sqrt{3}}}} \approx 3.13935$$

圓內接正四十八邊形，九十六邊形，一百九十二邊形，……，劉徽日以繼夜地割了又割。一年下來，當他割到正三千零七十二邊形的時候，他所得出的圓周率近似值為 3.14159。一千八百年前，以當時的運算技術而言，這個數字可以說是世界上最為精確的圓周率了。

備註

1. 提到割圓，早在《周髀算經》（3.1 節）中，商高亦有言曰：「數之法出于圓方。圓出于方，方出于矩，……」這一句話也正說明了圓周面積的逼近理論。
2. 巧合的是，有關這一方面的研究，在西方也有相類似的發明。同學是否還記得，在西元前 250 年左右，偉大的數學物理學家阿基米德，不也曾經提出以「耗竭法」（method of exhaustion）來計算圓面積的嗎？（參閱本書，第 2.6 節）。

除了《割圓術》，劉徽在《九章算術注》中還發明了《齊同術》、《今有術》、《圖驗法》和《棋驗法》等計算方法。

所謂《齊同術》者，指的是分數加減法中的「通分法則」。劉徽說：「凡母互乘子謂之齊，群母相乘謂之同。同者，相與通同，

共一母也。齊者，子與母齊，勢不可失本數也。」這段話中之意指出，母同子齊之時，分數才能相加減的意思。

所謂《今有術》者，則是被用來解決正、反比例、複比例、連鎖比例等問題的方法。比如說，在〔均輸〕章之第二十一道題，

題曰：「今有甲發長安，五日至齊；乙發齊，七日至長安。今乙發已先二日，甲乃發長安。問幾何日相逢？」

今有術曰：并五日、七日以為法 ($5+7=12$)（母互乘子并之）。以乙先發二日減七日，餘 ($7-2=5$)，以乘甲日數為實 ($5 \times 5 = 25$)。實如法得一日 ($25 \div 12 = 2\frac{1}{12}$ 日)。

所謂《圖驗法》者，就是劉徽利用《出入相補原理》，計算各種平面圖形的面積公式。我們以圭田（三角形田）為例（如下圖），證明 $\triangle ABC$ 的面積為「底乘以高的一半」。

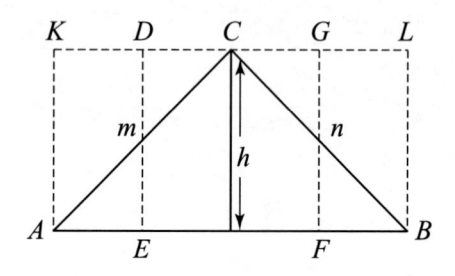

取點 m 及 n 分別為線段 $\overline{AC}$ 及線段 $\overline{BC}$ 的中點。然後，分別作出與底邊 $\overline{AB}$ 垂直的線段 $\overline{DE}$ 與 $\overline{GF}$。我們發現，$\triangle AmE$ 與 $\triangle CmD$ 為全等。$\triangle CnG$ 與 $\triangle BnF$ 亦為全等。因此得知，$\triangle ABC$ 的面積與長方形 $DEFG$ 的面積相同。然而，長方形 $DEFG$ 的面積為，

長方形 KABL 面積的一半。所以，$\triangle ABC$ 的面積為 $\frac{1}{2}\overline{AB}\cdot h$。

對於《圖驗法》的運用，劉徽已經到了出神入化的境界。同學們是否還記得，在第二章的時候，他不也曾經用相同的方法，成功的證明了商高的勾股定理嗎？（請參閱 2.1 節）

至於，所謂《棋驗法》者，乃《圖驗法》在立體體積之計算的一個推展方法。所謂「棋」者，也就是「基本的立體模型」的意思。所以，《棋驗法》指的也就是拼湊「基本的立體模型」，而計算出一般立體圖形的體積之意也。劉徽的《棋驗法》和《圖驗法》的構想相差不遠，它們都源自於《出入相補原理》的基本概念。這個方法與原理簡單易懂，應用極為廣泛，它系統的總結和發展了我國古代獨特的幾何理論。

除了上述所言，劉徽在《九章算術注》之後，還特地撰寫了一卷《重差術》，作為《九章算術注》的附錄，以補充《勾股章》之不足。此一附錄大大的提昇了中國古代測量學的水準。劉徽在《九章算術注》的自序中，曾經有這麼一段話：「……，徽尋九數，有重差之名，……凡望極高，測絕深，而兼知其遠者，必用重差。勾股則必以重差為率，故曰重差也，……，輒（ㄓㄜˊ）造重差，並為注解，以究古人之意，綴於勾股之下。度高者重表，測深者累矩，孤離者三望，離而又旁求者四望。觸類而長之，則雖幽遐詭伏，靡所不入。」劉徽的這一段話敘述了他對「如何使用勾股定理」的心得與看法，並且對於《周髀算經》中的《日高術》也多有建言。時經五百年，後來到了唐代時期，數學家們在重新編輯《算經十書》之時，特別將《重差術》從《九章算術注》中分離出來，並冠之以《海島算經》之名，而為《算經十書》之一也，此為《海島算經》

之由來也。

3.4 祖沖之父子與《綴術》

祖沖之

　　祖沖之（429～500 A.D.）字文遠，出生於建康，祖籍范陽郡遒縣（約今之河北省淶水縣）人。他是第五世紀時期，中國一位比較具有代表性的數學家。除了數學之外，祖沖之在天文曆法以及機械工程等方面，也有傑出的貢獻。年幼之時，中國正處於南、北對峙的局面，為了躲避連年的戰禍，祖沖之的家族隨著南朝大軍，從河北遷徙至當時宋（420～479 A.D.）與齊（479～502 A.D.）兩個政權統治下的長江中下游一帶。那時候的中國，雖然南北對峙、局面非常的混亂。但是，總的來說，當時的封建社會條件，對整體經濟的發展而言，仍然是呈現上升走勢的。生產力的提昇、經濟的繁榮、文化的昌盛，……等，這些優越的條件，為此一時期的中國在科技的發展與研究方面，提供了極為良好的環境。此一豐厚的條件，也

第三章 兩漢時期與魏晉南北朝

正因此孕育出不少如同祖沖之一般偉大的算學、天文學家。

附註

魏晉南北朝（220 年~589 年），嚴格講起來，應該稱為三國、兩晉、南北朝。在中國歷史上，它是一段屬於基本分裂的時期。從西元 220 年曹丕強迫漢獻帝禪位開始，直到西元 589 年隋文帝殲滅南朝的陳之後，統一中國而結束。此為期 369 年間，西晉王朝曾經短暫統一。可是八王之亂後，卻又出現了五胡亂華的局面。西元 439 年，北魏統一北方，與江南的南朝之宋、齊、梁、陳形成南北對峙，中國逐而進入南北朝時期。歷史演變到西元 581 年。楊堅取代北周政權，最後，滅了南朝的陳之後，統一中原，魏晉南北朝時期的歷史結束。魏晉南北朝之中，魏、晉，以及南朝的宋、齊、梁、陳之政權統制前後連貫。北宋的司馬光在《資治通鑑》中，乃以這六個朝代的年號作為正統編年記事。因此，後世之人又將這一段歷史稱為六朝史。

祖沖之家族世代書香，祖父和父親對天文曆法的研究都情有所鍾。所以，父親對祖沖之的教育，從小也就嚴格有加、絕不因循苟且。在這種良好的環境之下，祖沖之自幼就養成了刻苦向學認真習作的人格特質。特別是，在求學的過程中，他絕不囫圇吞棗，也絕不輕信、盲從書中的道理。對事理的分析，祖沖之更是深思竭慮、追根究柢，深入探索書中背後的含意。對於前人的見解，他也總是一一加以考驗推敲。他既博採前人的精華，但也批判前人的謬誤。書曰：「……沖之，親量圭尺，躬察儀漏，目盡毫氂，心窮籌策。」這種求真、求實的精神，一直都是祖沖之在學習方面所堅持遵循的不二法則。

話說，劉徽之後二百多年，中國朝代時序南北朝時期。《九章算術注》早已經流行於坊間鄰里，成為一本家喻戶曉的讀本了。打從幼年時期開始，在父親的影響之下，祖沖之也就因而迷上了這一本《九章算術注》。特別是，對於劉徽的所有注釋，祖沖之總是來回思考、縝密解讀。提起書中的《割圓術》，祖沖之更是興致勃勃、茶飯不思。對於前人歷經千辛萬苦所得出來的圓周率近似值3.14159，祖沖之也當然來回思考、一再計算。對於這樣一個精算的結果，祖沖之除了向大數學家劉徽表示欽佩之意外，他更下定決心、立定志向，希望能夠把這個圓周率近似值，推向最為精密的高峰。

祖沖之認為，圓周率之為用，其影響甚為廣泛。舉凡，圓之周長、面積，球之表面積、體積，甚或圓柱體、圓錐體、……等等，其之計算無不關係到圓周率的使用。於是，本著良知、良能以及求真、求實的精神，祖沖之決定踏著劉徽步伐，繼續探究劉徽的《割圓之術》。

圓內接正六邊形、正十二邊形、二十四邊形、四十八邊形、……；此時，祖沖之似乎又開始重新上演二百多年前劉徽所扮演的那一齣歷史戲碼。有了前人的經驗，祖沖之這回割起來一路順暢、得心應手。當祖沖之割到圓內接正三千零七十二邊形的時候，祖沖之同樣也得到了 3.14159 的圓周率不足近似值。此時，祖沖之嘆了一口氣。這一氣之嘆，除了表示在長久辛苦的計算過程之後得到一個舒緩之外；祖沖之這一氣之嘆，更是表達了感恩和懷念之意。祖沖之感懷先人對數學所作出的貢獻、勞苦與功德。在感恩懷念先人的功德之餘，有一股莫名的力量鞭策著祖沖之。「不要停

第三章 兩漢時期與魏晉南北朝

止,不要懈怠,更不要因此而滿足。繼續的往前割吧!」

於是,提起筆桿,祖沖之又振奮起精神。此刻,他發誓務必要完成這個前所未有的歷史任務。正六千一百四十四邊形、正一萬二千二百八十八邊形、……。每當他多割一次之後,所得出的圓周率不足近似值,就變得更為精密、更為精確。祖沖之最後一次的巔峰、極高難度的挑戰,是圓內接正二萬四千五百七十六邊形。(大家不妨回頭看一下第 3.3 節。)我們所曾經介紹過的,正二十四邊形圓周率不足近似值的推估。當時,才二十四邊形而已,就大約需時起碼兩刻鐘(包含構圖的時間)的精密手工計算。大家想想看,二萬四千五百七十六邊形,它等於六乘以二的十二次方。這種需要龐大而且不容許一步出錯的加、減、乘、除,以及開方的純手工運算工作,它除了需要極佳的運算技巧和超人的毅力以及體力之外,在物資缺乏的古早時期,更需要一些上帝保佑的運氣。

這個不是一般常人所能辦得到的運算工作,祖沖之卻在一千五百年前,在計算工具不很發達的時代,堅苦的完成了劃時代的創作。祖沖之得出了精確至小數點七位的圓周率不足近似值為 3.1415926。得出此結果之後不數日,祖沖之又更進一步的推算出,圓周率介於 3.1415926 與 3.1415927 之間的推估。祖沖之這一項艱苦卓越的成就,在數學的發展史上,替中國人寫下了傲人的世界記錄。

附註

1. 西元 1969 年,當人類征服月球之時,科學家們在月球上陸續的發現了一座一座的環狀山丘。美國太空總署為了紀念對於登陸月球有貢

體貢獻的科學家。於是，就用這些科學家的名字，給新發現的環狀山丘一一命名。其中，有一座山丘被命名為「祖沖之山」。此舉就是為了要表達紀念、感恩祖沖之，對於 π 率所作出的偉大而傑出的貢獻。

2. 除了 3.1415926 之外，祖沖之更具體的提出了便於記憶的兩個圓周率近似值，$\dfrac{355}{113}$ 以及 $\dfrac{22}{7}$。後世之人為了表彰、紀念如此偉大的數學成就，也特別將 $\dfrac{355}{113}$ 的圓周率近似稱為「祖率」。

除了圓周率，祖沖之在天文曆法方面的研究，也同樣展現了他嚴謹治學、細膩的一面。經過多年對古代天文《曆制》的研讀，以及對天文景象的觀測，祖沖之發現，前人所制定的六曆（黃帝曆、顓頊曆、夏曆、殷曆、周曆、魯曆。）很不夠精確。一年下來，往往造成好幾天的誤差。於是，在研究《割圓術》之同時，祖沖之決定排除眾議，著手重新編訂新的曆法。然而，當時的朝廷文武百官都認為：「前人所頒布的曆法，非凡夫所測，非沖之淺慮妄可穿鑿，萬世不易，萬不可革。今，沖之欲以迂腐陋學興革之，實萬不可行也。」儘管如此，祖沖之卻絲毫沒有因為大官們的從中作梗、反對，而退縮、作罷。他反而意志更為堅定的計畫將舊有曆法進行重大的改革。憑藉著深厚紮實的數學底子，追根究柢的嚴格態度；以及多年來對天文景觀的研究所累積的經驗，祖沖之日夜匪懈，反覆推求計算。

終於，在西元 462 年（約莫，南朝宋孝武帝大明年間），一部全新的曆法出爐問世。這一本新的曆法，不僅改進了舊有曆制在「歲差」上的錯誤。它在「閏法」上也作了很大的修正（每三百九

第三章 兩漢時期與魏晉南北朝

十一年設定一百四十四個閏月）。編訂完成之後，祖沖之鼓起勇氣，上奏朝廷。恭請聖上御覽，冀望能夠獲得皇上的核可，頒布施行於天下。

然而，事情並非如單純的祖沖之所想的那麼順利。當那些陳腐、守舊、無知的馬屁官僚們，得知這個消息之後，便爭相走告立刻集結勢力，來勢洶洶的企圖向新的曆法挑戰。尤其是，當時宋孝武帝最為寵幸的權臣──戴法興，更是極盡挑撥諂媚之能事。他誣蔑祖沖之說：「祖沖之破義亂道、不推崇古訓、不遵守朝規。」戴法興甚至認為：「就算古曆有誤，後世之人也不應輕言革弊，永當循用，……。」面對朝廷大官們的嚴詞厲色，祖沖之予以駁斥曰：「日月星辰之運行，有其規律可循、有其公式可檢、有其論證可推。並非什麼神祇鬼魅，萬世不易的道理。……」又說：「朝廷百官當思務實、面對興革，不應一味的因循守舊，信古疑今。……」經過了三、四十年的辯駁，縱然是千言萬語、儘管是理直氣壯，祖沖之雖然擁有真理，可是權勢卻仍掌握在守舊官僚的手中。新的曆法雖然優異，卻敵不過朝臣們的反對和壓抑。西元 500 年，祖沖之含淚鬱悶而終。

祖沖之去逝之後，兒子祖暅（ㄒㄩㄣ）承襲父志，繼續為新的曆法奮鬥。終於，皇天有眼、沒有辜負眾人的願望。西元 510 年（梁朝武帝天監年代），武帝採信新的曆法，並且將其命名為《大明曆法》。用以表彰祖沖之在宋代大明年間，為編訂新的曆法所付出的傑出貢獻和辛勞。事後，武帝也行文昭告天下，頒布施行此一新的曆法。

話說，祖暅也是中國一位偉大的數學家，他的代表作品是，以自己所發明的《開立圓術》，研究劉徽所遺留下來而未能完成的

《牟合方蓋》爲主題。祖暅事後更以牟合方蓋的體積，正確的推算出球體積的計算公式。

一個半徑爲 r 之球體，其體積爲 $\frac{4}{3}\pi r^3$

祖暅晚年，每當思念起幼時與父親和樂共處，一起研究數學時甜蜜的情事，總是陣陣鼻酸，感嘆歲月易逝。爲了能夠表達對父親的深深懷念與感恩之意，祖暅於是著手將父親一生中在數學方面，辛苦研究所累積的成果，加上自己在開立圓術和牟合方蓋領域上的心得，共同整理成冊、編輯成書，並且將其取名爲《綴術》。到了唐朝時期，國子監算學博士們將《綴術》一書納入《算經十書》內，成爲國子監算學館學員們的必備數學讀物。可惜，這本《綴術》到了宋朝中葉，由於戰事頻繁而導致失傳，永不復見。聞之，莫不令吾等爲之惋惜噓唏。

附註

1. 所謂「牟合方蓋」指的是，

    由兩個大小相同，軸心互相垂直的圓柱體相交而成的立體部分。由於，這個立體部分的外形酷似兩把上下對稱的正方形雨傘，所以，它就被稱爲「牟合方蓋」。祖暅假設，該圓柱體的剖面圓之半徑爲 r 之後，經過多日的演算發現，牟合方蓋的體積 $\frac{16}{3}r^3$。

2. 在研究牟合方蓋之餘，祖暅更進一步的得出結論說，從牟合方蓋的側面觀察發現，它是一個圓內切於一個正方形之中。由於，內切圓的面積和外切正方形的面積之比爲 $\pi:4$。所以，祖暅依此推算出，

球體體積與牟合方蓋的體積之比亦應為 $\pi:4$。按此比例,由於牟合方蓋的體積為 $\frac{16}{3}r^3$,所以,球體之體積應該是 $\frac{4}{3}\pi r^3$。

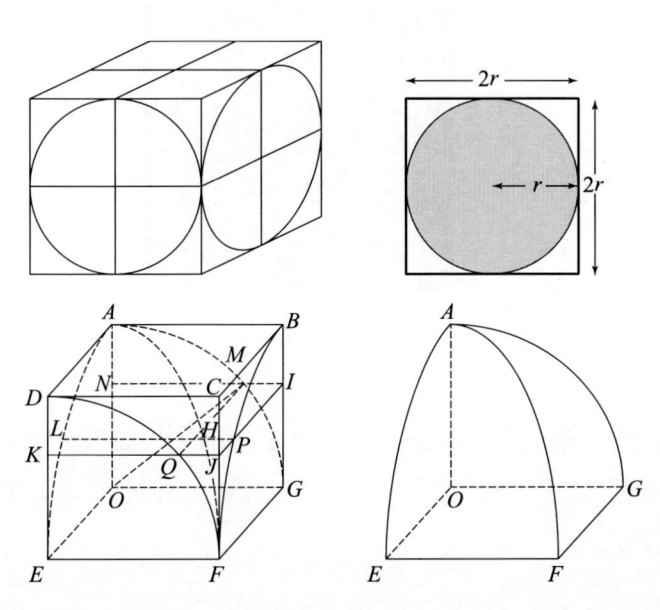

3.5 孫子算經

《孫子算經》出自於戰國時期撰寫《孫子兵法》的孫武所著。這是清朝初期學者朱彝的說法。然而,對於這個說法,近代學者多數是持懷疑態度的。他們認為,孫武(姓孫名武,字長卿。後世之人尊稱其為孫子或孫武子)的出生年代,根據推算大約在西元前 550 年至西元前 540 年之間(約莫春秋末期)。根據這個年代來

孫武編著孫子兵法

說，抱持「孫子算經非孫武所著。」這種懷疑態度的學者，舉出了算經中兩個例子予以辯駁。其中一例是，《孫子算經》卷下篇之第四道題。

題曰：「今有佛書，凡二十九章。章六十三字，問字幾何？」
答曰：「一千八百二十七」。

另一例則為，卷下篇第三十三道題。

題曰：「今有長安洛陽，相去九百里，車輪一匝一丈八尺。欲自洛陽至長安，問輪匝幾何？」
答曰：「九萬匝」。

根據史學考證，例題中所言之佛書與洛陽二詞，在二千五、六百年前的戰國初期，尚無此相關語詞之記載。所以，今之學者專家們普遍懷疑，清初之學者朱彝所言不實。

第三章　兩漢時期與魏晉南北朝

附註

1. 西曆紀元前後，佛教開始由印度傳入中國。經過了長期的傳播發展，形成了具有中國民族特色的中國佛教。由於，傳入的時間、途徑、地區和民族文化、社會歷史背景的不同，中國佛教分流形成三大體系。漢地佛教（漢語系）、藏傳佛教（藏語系）和雲南地區上座部佛教（巴利語系）。

2. 南北朝時期，南朝宋、齊、梁、陳，各代帝王大都篤信佛教。梁朝的武帝更是堅定信仰崇拜佛法。他甚至還自稱為「三寶奴」，並且曾經四次捨身入寺、修行佛法。在位期間，梁武帝大興土木，前後總共建立了 2846 座寺院。全盛時期，梁朝寺院共有僧尼 82700 餘人。光在建康一地，就有寺院 700 餘所，僧尼信眾萬餘人。

3.

洛陽建都年表

朝代	名稱	歷代帝王	建都期間
西周	成周	西周諸王	西元前 1046 年~前 771 年
東周	洛邑	平王以下共 25 王	西元前 771 年~前 256 年
西漢	雒陽	高祖	西元前 202 年~前 200 年
東漢	雒陽	光武帝~獻帝，共 12 帝	西元 25 年~190 年
曹魏	洛陽	文帝~元帝，共 5 帝	西元 221 年~265 年
西晉	洛陽	武帝~懷帝，共 4 帝	西元 265 年~313 年
北魏	洛陽	孝文帝~孝武帝，共 7 帝	西元 493 年~534 年
後梁	西都	太祖、朱友珪、末帝	西元 909 年~913 年
後唐	東都	莊宗、明宗、閔帝、末帝	西元 923 年~936 年
後晉	西京	高祖	西元 936 年~938 年

其實，認真的查驗一下，我們或可以進一步的發現，不僅《孫子算經》不是戰國初期之著作。我們更可以發現，《孫子算經》一書之內容，有其多個不同時代背景的產物。所以，有關《孫子算經》之作者確切是誰，其成書之年代又是何時？多有猜測。我們依據算經中之資料推測，《孫子算經》大約是西元 500 年後，時序南、北朝末期，數學家們彙集中國早期的算學技術所編訂完成。當時由於大家正推崇二千五百年前的軍事名家孫武之「運籌帷幄」一術，所以認為，「凡算之術，皆應尊孫武。」因此之故，古人乃借孫武之名，以《孫子算經》命之也。

《孫子算經》分成卷上、卷中、卷下等三篇。其中，卷上篇介紹度量衡的單位換算、粟米率法、九九乘法、一般乘法以及除法運算。茲舉數例如下，與大家共同分享。

1. 度之所起，起于忽。欲知其忽，蠶吐絲為忽。十忽為一絲，十絲為一毫，十毫為一釐，十釐為一分，十分為一寸，十寸為一尺，十尺為一丈，十丈為一引；五十引為一端。四十尺為一匹，六尺為一步，二百四十步為一畝，三百步為一里。

2. 稱之所起，起于黍。十黍為一絫（ㄌㄟˇ），十絫為一銖，二十四銖為一兩，十六兩為一斤，三十斤為一鈞，四鈞為一石。

3. 量之所起，起于粟。六粟為一圭（ㄍㄨㄟ），十圭為一抄，十抄為一撮（ㄘㄨㄛ），十撮為一勺，十勺為一合，十合為一升，十升為一斗，十斗為一斛。一斛得六千萬粟。

4. 凡大數之法，萬萬曰億，萬萬億曰兆，萬萬兆曰京，萬萬京曰陔，萬萬陔曰秭，萬萬秭曰壤，萬萬壤曰溝，萬萬溝曰澗，萬萬澗曰正，萬萬正曰載。

5. 九九八十一，自相乘得幾何？

   答曰：六千五百六十一。

   術曰：重置其位，以上八呼下八，八八六十四，即下六千四百於中位。以上八呼下一，一八如八，即於中位下八十。退下位一等，收上位八十。以上位一呼下八，一八如八，即於中位下八十。以上一呼下一，一一如一，即於中位下一。上下位俱收，中位即得六千五百六十一。

6. 六千五百六十一，九人分之，問人得幾何？

   答曰：七百二十九。

   術曰：先置六千五百六十一於中位，爲實。下列九人爲法。上位置七百，以上七呼下九，七九六十三，即除中位六千三百。退下位一等，即上位置二十。以上二呼下九，二九十八，即除中位一百八十。又更退下位一等，即上位更置九，即以上九呼下九，九九八十一，即除中位八十一。中位鄔盡，收下位。上位所得即人之所得。自八八六十四至一一如一，鄔準此。

7. 八九七十二，自相乘得五千一百八十四。八人分之，人得六百四十八。

8. 八八六十四，自相乘，得四千九十六。八人分之，人得五百一十二。

9. 七八五十六，自相乘，得三千一百三十六。七人分之，人得四百四十八。

10. 七七四十九，自相乘得二千四百一。七人分之，人得三百四十

三。

11. 六七四十二，自相乘得一千七百六十四。六人分之，人得二百九十四。

12. 以九乘一十二，得一百八。六人分之，人得一十八。

《孫子算經》卷上篇，共有七十一道命題。除了度量衡的單位換算之外，重點在於介紹乘法與除法的運算。從這些題目當中，同學們可以發現，它徹底而又有系統的介紹了「進位制」，特別是「十進位制」的籌算之術。

至於卷中篇者，則包含二十八道算學題目。這些題目大都與九章算術中的方田、粟米、衰分、商功、方程以及盈不足術之內容一致。除此之外，數之乘除法、分數之約分、分數之加減運算等問題也都含括在內。

1. 今有一十八分之一十二。問約之得幾何？

   答曰：三分之二。

   術曰：置十八分在下，一十二分在上。副置二位，以少減多，等數得六為法。約之，即得。

2. 今有三分之一，五分之二。問合之得幾何？

   答曰：一十五分之一十一。

   術曰：置三分、五分在右方，之一、之二在左方。母互乘子，五分之二得六，三分之一得五。并之，得一十一，為實。右方二母相乘，得一十五，為法。不滿法，以法命之，即得。

3. 今有九分之八減其五分之一,問餘幾何?

   答曰:四十五分之三十一。

   術曰:置九分、五分在右方,之八、之一在左方。母互乘子,五分之一得九,九分之八得四十。以少減多,餘三十一,爲實。母相乘,得四十五,爲法。不滿法,以法命之,即得。

   按編者:

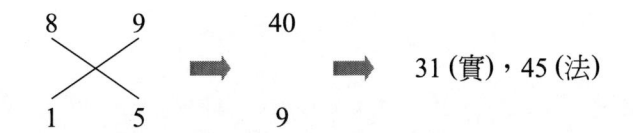

   ```
   8   9        40
    \ /    ➡         ➡   31 (實),45 (法)
    / \         
   1   5         9
   ```

4. 今有粟一斗,問爲糲米幾何?

   答曰:六升。

   術曰:置粟一斗,十升。以糲米率三十乘之,得三百升,爲實。以粟率五十爲法,除之,即得。

5. 今有粟七斗九升,問爲御米幾何?

   答曰:三斗三升一合八勺。

   術曰:置七斗九升。以御米率二十一乘之,得一千六百五十九升,爲實。以粟率五十除之,即得。

6. 今有屋基,南北三丈,東西六丈,欲以磚砌之。凡積二尺,用磚五枚。問計幾何?

   答曰:四千五百枚。

   術曰:置東西六丈,以南北三丈乘之,得一千八百尺。以五乘之

151

得九千尺。以二除之,即得。

7. 今有圓田,周三百步、徑一百步,問得田幾何?

答曰:三十一畝奇六十步。

術曰:先置周三百步 $(6r)$,半之得一百五十步 $(3r)$。又置徑一百步 $(2r)$,半之得五十步 (r)。相乘,得七千五百步 $(3r^2)$。以畝法二百四十步除之,即得。

或曰:周自相乘,得九萬步 $(36r^2)$。以十二除之,得七千五百步 $(3r^2)$。以畝法除之,得畝數。

8. 今有木,方三尺、高三尺。欲方五寸作枕一枚,問得幾何?

答曰:二百一十六枚。

術曰:置方三尺,自相乘,得九尺。以高三尺乘之,得二十七尺。以一尺木,八枕乘之即得。

按編者:木一尺立方,作五寸立方之枕,得八枚。木二十七立方尺,以八乘之,得枕二百一十六枚。

9. 今有溝,廣十丈,深五丈,長二十丈。欲以千尺作一方,問得幾何?

答曰:一千方。

術曰:置廣十丈,以深五丈乘之,得五千尺。又以長二十丈乘之,得一百萬尺。以一千除之,即得。

10. 今有丘田,周六百三十九步,徑三百八十步。問為田幾何?

答曰:二頃五十二畝二百二十五步。

術曰：半周得三百一十九步五分，半徑得一百九十步，二位相乘，六萬七百五步。以畝法二百四十步除之，即得。

按編者：丘田者與圓田同。

11. 今有五等諸侯，共分橘子六十顆。人別加三顆。問五人各得幾何？

答曰：公一十八顆。侯一十五顆。伯一十二顆。子九顆。男六顆。

術曰：先置人數別，加三顆於下，次六顆，次九顆，次一十二顆，上十五顆。副并之，得四十五顆。以減六十顆，餘，以人數除之，得人三顆。各加不并者，上得一十八，爲公分。次得一十五，爲侯分。次得一十二，爲伯分。次得九，爲子分。下得六，爲男分。

按編者：人別加三顆者意指，依爵位之不同予以分配，次第上加三顆也。

12. 今有人盜庫絹，不知所失幾何。但聞草中分絹，人得六匹盈六匹，人得七匹不足七匹。問人絹各幾何？

答曰：賊一十三人，絹八十四匹。

術曰：先置人得六匹于右上，盈六匹于右下；後置人得七匹于左上，不足七匹于左下。乘之所得并之爲絹，并盈與不足爲人。

按編者：

$$\begin{matrix} 7 & & 6 \\ & \times & \\ 7 & & 6 \end{matrix} \Longrightarrow (42+42) = 84 \text{ (匹)}$$

并盈與不足，$(6 + 7) = 13$ （人）

　　卷下篇包含了三十六道命題。除了部分乘法、除法的題目，以及九章算術中的一些類似算題之外，也穿插了大家所熟悉的雉兔同籠問題。其中，比較精彩而又令人喜歡的當屬，最小公倍數以及「物不知其數」的理論範疇。除此之外，一些坊間傳奇的神力推算題，也盡收納於卷下篇之內。眞無不令人嘖嘖稱奇。

1. 今有丁一千五百萬，出兵四十萬。問幾丁科一兵？

   答曰：三十七丁五分。

   術曰：置丁一千五百萬，爲實。以兵四十萬爲法。實如法，即得。

2. 今有佛書凡二十九章，章六十三字。問字幾何？

   答曰：一千八百二十七。

   術曰：置二十九章，以六十三字乘之，即得。

3. 今有棋局方一十九道，問用棋幾何？

   答曰：三百六十一。

   術曰：置一十九道，自相乘，即得。

4. 今有平地聚粟，下周三丈六尺，高四尺五寸問粟幾何？

答曰：一百斛。

術曰：置周三丈六尺，自相乘，得一千二百九十六尺。以高四尺五寸乘之，得五千八百三十二尺。以三十六除之，得一百六十二尺。以斛法一尺六寸二分除之，即得。

按編者：此道題目與 3.2 節之「商功章」的第 8 個例子一樣，同屬於「委粟平地」之命題。可讀者要特別小心，依《九章算術》之斛法，粟一斛，積二尺七寸。上述之命題卻以「粟一斛，積一尺六寸、五分寸之一」爲用，誤得粟一百斛。確有可議之處。

按斛法：粟一斛，積二尺七寸。米一斛，積一尺六寸、五分寸之一。菽一斛，二尺四寸、十分寸之三。

5. 今有三人共車，二車空；二人共車，九人步。問人與車各幾何？

答曰：一十五車，三十九人。

術曰：置二人，以三乘之得六，加步者九人，得車一十五。欲知人者，以二乘車加九人即得。

按編者：此道題目屬於《九章算術》之「盈不足術章」之類題。

今置車輛數 x，得，

$$3(x-2) = 2x+9$$
$$\Rightarrow \quad x = 3 \cdot 2 + 9 = 15$$

此即爲，置二人，以三乘之得六，加步者九人，得車一十五也。

6. 今有婦人河上盪梧（ㄅㄟ）。津吏問曰：「梧何以多？」

婦人曰：「家有客。」津吏曰：「客幾何？」

婦人曰：「二人共飯，三人共羹，四人共肉，凡用梧六十五，不知客幾何？」

答曰：六十人。

術曰：置六十五梧，以一十二乘之，得七百八十，以十三除之，即得。

按編者：今置人數 x，得方程如下，

$$\frac{x}{2}+\frac{x}{3}+\frac{x}{4}=65$$

用之以「齊同術」得，

$$\frac{6x+4x+3x}{12}=65$$

$$\Rightarrow \quad (13)x=65\times 12$$

此乃，置六十五梧，以一十二乘之，以十三除之也。

7. 今有物，不知其數。三三數之，賸二；五五數之，賸三；七七數之，賸二。問物幾何？

答曰：二十三。

術曰：「三、三數之賸二」，置一百四十；「五、五數之賸三」，置六十三；「七、七數之賸二」，置三十。并之，得二百三十三。以二百一十減之，即得。凡三、三數之，賸一，則置七十；五、五數之，賸一，則置二十一；七、七數之，賸一，則置十五。一百六以上，以一百五減之，

第三章　兩漢時期與魏晉南北朝

即得。

按編者：這個「術曰」背後，有其玄機之意。三、三數之，賸二，如何置一百四十？五、五數之，賸三，如何置六十三？七、七數之，賸二，如何置三十？

這三個數字 140、63、30 是怎麼來的呢？且置下列三個數字

   5×7   3×7   3×5

分別以 3、5、7 除之，皆餘一，其個別之最小倍數，為

   70   21   15

然後再分別以所賸乘之得

   140   63   30

并之得

$$2\times70+3\times21+2\times15=233$$

233 在 106 之上，所以，以 3、5、7 的最小公倍數 105 逐次減之餘 23 即得。

(註：一百六乃一百零六，一百五乃一百零五也。)

  這類型的題目是俗稱的「鬼谷算」或是「中國剩餘定理」。在數論中，它是屬於「一次同餘問題」。古時候，有心人士為了讓大家方便記憶，還特別編排出一首人人都可以琅琅上口的歌訣呢。歌曰：

  三人同行七十稀，五樹梅花二十一枝，七子團圓正半月，

157

除百零五便得知。今令 N 爲所求物之數，r_1, r_2, r_3 則分別爲所餘之數。那麼存在一正整數 m，使得這首歌訣可以被寫成下列數學式子

$$N = 70r_1 + 21r_2 + 15r_3 - 105m$$

8. 今有甲乙二人持錢，各不知數。甲得乙中半可滿四十八，乙得甲大半亦滿四十八。問甲乙二人持錢各幾何？

答曰：甲持錢三十六，乙持錢二十四。

術曰：如方程求之。置二甲、一乙、錢九十六，于右方。置二甲、三乙、錢一百四十四，于左方。以右方二乘左方，上得四，中得六，下得二百八十八錢。以左方二乘右方，上得四，中得二，下得九十六（應爲一百九十二之誤）。以右行再減左行，左上空，中餘四乙，爲法；下餘九十六錢（288 − 192 = 96），爲實。上法、下實，得二十四錢，爲乙錢。以減右下九十六，餘七十二，爲實；以右上二甲爲法，上法、下實，得三十六，爲甲錢也。

按編者：以 A 表甲持錢數，B 表乙持錢數。乙之中半者，$\frac{1}{2}B$ 也，甲之大半者，$\frac{2}{3}A$ 也。今以方程表之得

$$\begin{cases} A + \frac{1}{2}B = 48 \\ \frac{2}{3}A + B = 48 \end{cases}$$

以 2 乘 (1) 式，3 乘 (2) 式，得

$$\begin{cases} 2A+B=96 \\ 2A+3B=144 \end{cases}$$

將方程之系數以矩陣表之如下

$$\begin{bmatrix} 2 & 2 \\ 3 & 1 \\ 144 & 96 \end{bmatrix}$$

此乃，

　　置二甲、一乙、錢九十六，于右方。置二甲、三乙、錢一百四十四，于左方。

之意也。

繼之以「行運算」將上述矩陣改寫爲，

$$\begin{bmatrix} 4 & 4 \\ 6 & 2 \\ 288 & 192 \end{bmatrix}$$

此爲，

　　以右方二乘左方，上得四，中得六，下得二百八十八錢。以左方二乘右方，上得四，中得二，下得九十六（應爲一百九十二之誤）。

之意也。

　　以右行再減左行者，得$4B=96$。今以 96 爲實，4 爲法，得$B=24$錢也。以$B=24$錢代入第一個矩陣的右行，得$2A=96-24=72$。又以 72 爲實，2 爲法，得甲錢數，$A=36$錢也。

當然，聰明的讀者或許早已經發現，第一個矩陣即可用「行消去法」得出 $2B = 48$，$B = 24$ 矣！

9. 今有雉、兔同籠，上有三十五頭，下有九十四足。問雉、兔各幾何？

答曰：雉二十三。兔一十二。

術曰：上置三十五頭，下置九十四足。半其足，得四十七。以少減多，再命之，上三除下三，上五除下五。下有一除上一，下有二除上二，即得。

按編者：

以 A 表雉數，B 表兔數。得

$$\begin{cases} A + B = 35 \\ 2A + 4B = 94 \end{cases}$$

半其足者，將 (2) 式半之，得常數爲 47。再以 35 減 47（從 47 中扣除 35 的意思），得 12 爲兔數。又以 12 減 35，得 23 爲雉數。

10. 今有長安、洛陽相去九百里。車輪一匝一丈八尺。欲自洛陽至長安，問輪匝幾何？

答曰：「九萬匝」。

術曰：置九百里，以三百步乘之，得二十七萬步。又以六尺乘之，得一百六十二萬尺。以車輪一丈八尺爲法，除之，即得。

按編者：六尺爲一步，三百步爲一里。長安、洛陽相去九百里

者，乃一百六十二萬尺也。

11. 今有地長一千步，廣五百步。尺有鶉，寸有鷃。問鶉、鷃各幾何？

答曰：鶉一千八百萬。鷃一億八千萬。

術曰：置長一千步，以廣五百步乘之，得五十萬步。以三十六乘之，得一千八百萬尺，即得鶉數。上十之，得鷃數。

按編者：尺有鶉者，每平方尺有一鶉也。寸有鷃者，每平方寸有一鷃也。一尺有十寸，是故，每平方尺有百平方寸也。術曰：「上十之，得鷃數。」實乃，「上百之，得鷃數。」之誤也。故，「鷃一億八千萬。」乃，「鷃一十八億。」之誤矣！

12. 今有孕婦行年二十九歲，難九月。未知所生？

答曰：生男。

術曰：置四十九，加難月，減行年。所餘，以天除一，地除二，人除三，四時除四，五行除五，六律除六，七星除七，八風除八，九州除九。其不盡者，奇則爲男，偶則爲女。

《孫子算經》內容充實、題式多樣變化，直可媲美《九章算術》。尤其是「物不知其數」的解題技術。它代表著，中國祖先們在代數學上領先世界一千年的智慧。這類有趣的「物不知其數」題目，一開始，有人稱其爲「韓信點兵」或「鬼谷算」。直到十三世紀時，南宋的數學家秦九韶，將「物不知其數」推廣而爲一般的「一次同餘」問題之後，後世之人又將其稱爲「大衍求一術」。於

此同時，有 Leonardo Pisano Fibonacci 者（義大利的數學家，斐波那契，1170-1250），從阿拉伯地區，接觸到了東方文明，並且將中國的《九章算經》帶回了歐洲。經過多日的研讀之後，斐波那契編訂了所謂的《算盤書》。《算盤書》於焉問世，並在中世紀的歐洲風行了約莫五、六百年。直到 1801 年，德國數學家，高斯（Carl Friedrich Gauss, 1777-1855）在提出「物不知其數」的一般定理證明之後，為了感懷中國古人的偉大，而不敢專美於前的心理，高斯將此定理命名為「中國剩餘定理」。高斯此一寬大的胸襟，讓中國祖先們的智慧得以揚威海外。

西元前一世紀到西元五世紀的中國，雖然是一個戰禍連年，動盪不安的時代，但也是天文科學與算學技術上，既活躍而又充分展現創意的時代。生活在此一時期的中國人，雖然要躲避戰禍，卻也見識到前所未有的人類文明。多變的政治環境造成了多樣化的社會生活，這樣一個時代背景之下，人民所能感受到的，絕不是一無所獲，絕不是惶惶不可終日而已。想必是亂中有序，恐懼卻又滿足的充實人生。

話說，此時此刻，在地球的另一邊。在那西方、在那既遙遠而又陌生的地中海地區。那一個也是戰事不斷的年代。有一天，成群、成隊的鐵甲騎兵，在指揮官的率領下，東征、西討，來回征戰。雄壯、剽悍而又威武的馬蹄聲勢，劃破了黑夜的寧靜、震懾了敵人的心防。終於，西元 476 年，精銳的日耳曼部族，征服了標誌著奴隸社會的西羅馬帝國。歐洲的歷史於焉展開，走入了長達一千年的、黑暗的中古世紀。

第三章　兩漢時期與魏晉南北朝

　　就從第四章開始，咱們將要把世界數學的重心移往歐洲，到那既令人興奮而又令人害怕的時代。讓我們和讀者一起來認識，中古世紀歐洲數學的啓蒙、文藝復興、以及西元十五世紀之後，數學在歐洲的蓬勃發展。

數學史演繹

第四章

中古世紀歐洲數學的啟蒙

歐洲在西羅馬文明滅亡之後,到文藝復興(Renaissance)運動開始,這一段大約為期一千年的漫長歲月,史學家稱其為中世紀(Middle Ages)。中世紀的歐洲正處於古羅馬帝國的文明逐漸式微,人民對知識的追求和科學的研究被宗教迷信所取代的時代。此期間的歐洲,充斥著戰亂、無知、野蠻、迷信和恐懼。科學與知識文明的進展暗無天日,陰霾淒慘、痛苦煎熬似乎永無止境。是故,中世紀的歐洲又被史學家稱為黑暗的中古世紀(Dark Ages)。

這一章,我們將探究生活在如此獨尊基督教教義,人民的思想被高壓箝制的時代。科學家們如何在宗教信仰與科學真理的矛盾心結中,苦難掙扎、迴避攻擊。科學家們如何在不與羅馬教會統治者的利益相互衝突的懼怕環境裡,從事科學的研究和數學的教育事業。進而讓數學在歐洲萌芽,讓歐洲的數學成就首次超越東方文明。

歐洲中世紀的城堡　　　　中世紀典型的教堂

165

4.1　風雨飄搖的中世紀
4.2　中世紀歐洲一位傑出的數學家
4.3　宗教信仰與知識份子的矛盾情結
4.4　一場數學風暴、一個歷史懸案
4.5　一元三次方程式及卡爾丹諾公式

4.1　風雨飄搖的中世紀

　　西元四世紀末、五世紀初期，以古羅馬城為首都的西羅馬帝國奴隸制度社會，出現了嚴重的信心危機。奴隸主們窮奢極侈、荒淫無度，國家政局不穩、經濟衰敗。在如此糜爛無能的政治體制下，民眾過著苦不堪言的日子。雖然，日夜不停的勞動，被統制者卻換不到三餐的溫飽。民眾對於被奴役的不滿情緒，於是逐漸的蔓延、逐漸的集結，以至於起而與統制者相向，反抗暴政。

古羅馬競技場　　　　　　母狼餵哺羅氏兄弟

第四章　中古世紀歐洲數學的啓蒙

附註

　　傳說中，羅馬古城是由羅慕路斯與雷穆斯（Romulus and Remus）這對被母狼餵哺養大的雙胞胎所建立的。某一年，兄弟倆為了爭奪統治權而鬥爭起來。最後哥哥羅慕路斯殺死了弟弟雷穆斯，成了新城市的最高統治者。他用自己的名字給這座城市命名為羅馬。當時是西元前 753 年 4 月 21 日。直到今天，羅馬人仍然把這一天作為建城紀念日。

　　當時的羅馬教皇和教會，與廣大的苦難群眾是站在同一戰線上的。在偉大的神的指示之下，在民眾的呼喊聲中，基督教徒率領著渴望被解放的奴隸群眾，結合北方強悍的日耳曼部族，一舉推翻了殘暴的、古老的奴隸政權。西元 476 年，這個古老、強盛的西羅馬文明，終於走入了歷史。君士坦丁大帝的子民們，給古羅馬帝國拉下了劇終的帷幕。舉國歡騰，歡欣鼓舞。在慶祝被解放的日子之後，群眾們開始期待著開明政治的未來，以及豐衣足食的明天，……。

　　可令誰也沒料到，當年群眾們在羅馬首都拉溫那街頭，前擁後簇夾道恭迎的日耳曼王師，今天卻反過來利用羅馬教會的勢力。他們除了繼續奴役、勞動廣大群眾的體力之外，更假借基督教的教義，壓抑民眾的思想。新來的統治政權規定，一切與基督教義相牴的思想，都是「異端邪說」。這些異端邪說，應該遭到排斥以及鎮壓，甚至遭受執政當局處以極刑的。

　　煉獄般的酷刑與暴政下的火燄，從此在中世紀的歐洲大陸肆意的狂飆。羅馬教會教控制下的專制政體，從此在西歐洲大陸上人類文明發展史留下了最為黑暗、悲慘，令人不忍卒睹的一段回憶。苦

167

難的歐洲大地、無知的中古世紀，哀號呼喊了將近一千年。在這黑暗的歲月裡，基督教統治下的歐洲，除了唯心論的觀點以及人民心理恐懼的烙痕之外，並沒有給歷史留下任何對人類有貢獻的記載。

風雨飄搖苦難的中世紀，統治者奴役群眾、控制人民的思想。他們大量擴充軍備，大肆招募軍需，窮兵黷武、嗜好征戰。尤其是在 1096 年到 1291 年這一段期間，由於羅馬教皇垂涎富庶的東方城市——伊斯蘭教的聖地耶路撒冷。於是，教皇烏爾班二世（Urban II）召集了西歐洲的基督教徒。他們組成了一支以「十」字標誌為旗號的聖軍。他們打著「援助東羅馬帝國、反抗土耳其人入侵、解放耶路撒冷。」的口號，發動了巨大規模的侵略戰爭。

西歐洲封建主、羅馬天主教會，甚至於商人以及在農奴制度剝削下，瀕臨破產的農民都加入了這場聖戰。他們全都舉著從異教徒穆斯林（Moslem）手中，奪回聖城耶路撒冷的旗幟參加東征。可他們每個人的內心深處，卻各自擁有如意的算盤。西歐洲封建主想要藉著東征的機會，掠奪東方新的領土和財富；羅馬教皇則妄圖併吞拜占庭（Byzantium）的東正教派，擴大天主教的勢力到東方伊斯蘭

十字軍的裝束

第四章 中古世紀歐洲數學的啟蒙

教國家;義大利的商人更妄想藉由東征的大軍,來控制東地中海地區的貿易路線;至於破產邊緣的農奴們,他們也毫不示弱的幻想到東方聖城,尋求肥沃的耕稼農地。

可是東征的路途卻是那麼的遙遠,天寒地凍的氣候加上食物的缺乏,使得數以千計的農奴和商賈命喪途中。貴族騎士和神聖的教徒們雖然咬緊牙關,勉強支撐到了君士坦丁堡,卻也逃不過土耳其人沿路的屠殺。首次東征之路,最終雖然收復了聖城,但沒隔多久卻又在回教徒偉大的領導者薩拉丁(Salah al-Din Yusuf, 1138-1193)的襲擊下得而復失。此後,為期約二百年間,西歐洲的聖戰士們為了奪回耶路撒冷,前後不斷的總共發動了八次規模巨大的侵略戰爭。在這些典型的宗教戰役中,基督教徒們在所謂的異教徒的領土上,前後總共建立了四個十字軍王國。諸如,伊達沙王國(Edessa)、鞍堤阿(Antioch)諸侯王國、的黎波里(Tripoli)王國以及耶路撒冷(Jerusalem)王國等。但是,這些由羅馬教皇的軍隊所辛苦建立起來的灘頭堡,最終仍然敵不過英勇回教徒的頑強抵

薩拉丁畫像

十字軍東征年代表

第一次十字軍東征	1096 年—1099 年
第二次十字軍東征	1147 年—1149 年
第三次十字軍東征	1189 年—1192 年
第四次十字軍東征	1202 年—1204 年
第五次十字軍東征	1217 年—1221 年
第六次十字軍東征	1228 年—1229 年
第七次十字軍東征	1248 年—1254 年
第八次十字軍東征	1270 年

抗，而歸於潰敗、歸於毀滅。

　　連年不斷的征戰，不僅給東方國家（如西亞、埃及、甚至於東羅馬帝國的拜占庭）的人民，帶來了深重的災難。同樣的，也使得廣大西歐洲的群眾們蒙受了史無前例的苦難和犧牲。然而，這一切也或許是神的旨意？！想想看，長年生活在宗教教義統治下，所有行事都以基督教教條為中心思想的歐洲軍隊，他們怎麼會知道，除了腐朽的宗教教義之外，那裡還會有如此進步的東方科技與文明。二百多年來，十字軍一次又一次的征戰，除了燒殺擄掠、塗炭生靈，除了讓滿腹仇恨的十字軍滿足了他們侵略的慾望之外，唯一還能稱得上對人類有所貢獻的是，他們認識了東方國家先進的醫、工、農業技術。他們學會了西亞人的商業交易行為；他們發現了阿拉伯世界的文化寶藏；他們體會到亞細亞洲廣大而複雜的民情風俗和生活習慣。當然於此同時，他們也見識到中國的四大發明，造紙術、火藥、指南針、印刷術，……等。

第四章　中古世紀歐洲數學的啓蒙

於是，長期以來他們完全依賴基督教教義的信心開始動搖；基督教的封建統治階層開始瓦解。他們開始重新評估起基督教教義的正確性；他們開始意圖挑戰基督教的統治權威。果然，十字軍東征後的結果，給歐洲大陸帶來了難以控制的震撼。而這難以控制的震撼，進而揭開了一百年後歐洲「文藝復興運動」的序幕。

東方的科技文明，敲響了歐洲廣大群眾無知、愚昧的心房。歐洲的念書人，逐漸的對基督教統治下的科學研究環境產生了極為不滿的心理。他們開始對東方先進的科技與文明產生了渴望與幻想。於是，歐洲的學者專家們，開始對大量的阿拉伯書籍，進行翻譯的工作。舉凡醫術、工業、商業、農業、以及火藥製造、印刷技術等，阿拉伯文的書籍，都一一的被翻譯成拉丁文書籍。十二、十三世紀的歐洲，可以說幾乎成了「大家一起來翻譯的世紀」。

備註

拉丁語原本是義大利中部拉提姆地方（Latium）的方言。後來，因為發源於此地的羅馬帝國勢力擴張，於是，拉丁語得以廣泛的流傳於羅馬帝國境內。最終，拉丁語更上一層樓，而被定為官方語言。西元四世紀，當基督教普遍流傳於歐洲之後，拉丁語更加深了它的影響力，直到 20 世紀初葉。這一段長達一千五百多年期間，羅馬天主教會一直都將拉丁語定為公眾場合使用語言。學術界的學者專家們繕寫論文時，大多數也都以拉丁語寫成。現在，雖然只有梵蒂岡尚在使用拉丁語，但是一些學術的詞彙或文章，例如，生物分類法的命名規則等，也都還在使用拉丁語呢。

然而，令人感覺遺憾的，卻是當時除了教會的神學士或是一些

貴族騎士之外，歐洲民眾懂得拉丁文的人實在不多。再加上教會的保守勢力從中作梗，以及執政者極端百般的阻撓，廣大的歐洲民眾幾乎仍然沒有機會全面的認識到東方的高科技文明。有些心存不軌的翻譯工作者，甚至於常常將阿拉伯書籍中一些有用，可是卻與基督教義相牴觸的唯物論的內容完全抹煞。取而代之的，盡是一些意識型態或是唯心論的觀點。因此，有些書籍在經過不肖神學家的重新編纂之後，往往卻變成了教會鎮壓反動、抵制新思想，和維護鞏固基督教統治的工具。

古希臘著名的思想家、哲學家，馬其頓王國的哲理名人，亞里士多德（亞里士多德，384 B.C.~322 B.C.），他所寫的書籍在當時而言，是最為被歐洲貴族和神學士們所青睞的經典著作。可是，令人無法想像的是，亞里士多德的文章在經過神學士們的篡改整編之後，竟然出現這樣一個荒謬的結論：「哲學必須從屬於神學，知識必須讓位於信仰。」如此種種行為，顯示出保守勢力對改革派的興起所產生的一種憂慮、惶恐和不安。殊不知，他們所做出來的這種情緒性的反撲，以及無理的誣蔑，反而加深了廣大的歐洲群眾加速改造執政當局弊端的信念。

披著神秘宗教色彩的中世紀，數學在歐洲的進展，極其緩慢、幾近窒息。雖然，在十二世紀的時候羅馬教皇就已經頒令，全國各地方政府開始籌設大學（諸如，著名的牛津大學、劍橋大學等的成立）。但是，當時的大學，充其量只不過是一個為基督教傳教士們所設立的專門傳授神學的教會或者講壇。學校裡所開設的課程，盡是一些虛無縹緲的唯心論的焦點，或是一些訓練學生如何去捍衛宗教的神學課程。至於，有關數學方面的研討課程，則是鳳毛麟角稀

第四章　中古世紀歐洲數學的啓蒙

稀落落。隨著十字軍的歸來，雖然進步的阿拉伯數學傳入了歐洲，但是，敢於不顧基督教徒的迫害，敢於挑戰統治者權威的科學家，畢竟是極為少數。所以，數學在中世紀的歐洲，可以說仍然在傳統神學勢力的泥濘中，苦命地掙扎、苦命地哀號。

4.2 中世紀歐洲一位傑出的數學家

　　正當十字軍東征的年代，一位叫 Guglielmo Bonaccio 的義大利商人，也跟隨著教皇的大軍在地中海地區來回從事商業貿易工作。Guglielmo 的思維機靈，他有著聰明的商業頭腦。才不過短短的二、三年，在地中海沿岸的各主要城市，他很快的便成了響叮噹的頭號人物。特別是，在非洲北端的重要港口 Bugia（現今被稱為 Bejaia，阿爾及利亞東北角的一個地中海港口。）。Guglielmo 的影響力幾乎到了可以呼風喚雨的境界。這位偉大的生意人，正是義大利的富商 Bonaccio 家族的重要成員。也正是黑暗的中世紀裡不可多得的偉大數學家 Leonardo Pisano（1170-1250 A.D.）的父親。商業才華洋溢的 Guglielmo，極度的受到了 Pisa 王國國王的賞識。西元 1176 年，被 Pisa 國王任命為 Pisa 國駐 Bugia 港務局的海關公證人（public notary）。

　　出生於義大利 Pisa 的 Leonardo Pisano，小時候不知何故，被大家稱為 Fibonacci。長大之後，Leonardo Pisano 竟然以 Fibonacci 之小名而聞名於世。就在父親前往 Bugia 上任之時，父親召喚年僅六歲的 Fibonacci，跟隨到 Bugia，以便就近照顧 Fibonacci 的生活以及課

173

業。父親對於 Fibonacci 的成長過程，以及未來前途都非常重視。除了學校課堂上的學習之外，父親常要求 Fibonacci 多看點對於未來有所幫助的課外書籍。在父親如此的輔導與影響之下，十歲那年，Fibonacci 進入了一所會計學校，學習商業會計。

Leonardo Pisano   Bugia 地區位置示意圖

　　除了會計之外，Fibonacci 在學校裡接觸到來自印度神秘的藝術和進步的科技文明。於是，Fibonacci 決定，學校課業結束之後一定要到各地走走，多認識一些有關東方的科學與知識文明。西元 1188 年，在父親的許可之下，Fibonacci 開始了他的遊學之路。離開阿爾及利亞之後，他到過埃及、敘利亞、土耳其、希臘、以及西西里、……等地。年僅二十歲左右，Fibonacci 卻幾乎遊遍了整個地中海地區。他體會了各地方的民情風俗，也得以認識了阿拉伯的數碼學、中國古老的《九章算術》等進步的高等算學。

　　西元 1200 年，Fibonacci 結束了他的旅程。滿滿的行囊、學成歸國，返回了闊別已久的故鄉——義大利的 Pisa。為了能夠讓歐洲民眾瞭解到先進的東方科學，於是，Fibonacci 開始著手寫書。他希望藉由書籍的閱讀，能夠讓更多的歐洲民眾分享到真正的科技文

第四章　中古世紀歐洲數學的啓蒙

明。在融會貫通了阿拉伯的數碼學以及中國的算學之後，西元 1202 年，Fibonacci 完成了他這輩子最為得意、且對歐洲數學影響最為深遠的著作《Liber abbaci》，即所謂的《算盤書》。

算盤書共有四個章節，其中：

第一章節所介紹的是，印度的代數和數論、十進位制以及線性方程式等內容。

第二章節的內容則，包括了以商業行為，為主要訴求的算學題目。譬如說，物價的計算、交易所得之利潤、不同國家之貨幣交換的匯率、以及利率等。

第三章節則討論一些數學的問題。譬如說，中國剩餘定理、Perfect numbers、Prime numbers、以及算術級數等。此外 Fibonacci 的成名之作，Fibonacci numbers 和 Fibonacci sequences 也盡包含在這個章節裡面。

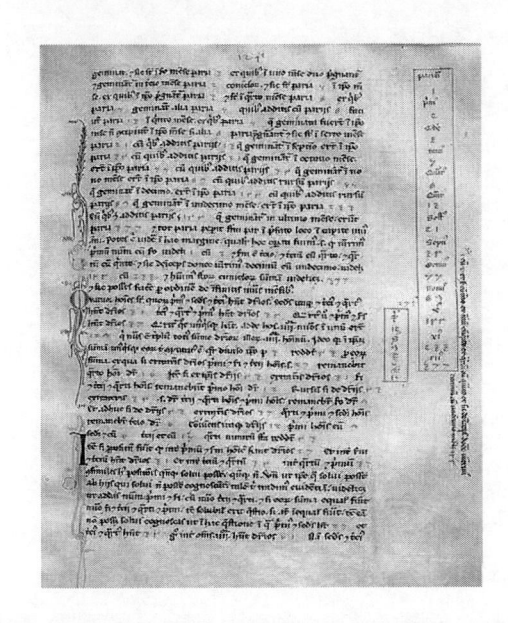

A page of the Liber abbaci

第四章節則介紹如何以「數值法」與「幾何建構法」求出一個無理數的近似值。譬如說，如何求出開平方根的近似值之問題。諸如，$\sqrt{10}$ 的近似值等。

除了上述四個章節的內容之外，有關歐幾里德幾何（Euclidean geometry）的證明以及線性聯立方程式（simultaneous linear equations）的解法也都包含在算盤書之內。

《算盤書》包羅萬象，內容豐富、訴說精彩。下面就讓我們挑選幾道較具有興趣和代表性的題目，與大家共同欣賞。首先看看，有一道題是這樣寫的。

> 通往羅馬的道路上
> 有七位老婦人
> 每位老婦人有七隻騾
> 每隻騾上背著七個袋子
> 每個袋子放有七塊麵包
> 每塊麵包上插著七把刀
> 每把刀上有七個鞘

問：通往羅馬的道路上有多少婦人？多少騾？多少袋子？多少麵包？多少把刀？多少個鞘？

這個問題和下列英國的一首童歌，有著異曲同工之妙。

> As I was going to St. Ives
> I met a man with seven wives
> Every wife had seven sacks
> Every sack had seven cats

第四章　中古世紀歐洲數學的啟蒙

Every cat had seven kits
Kits, cats, sacks, and wives
How many were going to St. Ives?

同學們感覺如何？還不錯吧！其實這種類型的題目，早在 Fibonacci 之前一千年，中國的《九章算術》或是《孫子算經》中，不就已經有過精彩的表現了嗎。

《算盤書》中比較值得一提的問題，當然要屬 Fibonacci sequence 了。這個問題源自於一個「兔子問題」，它是這樣寫的。

如果一對兔子，每一個月可以生一對小兔子，而小兔子在出生後兩個月就有生殖能力。那麼，由一對已經有生殖能力的兔子開始，一年之內總共可以繁殖出多少對兔子？

我們看看，Fibonacci 是如何解釋這道題目的。首先，他將每個月新繁殖出來的兔子對數，一一的列出如下。

月份	1	2	3	4	5	6	7	8	9	10	11	12
	1	1	1	1	1	1	1	1	1	1	1	1
			1	1	1	1	1	1	1	1	1	1
				1	1	1	1	1	1	1	1	1
					2	2	2	2	2	2	2	2
						3	3	3	3	3	3	3
							5	5	5	5	5	5
								8	8	8	8	8
									13	13	13	13
										21	21	21
											34	34
												55
	1	1	2	3	5	8	13	21	34	55	89	144

從上列表單中，我們清楚得知，原來的那一對兔子在一年之內，經過繁殖又再繁殖之後，所得出新生兔子的對數共有

(1+1+2+3+5+8+13+21+34+55+89+144) = 376 對

這是多麼有趣又可愛的題目呀！同學們家裡養兔子嗎？如果按此公式推斷，養一對兔子，一年後就能夠繁殖出 376 對兔子，真不得了啊！試想，假若一隻兔子以獲得新臺幣二百元的利潤出售的話，那麼一對兔子的利潤就有 400 元。一年之後農夫就能夠以一對兔子的成本，獲得大約 150,400 元的收益呢。誰說「養兔子」不是一門賺錢的行業呢？當然，這是本書作者題外的言論，並不代表本書的立場，咱們姑且按下不表。且讓我們回頭再欣賞一下，前面所提到的 Fibonacci 數列，

$$\{1, 1, 2, 3, 5, 8, 13, 21, 34, 55, 89, 144, \cdots\}$$

仔細的瞧瞧，我們發現這個數列有一個很好的特性。那就是，從第三項開始，每一項都等於前面的兩項和。如果以數列的形式來表示這個特性的話，那就是，

$$\{a_n\}_{n=1}^{\infty}, \text{其中} \quad a_1 = 1, a_2 = 1$$

而且，$a_n = a_{n-1} + a_{n-2}$，當 $n \geq 3$ 時。

如此這樣一個數列，在許多數學或其他不同領域的科學裡，扮演著極為重要的角色。當今總部位於加拿大的《Fibonacci Quarterly》的期刊，就是專門用來，研究這類數列問題的刊物。

除了《算盤書》之外，西元 1220 年 Fibonacci 也根據歐幾里得幾何原本，編訂出一本幾何學的著作，書名叫《Practica geometriae》。

第四章　中古世紀歐洲數學的啓蒙

全書分成八個 Chapters，它的內容包括了一些幾何問題和一些幾何定理。其中，有一個 Chapter 還特別介紹，如何以相似三角形的理論，求出一個高不可及的物體的高度。Fibonacci 認為，這一本書最為精華的部分在於最後一章。它所介紹的是，如何由內切圓和外接圓的直徑，求出正五邊形（pentagon）和正十邊形（decagon）的邊長。

原文是這樣寫的：

Another of Fibonacci's books is 《Practica geometriae》, which contains a large collection of geometry problems arranged into 8 chapters with theorems based on Euclid's Elements and On Divisions. In addition to geometrical theorems with precise proofs, the book includes practical information for surveyors, including a chapter on how to calculate the height of tall objects using similar triangles. The final chapter presents the calculation of the sides of the pentagon and the decagon from the diameter of circumscribed and inscribed circles.

西元 1225 年，Fibonacci 完成了他的第三本著作，Liber quadratorum《二次式數學》。這本書雖然不是 Fibonacci 的成名著作，但卻是 Fibonacci 一輩子當中，印象最為深刻的心血之作。這本書主要是研究，「數論」（number theory）和探討「畢式平方數」的著作。書中他提到，

「任何正整數的平方，必定可以被表示為奇數的和。」

換句話說，

179

$$1+3+5+\cdots+(2n-1) = n^2 \qquad (*)$$

他這個概念是來自於歸納法和等式，$k^2+(2k+1)=(k+1)^2$。這話怎麼講呢？我們先從歸納法談起吧。

當 $n=1, n=2$ 時都成立。今假設 $n=k$ 亦成立。則當 $n=k+1$ 時，

左式 $=1+3+5+\cdots+(2k-1)+(2k+1)=k^2+(2k+1)=(k+1)^2=$ 右式

上式證明中，Fibonacci 用了等式，$k^2+(2k+1)=(k+1)^2$ 的概念。

在這本書中 Fibonacci 更以這個結果證明了「畢式平方數」如下。

$$(2n+1)^2+(n(2n+2))^2=(n(2n+2)+1)^2$$

他說：「畢式平方數中，兩數的平方和如何產生一個數的平方呢？」他說：我們首先任取一奇數之平方為其中一個平方數，即 $(2n+1)^2$，然後再將小於 $(2n+1)^2$ 的所有奇數給加起來，

即為 $1+3+5+\cdots+(4n^2+4n-1)$，

或為 $1+3+5+\cdots+(2n(2n+2)-1)$。

接著利用上述 (*) 的公式，得出，

$1+3+5+\cdots+(2n(2n+2)-1)=(n(2n+2))^2$ 為另一個平方數。

此時，$(2n+1)^2+(n(2n+2))^2=(n(2n+2)+1)^2$，即為所求。

備註

讓我們回憶一下，第 2.2 節。我們發現，前述 Fibonacci 所研究出來的結果，不就是 1800 年前畢薩哥拉斯所介紹過的公式嗎！

儘管 Fibonacci 在「數論」、「數列」，以及「級數」上，對人類的卓越貢獻，遠遠超過 Diophantus（丟番圖，西元 246～330 年），和十七世紀的 Fermat（費馬，西元 1601～1665 年）。但是，由於身處黑暗的中世紀，Fibonacci 卻沒有如大家所期待的，得到應有的尊敬和榮耀。處於學術知識不受推崇的時代，萬般事物皆以宗教教義為依歸的時代，Fibonacci 的成就完全被忽略、完全被遺忘了。

4.3 宗教信仰與知識份子的矛盾情結

中世紀末期，基督教監獄所的酷刑，肆意地在人們的心靈深處烙印了難以磨滅的傷痛。統治者殘暴不仁的鞭撻，無情地在歐洲大地破壞著孕育數學思想的搖籃。無理而又恐怖的暴力鎮壓，阻礙了人們挑戰權威的勇氣，蒙蔽了人們分辨真理與邪惡的智慧。可是無論如何，它們卻禁錮不了科學家們追求科學與知識的欲望。它們抹煞不了廣大群眾對真理的崇拜和信仰。

果然，十字軍東征之後的歐洲，受到了東方科技文明的影響，那些王室、貴族和驕傲的騎士們，逐漸的失去了他們原有的權勢。取而代之的是，來回地中海地區從事買賣生意的商人，和新崛起的平民勢力。長年生活在基督教基本教義的意識型態統治之下，人們逐漸厭惡鐵甲騎兵隊的不斷征戰和紛擾；人們逐漸對生活周遭的環境品質產生不滿和不安；人們逐漸對統治者的偏差行為產生抗拒和仇視。於是，人們開始集結，相互訴說著心靈的創傷。他們開始計畫，共同研究如何擺脫黑暗的束縛，如何解開心靈的枷鎖。他們開

始渴望，改善生活的環境，寄盼政治能有所革新。他們開始祈禱，獲得自由學習的空間，希望宗教的力量再也不要干涉，科學的研究成果。

就在這樣一個特殊的時代背景之下，群眾們對於統治者開始產生不滿、不安和抗拒的心理。而這種群眾的心理在中世紀末期，逐漸的形成了一種趨勢，一個潮流。這種趨勢、這個潮流，絕對不是任何主觀的力量、或是羅馬教會的長老們所能夠壓抑、所能夠阻擋得了的。

黑夜過後，真理奮勇的向封建的邪惡勢力宣戰，科學奮不顧身的起而向無知的神學對立。改革派終於打破了沉默，勇敢的挑戰起保守勢力的壓抑，……。於是，十字軍東征後的歐洲社會，於朝野之間掀起了空前尖銳的對立與矛盾。生產力在歐洲得以提昇之後，造就了一種新的群體經濟關係。於是，新興崛起的經濟資產群眾，也就隨之登上了中世紀末期歐洲歷史的舞台。而這股新生的資本主義浪潮，為了要生存、為了要發展，他們奮不顧身的衝破封建統治的樊籬。從而揭開了一場橫掃歐洲大陸的風暴，一場生與死的搏鬥；一場發生在十四世紀到十六世紀的文化思想改造運動——文藝復興（Renaissance）。此詞彙源出於義大利語「Rinascita」。原文的意思指的是，古典人文科學「再生」（Rebirth）之意。

原來，西元中世紀末葉，歐洲的藝術學者們開始懷念起古代（400 B.C.~500 A.D.）希臘、羅馬的文學和藝術。他們開始籌設恢復古代文學藝術的社團；他們開始掀起恢復古代文學藝術的運動。表面上看起來，這好像是一場恢復古羅馬文化藝術的運動。實質上，它卻是古典文化遺產的擁護者，與十字軍東征後新興起的平民

第四章 中古世紀歐洲數學的啓蒙

資產階級相結合所形成的新的思想文化潮流。從事這場運動的人，高度讚賞古代文化的自由與繁榮。他們對羅馬帝國崩潰後，基督教神學支配一切的現象感覺十分痛心。尤其，新興起的資產階級更激烈地主張，人民有權享受現世的幸福。他們提倡人性、人權和個性的自由。從事運動的整個過程當中，他們雖然沒有打出反對天主教會的旗幟，但是這場恢復古代文學藝術的運動，卻使得神性、神權和束縛人民個性發展的宗教桎梏，瀕臨瓦解，乃至於崩潰。甚至於變得荒誕不經，以致遭到廣大群眾的唾棄。在這場歷時三個多世紀的運動當中，歐洲大陸人才輩出，名流濟濟。不管是在，文藝界、自然科學界，都創造了史無前例的輝煌記錄和光彩。但丁、佩脫拉克、薄卡丘、達芬奇、哥白尼、哈依爾、米開朗基羅、布魯諾、賽凡提斯、莎士比亞、伽利略等。這些新時代的偉人，他們以過人的膽識、天賦的智慧，敲破了宗教神學的謊言；照亮了昏暗的歐洲大地，解放了人們迷信和無知的恐懼。這一批新時代的偉人，他們提振起空前的改革熱潮，為十七世紀資本主義的文明發展，奠定了堅實的基礎。為二十一世紀自然科學的輝煌成就，寫下了歷史的新頁。

Dante Alighieri 　　　佛羅倫斯的地理位置 　　　但丁神曲

但丁（Alighieri Dante, 1265-1321 A.D.）——出生於文藝復興的發源地，義大利中部的佛羅倫斯（Florence）。他是一位新時代的詩人，是文藝復興運動的先驅。但丁原是忠於宗教事業的教皇黨人。由於他對教士兄弟們的腐敗行為，感覺有所不恥，而進行尖銳的批判。於是，受到了保皇派勢力的圍剿，終遭罷黜、而被放逐。離開了佛羅倫斯，但丁開始了他悲天憫人的流浪生涯。

在堅苦難耐的異鄉，在草木不生的雪地，他用悲情、感情、愛情構築成一部空前的巨著——《神曲》。在這部不朽的詩篇裡，但丁勾勒出一幅悲壯的圖景。絢麗奪目的《天堂》溫馨祥和，那是天使們的樂園。烈焰熾熱的《煉獄》酷火難耐，那是惡魔的居留所。陰冷悽厲的《地獄》冷風颼颼，那是自私、貪婪、卑劣的下場。但丁於是把那心口不一、自私、貪婪、淫穢的教士們，一一的送進了《地獄》的審判所。在呻吟哀號聲中的一個角落，但丁更大膽的給倒行逆施、違法亂紀的教皇，預留了一個等待審判的座椅。

《天堂》、《煉獄》、《地獄》赤裸裸地譴責了教士們的貪婪以及封建統治者的殘暴。這部神曲強烈地表達了，廣大群眾追求心靈解脫和自由揮灑的意志。當然，它更強烈地表達了廣大群眾追求情感奔放和真善美的精神。這種大膽背離傳統的叛逆行為，充分表現了當時人們唾棄神學，一心一意的渴望獲得真理，追求以人為本、以人為中心的願望。

義大利的佛羅倫斯人才輩出。除了但丁的《神曲》之外，大文豪佩脫拉克（Francesco Petrarch, 1304-1374 A.D.）的《十四行詩》以及薄卡丘（Giovanni Boccaccio,1313-1375）的《十日談》（*The Decameron*）》也都對基督教統治的時政，做過尖銳而又辛辣的批

判。他們藉由寫作的技巧，揚棄以神為本位的思考路線，肯定人的現世價值，歌頌人生和大自然。

以下是佩脫拉克的一首十四行詩。

Laura's Smile

Down my cheeks bitter tears incessant rain,
And my heart struggles with convulsive sighs.
When, Laura, upon you I turn my eyes,
For whom the world's allurement I disdain.
But when I see that gentle smile again,
That modest, sweet, and tender smile, arise.
It pours on every sense a blest surprise,
Lost in delight is all my torturing pain.
Too soon this heavenly transport sinks and dies,
When all thy soothing charms my fate removes.
At thy departure from my ravished view,
To that sole refuge its firm faith approves.
My spirit from my ravished bosom flies,
And wings with fond remembrance follow you

在教會的權威逐漸沒落，被統治者的思想逐漸被解放的時代裡，一位才華橫溢的藝術大師誕生了。他就是大家所耳熟能詳的科學家、藝術家、發明家——達芬奇（Leonardo da Vinci, 1452-1519）。達芬奇腦筋靈活、實事求是。他認為，藝術家必須是敏銳的觀察者，與精通數學的知識份子。每在觀察大自然之後，達芬奇總是會用數學的方法，把大自然的演變過程細心的記錄下來。以方

便日後對大自然的演變過程，進行推敲研究。每當研究得到結果之時，他不會驟然的下定結論。他會對這個結論一再的推敲演算，一再的給予反覆求證。精確來說，達芬奇盡其一生應是一位致力於以數學的、科學的方法應用於藝術創作的美學家。他把彩筆從虛無縹緲的天堂、輕浮無知的教會，轉向千姿百態的大自然和踏實理性的應用科學領域。

《蒙娜‧麗莎》的微笑，擺脫了以宗教為主的題材，深刻地揭示了人間女性的魅力。畫像中柔和的光影，單色系色彩的層次，表現出一種讓人難以捉摸的神秘。這種神秘的氣氛，把人類的視覺和複雜的心靈相互搓揉在一起。令人感覺彷彿置身在，一種不確定的朦朧之中。這種朦朧和不確定的視覺與感覺，遠遠的超越了聖經和教堂。達芬奇就是藉著《蒙娜‧麗莎》這樣一個微笑，揮別了黑暗的中世紀。他揚棄以神為本位的思考模式，並且向新的世紀宣告，人的信仰就是自然、理性、和科學。

Leonardo da Vinci　　　　　　　Mona Lisa smile

第四章 中古世紀歐洲數學的啟蒙

　　文藝復興時期,這樣一位多才多藝的偉大人物,達芬奇除了藝術之外,他在天文學、人體解剖學、生理學、地質學、植物學、應用力學和機械設計學上,也都有了不起的立論和研究所得。可惜晚年,達芬奇體弱多病。西元 1515 年的某一天,達芬奇接受教皇的邀宴,因突然的心臟病變導致右臂癱瘓。事隔三年,又接到法國國王法蘭西斯一世的邀請,達芬奇也嘔心瀝血的替國王設計了一個理想城鎮的藍圖。只因對工作如此過度的狂熱,達芬奇日夜不眠,乃至病情急轉直下,日趨嚴重。次年五月,達芬奇病逝於法國的安布瓦茲(Amboise),享年六十有七。

安布瓦茲達芬奇雕像 　　　　　安布瓦茲達芬奇故居

　　尼古拉哥白尼(Nicolaus Copernicus, 1473-1543),一位羅馬天主教的神父,現代天文學的創始者。西元 1473 年 2 月 19 日,哥白尼出生在波蘭北部的一個叫 Thorn 的小城鎮。十歲喪父之後,由舅父扶養長大。舅父非常熱衷於小孩的教育,所以對哥白尼的學業也就特別重視。每天傍晚下班回來,舅舅總是會對尼古拉的課業給予特別輔導。在舅舅用心的鼓勵和栽培之下,果然,尼古拉哥白尼於 1491 年,順利的進入了當時波蘭的第一高等學府,克拉科夫大學

（Krakow University）攻讀藝術和數學。

在大學的四年當中，除了藝術、法學之外，哥白尼對於天文學的觀察和研究也特別感興趣。他不斷的觀察太陽、月球和其他星球的移動情形。慢慢的，他開始對以《地球為中心》的學說產生了懷疑。他甚至發現，《地心說》是一種錯誤的假象。他說：「看起來好像太陽繞著地球旋轉，其實這是一種假象，這種情形就如同人們坐在船上，似乎覺得岸上的東西在後退一樣，而不知其實是船在往前行進，……」。根據這樣一個推測，他大膽的認為，宇宙的中心應該是在太陽附近。但是，當時他畢竟還是個年輕的學生，對於觀察所獲得的心得，還不敢貿然公諸於世，唯恐與聖經中牢不可破的觀念相對立。所以，他只將《以太陽為中心》的觀察結果，寫成名為「Little Commentary」的文章在朋友間流傳。

哥白尼　　　　　　　Krakow 大學校園

附註

為了紀念 Poland's Jagiellonian dynasty，西元 1817, Krakow 大學被重新命名為 Jagiellonian University。

第四章　中古世紀歐洲數學的啓蒙

西元 1496 年大學畢業之後，哥白尼隻身前往義大利的 Bologna 大學，追隨天文學家諾巴拉，從事星象學的研究。在義大利的這段日子，歐洲正值文藝復興最爲興盛的時期。在新思想與舊觀念輪替當中，哥白尼接觸到一本於西元前三世紀，由天文學家 Aristarchus 所寫的一段文章。內容提到，「不是太陽繞著地球運行，而是地球繞著太陽轉動。」這一段話給了哥白尼莫大的鼓舞。此時，哥白尼更加堅定的認爲，早年自己在 Krakow 的發現是正確的。於是，哥白尼當下決定著手，開始編寫《日心說》的理論。

一千年來，無知的傳教士們總是強迫人們相信，「地球是上帝的寵兒，是宇宙的中心，日月星辰不停地繞著地球旋轉，地球的中心則在耶路撒冷聖城。」這是宗教神學理論的基石，誰要懷疑它，誰就是異教徒，必須接受殘酷的懲罰。正因爲如此，哥白尼在編寫太陽爲宇宙中心論的時候，特別的小心謹慎，深怕一丁點的疏漏就會招致教會保皇派勢力的圍剿。所以，每當完成一個章節的編輯，他總會回頭一再的細心思考、重複修訂。

西元 1530 年，一本轟動全歐洲的《地動說》論著終於大功告成。書中內容，共有六個 chapters。其中，

第一章說明，以太陽爲中心理論的概要和基礎。
第二章介紹，球體天文學的理論與結構。
第三章講的是，地球繞行太陽的運行基礎以及相關的各種現象。
第四章則爲，月球與地球的互相牽動運行。
第五章介紹，以太陽爲中心的新的座標系統，以赤經方向標示繞太陽運行的行星軌跡。

第六章介紹，以太陽為中心的新的座標系統，以赤緯方向標示繞太陽運行的行星軌跡。

儘管論述精闢完美，哥白尼仍然深恐觸怒基本教義派的中樞神經，而不敢貿然的逕自出版。所幸西元 1539 年，德國數學家，雷替克司（Georg Joachim Rheticus，1514-1576）看了哥白尼的學說之後，深深的表示肯定和激賞。雷替克司認為，這是一部具有宏觀概念的學術著作。於是，雷替克司立刻提起筆桿，著文推薦哥白尼「日心說」的論點。令人驚訝的是，當時的羅馬教皇，在無意中閱讀了哥白尼的手稿之後，更是出人意表的肯定了哥白尼的論點。這位羅馬教皇給了哥白尼一個默許，將「日心說」的理論出版問世。

羅馬教皇的這個舉動果然引來了宗教其他各派系保守勢力的嚴厲抨擊。羅馬天主教、馬丁路得、約翰克爾文等各教會，相繼對羅馬教皇提出了質疑。在受到極大的壓力之下，哥白尼抽回了「日心說」理論的手稿，出版之事因而作罷。

好事多磨，直到西元 1543 年三月，就在哥白尼去世前兩個月，在好友極力的協助之下，哥白尼終身的學術成就終於出版，書名叫《天體運行論》（*De Revolutionibus Orbium Coelestium*）。西元 1543 年五月二十四日下午二時，當全新出爐的《天體運行論》交到哥白尼的手上時，哥白尼因一時的興奮而引發腦溢血與世長辭。哥白尼以「太陽為宇宙中心的學說」，對宗教神學理論基石發出了致命的一擊。此後，神學理論再也不那麼的被認為神聖而牢不可破。科學家們開始起而捍衛真理，開始藐視教會。自然科學也因而慢慢的由宗教的傳統束縛中被解放了出來。

第四章 中古世紀歐洲數學的啓蒙

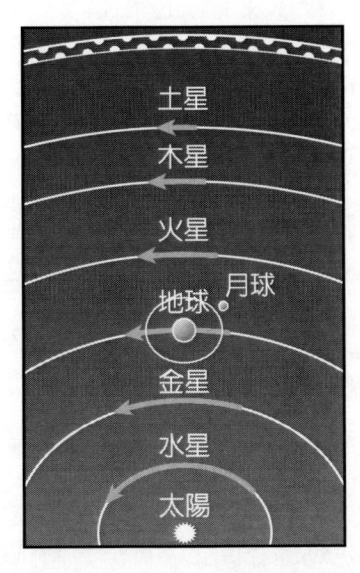

哥白尼「日心說」理論示意圖

　　哈依爾史提芬（1486-1567），德國一位偉大的數學家。由於從小就在修道院接受教育，所以哈依爾對宗教的神秘色彩，非常的熱衷和沉迷。尤其，對敘述神秘天堂的書籍，他更是特別感興趣。他認為，一切行事都應該以基督教教義為準則，一切思維都應該從基督教教義為出發。然而，每當事實與教義出現互相矛盾之時，哈依爾總會引用神秘的學說，替宗教極力的辯護。他對於神秘主義色彩的教條可以說已經到了執著與確信不疑的地步。

　　有一天，哈依爾史提芬從神秘教義的理論世界裡計算出，「西元 1533 年 10 月 29 日，地球將因為罪惡而永遠的滅亡。」於是，他開始等待世界末日的到來。他告訴信徒們，虔誠的等候上帝的降臨。上帝將赦免我們的罪惡，上帝將帶領我們齊赴極樂世界，獲得

永生。然而,大限的日子到來了。哈依爾以及虔誠的教徒們,卻沒有見到萬能的神降臨地球,世界也沒有如聖經中所預言般的產生毀滅。此時,哈依爾開始覺得渾身熱浪如火、一顆心上下忐忑不安、幾近狂亂。

到底問題出在那兒呢?他一再的翻閱神秘的教義理論,一再的進行推導演算,仍然得出相同的結論。怎麼會這樣呢?問題到底錯在那裡呢?會是數學計算的過程中發生錯誤了嗎?……?經過多次的反覆計算、一再的研究、多方的考證,仍然找不出問題所在。

幾經多少日夜的反思、痛苦的煎熬之後,哈依爾終於發現,所有的一切都沒有錯。錯只錯在教會神秘主義偏頗的理論。其實,時代在變遷、社會在進步、人民的智慧也逐漸在開化。屬於舊時代的神秘主義理論,早已不適合現實社會人類的需求。於是,哈依爾徹底的醒了過來。他痛定思痛的不再迷戀神秘主義的色彩,他決定唾棄對基本教義盲目崇拜的行為。他開始研究科學、追求真理,他開始改變他的思考模式。

經過了這一次的懺悔之後,每當論及事物真相之時,他總是會問起,這個理論是否有科學的根據,……等等。此後多年,哈依爾終日努力的鑽研科學,直至脫胎換骨。最後,他不但成了一位優秀的哲學家,也成了一位偉大的數學家。哈依爾史提芬的覺醒絕非偶然,而是在一連串的錯誤試驗之後,所產生的必然結果。在一連串的傳統束縛與知識文明碰觸之後,所造成的必然趨勢。而這一連串又一連串的碰觸之後,所產生的尖銳對立,正掀起了一場震撼整個歐洲的思想解放運動。

一位哥白尼的仰慕者,一位義大利 Pisa 古城的天文學家、數學

第四章 中古世紀歐洲數學的啟蒙

家、物理學家，伽利略（Galileo Galilei, 1564-1642）。他的父親是羊毛製品經銷商人。從小父親就寄望於伽利略，希望伽利略長大之後能夠當醫生，能夠輕鬆的賺更多的錢。因此，在父親的強烈要求之下，十八歲那年伽利略進入了 University of Pisa 攻讀醫學。然而，由於伽利略對醫術絲毫不感興趣，所以在學校裡，他大部分的時間都私自跑到圖書館，翻閱自己所喜歡的數學、物理等書籍。他尤其特別喜歡哥白尼的《日心說》的理論。幾年之後，雖然沒有拿到醫學文憑，但是由於伽利略在數學以及物理學的領域上已鋒芒漸露。他的研究成果也早已獲得 Pisa 大學一些數學教授們的讚賞。所以，在數學系教授們的推薦之下，伽利略於西元 1589 年，獲得了 Pisa 大學的數學講師聘約。有了固定的收入，而且又是自己所喜歡的工作，伽利略開始專心的研究天文學和力學。

Galileo Galilei and the first botanic garden, established in 1544, University of Pisa

數學史演繹

　　如同哥白尼推翻「地球為宇宙中心」的學說一樣，伽利略對於亞里士多德（亞里士多德, 384-322 B. C.）在自由落體理論中所提，「重的物體下降速度快，輕的物體下降速度則慢。」的說法也起了相當程度的懷疑。為了要證實亞里士多德的理論是錯誤的。某一天，伽利略帶了重量不同，大小不一的兩顆加農砲彈，爬上五十幾公尺高的「比薩斜塔」（Leaning Tower of Pisa）頂端。在全校師生的見證之下，讓兩顆砲彈自由的落下。實驗結果發現，輕的與重的砲彈以相同速度同時掉落到地面。伽利略推翻了亞里士多德的理論。他這樣一個實驗，除了證明亞里士多德的說法是錯誤的之外，在自由落體的研究過程當中，伽利略更證明了「一個自由落體下降的距離，與該自由落體下降時所經過的時間平方成正比例。」的公式。也就是所謂的，$S = \dfrac{1}{2}at^2$。

Leaning Tower of Pisa　　　　　　　　伽利略式望遠鏡

第四章　中古世紀歐洲數學的啓蒙

　　除了自然理論科學之外，伽利略也是一位眼鏡工匠。他以凸透鏡的原理，製造出全世界第一個望遠鏡。伽利略這個突破性的發明，令科學界大爲振奮。科學家們體會到，理論與實務相互結合的重要性。有了望遠鏡，科學家們得以更爲精確的觀察天體運行的眞相。有了望遠鏡，科學家們開始改寫人類對天文學認知的差距。

　　可是，伽利略萬萬沒有想到，這個望遠鏡的發明，正慢慢的揭開了保護聖經的神秘面紗。他這些傑出的研究表現，令一些標榜著神聖而不可侵犯的教士們無以遁形。伽利略最終被保守派勢力認定，違反了羅馬天主教會的規定。在基本教義派的眼裡，伽利略犯下了不可原諒的叛逆行爲。雖然，時代已經進入十七世紀，伽利略終究逃不過，遭受教會裁判所終身監禁的命運。

　　英國偉大的戲劇家，莎士比亞（Shakespeare,1564-1616）也給歷史留下了 37 部劇本，兩首長詩和 154 首 14 行詩。這些經典名著，砸碎了宗教神秘的樊籬，解開了十七世紀歐洲人民思想的桎梏，展現出人類多元變化的現實和愛情的一面。人們開始探索自己的思考模式，人們開始實踐自己的感情生活。莎士比亞的著名劇本，《哈

Shakespeare's Birthplace in Stratford　　　　William Shakespeare

姆雷特》、《羅密歐與茱麗葉》、《威尼斯商人》、《奧賽羅》、……等，給十六、七世紀的人們留下了革新、創新、挑戰黑暗、堅苦奮鬥的見證。

文藝復興是一個熱血奔放的時代，一個舊思想與新潮流衝突的時代；一個反黑暗、反封建，實現人性思想的時代；一個需要智慧膽量且敢於力博傳統束縛的時代。但丁、佩脫拉克、薄卡丘、達芬奇、哥白尼、哈依爾、米開朗基羅（Michelangelo, 1475-1564）、布魯諾（Giordano Bruno, 1548-1600）、賽凡提斯（Cervantes, 1547-1616）、莎士比亞、伽利略、……等，這些新時代的偉人，他們天賦異稟。他們以過人的膽識，戳破了宗教神學的謊言；照亮了昏暗的歐洲大地，解放了人們迷信和無知的恐懼。他們提振起空前的改革熱潮，為十七世紀資本主義的文明發展，奠定了堅實的基礎。為二十一世紀自然科學的輝煌成就，寫下了歷史的新頁。

4.4　一場數學風暴、一個歷史懸案

後文藝復興時代，歐洲的自然科學仍然在宗教束縛的泥濘中，堅苦的掙扎、萌芽和成長。掙脫了中世紀近千年意識型態的包袱之後，數學家們拖著疲累的身子、邁開沉重的步伐，迎向新世紀時代的來臨。在思想逐漸被解放之後，科學家們才得以毫無顧忌的在自己鑽研的領域裡，自由自在的盡情揮灑。悠遊於有如天馬行空般的、廣大而又無窮的數學世界。

繼哥白尼、伽利略之後，歐洲的數學家們，再也不那麼畏懼教

第四章　中古世紀歐洲數學的啓蒙

會勢力的威嚇。他們盡情陶醉在阿拉伯的幾何學與三角學裡。他們天天和印度的算學，以及代數學爲伍。他們以融會貫通中國的＜大衍求一術＞爲傲。他們不分晝夜的研讀，歐幾里得幾何原本、阿波羅牛斯的天文學，以及二次錐線的理論。每當在獲得一些重要的研究成果之時，他們總是會相互切磋砥礪，甚至於相互較勁。於是，短短不過十數年的光景，歐洲的數學家們便迫不及待的展現了他們無比的韌性和潛力。

終於，這些破繭而出的勇士們，挾持著蟄伏千年的銳氣，在純熟的東方科技基礎上跳躍式的前進，在數學相關領域上大放異彩。十六世紀初期，一元三次方程式是一道嶄新的課題。歐洲的數學家們給這道開謂菜，留下了劃時代的創舉。他們讓來自東方的數學貴族們，各個瞠目結舌。就在這樣一個關鍵的時刻裡，歐洲的數學家們各個熱血沸騰。他們奮勇的在神奇、陌生而又有趣的數學道上，追逐歐幾里得、阿波羅牛斯、劉徽的步伐摸索前進。

University of Bologna is located in the city of Bologna. It was the first university founded in the western world (AD 1088). The University of Bologna is historically notable for its teaching of canon and civil law.

果然，沒過多久，意大利北方的 Bologna 大學傳出了令人振奮的消息。數學系有位教授名爲費羅（Scipio del Ferro, 1465-1526）者，發現了一元三次方程式

$$x^3 + px = q, \quad p, q > 0$$

的解法。消息傳來，大家議論不休。頓時間，一元三次方程式成了學術界茶餘飯後的話題。有人認為，這是數學界的一大突破。但是，也有人認為，這是不可能的事情，想必是費羅在吹噓罷了。這種「酸葡萄式」的心理，必定是在當時大家力爭上游、唯恐落於人後的時代之下，所形成的一種競爭而又鬥爭的偏差現象。每當數學家在研究上有新的發現時，總是會擔心！擔心別人在得知自己的研發成果之後會迎頭趕上。因此之故，他們總是不喜歡將自己苦心經營的研究成果對外發佈。在這種心理因素的影響之下，費羅教授只對外宣稱得出了方程式 $x^3 + px = q$ 的解法。對於解題的公式，則除了他的學生菲奧爾（Fior）知情之外，他對外絕口不提。費羅教授把這個題目的解法隱藏了起來，以便日後在和其他的數學家競試的時候，當成致勝的秘密武器。

然而，自從 1494 年義大利數學家 Pacioli 認定，一元三次方程式為無解之後，整個義大利數學界遭受到空前的刺激。隨後，便興起了鑽研此一方程式的風潮。所以在當時，除了諸如費羅之流的大學教授外，只要對數學稍有接觸過的人，總是會想試試運氣。看看自己是否能夠異軍突起，得出結果而一舉成名天下知。果不其然，就在費羅教授宣稱得出方程式 $x^3 + px = q$ 的解法之後不久，義大利 Brescia 小鎮的一位中學數學老師豐坦那，在一場數學競試中，也石破天驚的得出了一般一元三次方程的解法。此消息一出，幾乎轟動了整個義大利學術界。大家於是競相追逐、詢問豐坦那，希望能夠問出個道理來。就這樣，學術界一場爾虞我詐的諜報戰於焉展開。一場在十六世紀開始，爭論了四個多世紀的歷史懸案，從此搬上了歐洲數學歷史的舞台。

第四章　中古世紀歐洲數學的啟蒙

備註

Niccolo Fontana Tartaglia (1499-1557).

　　During the French sack of Brescia (1505), his jaws and palate were cleft by a sabre. The resulting speech difficulty earned him the nickname Tartaglia ("Stammerer"), which he adopted. He settled in Venice in 1522 as a teacher of mathematics.

Niccolo Fontana Tartaglia

　　在連年戰亂不斷的時代，在備受異國軍隊欺凌的義大利。豐坦那（Niccolo Fontanna, 1499-1557）出生在一個叫 Brescia 的小鎮。西元 1505 年，法國大軍兵臨城下，義大利的各主要城鎮，一個接著一個都淪為殺戮戰場。強大的法國騎兵勢如破竹、有如秋風掃落葉般的，攻陷了義大利全國每一個角落。豐坦那的家鄉，Brescia 小鎮，當然也免不了遭受一場血腥鎮壓的命運。可憐的豐坦那，當時年僅六歲。為了躲避戰禍，父母親帶著年幼的寶貝兒子躲進了教堂。原本以為教堂聖地，法國軍隊應該不會在此進行屠殺。可是，令誰也都料想不到，殺紅了眼的鐵甲騎兵撞破了教堂的門牆。踩踏在殘垣瓦礫堆上，邪惡的敵人持續的尋找可以殲滅的每一活口。一場兵荒

馬亂、血腥的屠殺之後，Brescia 幾乎被夷為平地，……。到處瀰漫著戰後的煙霧，遠處一位劫後餘生的婦人，頭裹著布巾、步履維艱的在落日餘暉處，尋尋又覓覓。

可憐的婦人發現，丈夫去世了，旁邊躺著的是生命垂危、奄奄一息的豐坦那。見狀，母親傷心欲絕。慌亂中，這位無助的婦人抱起了豐坦那，兩眼茫然的急著想要找尋醫生的救助。可是，全城都毀了，那裡還能找得到醫療所呢？無助而又悲痛的母親，只得以自己的舌頭，在豐坦那受傷的每一部位舔傷。一吋、一吋的舔，一塊、一塊的舔，夜深了，母親還是抱著豐坦那不斷的舔，……。

終於，豐坦那奇蹟般的甦醒了過來，「得救了！得救了！」母親興奮之餘，高聲的喊著。可是，雖然活了過來，脖子上那一道深深的傷口，卻傷及了發聲韌帶，豐坦那從此再也不能和一般人一樣，順暢的說話了。此後「塔塔利亞」（Tartaglia，結舌難言之意）也就成了他的外號。時間久了，大家也就習慣如此稱呼他了。至於，他的本名「豐坦那」也就變得那麼不為人知，沒那麼重要了。

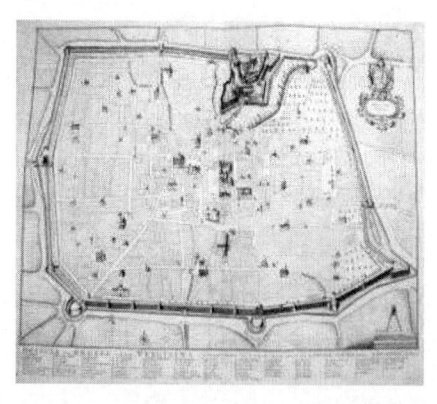

Map of Brescia in the early 18th century　　　　Old Cathedrals in Brescia

第四章 中古世紀歐洲數學的啓蒙

　　戰爭之後，Brescia 小鎮變得普遍貧困。失去了至親，做妻子的只得獨立，肩負起扶養塔塔利亞的責任。所幸，聰明乖巧的塔塔利亞，在母親辛勤的教導之下，奮發向上。他以極為堅強的意志力，堅定起信念，沉潛學術、自修成才。在學會了拉丁文以及希臘文的閱讀能力之後，塔塔利亞開始接觸阿拉伯的算學、古希臘的幾何學，以及東方的代數學等。那些奧妙的數學公式、美麗的數學語言，深深的打動了塔塔利亞求知的心靈和欲望。日復一日，年復一年，塔塔利亞長大了。在數學的領域上，塔塔利亞也由開始的陌生、慢慢的認知、而逐漸的開花結果。

　　西元 1522 年，在鎮長的擔保之下，幸運的塔塔利亞，被聘任為鎮上唯一的一所中學的數學老師。此後，塔塔利亞和媽媽的生活環境獲得了改善。塔塔利亞也因而能夠專心的繼續從事數學的教學和研究工作。當了數學老師之後，在教學相長的砥礪之下，塔塔利亞的邏輯思維能力變得更為清楚犀利。在數學研究開發上，塔塔利亞更是有了長足的進步。不過數年，他的聲名日漸遠播，連隔壁鎮的人都知道，Brescia 鎮有一位響叮噹的年輕數學家。

　　就在塔塔利亞聲名大噪之時，北方 Bologna 大學的費羅教授宣稱，得出了一元三次方程式，$x^3 + px = q$ 的解。塔塔利亞在得知此一事件之後，也全心全意的投入了求一元三次方程式解的研究行列。果然又過了數年，塔塔利亞在一元三次方程式的研究領域上有了堅實的研究成果。就在這時候，時值西元 1530 年的夏日。隔壁鎮上有一位名叫科拉的數學老師，想試探一下塔塔利亞是否真如大家傳聞中所言的那麼厲害。於是，科拉向塔塔利亞下了挑戰書。挑戰書上言明，雙方個別出三道數學題目給對手。並且約定，一個星期

之後再次會面，當場一較高下。

　　初次面臨挑戰，塔塔利亞毫不猶豫的接受了科拉的挑戰。隔天，科拉交給塔塔利亞的三道題目當中，有一個題目就是要塔塔利亞找出方程式 $x^3+6x=2$ 的一個實數根。這正是當時所有數學家們既感興趣而又都覺得頭痛的一元三次方程式的問題呢！科拉這傢伙真是不懷好意。不過，當塔塔利亞拿到這個問題的時候，並不覺得意外。其實，塔塔利亞在接受科拉的挑戰之前，對一元三次方程式的研究，早已經有了初步的心得。此次，他正好利用這個比試的機會，自我再鞭策、更加努力用功的專心研究一番。

　　果然，在經過三天三夜，日以繼夜、絞盡腦汁不斷的思考、頑強的拚鬥之後，塔塔利亞得出了方程式 $x^3+6x=2$ 的一個實數根為 $\sqrt[3]{4}-\sqrt[3]{2}$。真是謝天謝地，更要謝謝科拉這位不懷好意的傢伙。經過驗算之後，科拉十足的被嚇了一大跳，塔塔利亞給的居然是正確的答案！！！$Oh，my\ God！$

　　塔塔利亞成功的解出一元三次方程式的消息，立即傳遍了整個義大利和歐洲地區。此時，費羅教授的學生菲奧爾聽到之後，覺得非常的不服氣。菲奧爾既好奇而又擔心的問道：「是真的嗎？有那麼容易嗎？想當初我的老師花了多少年的時間才想出來的答案，豈是一個無名小卒隨便就能解答的呢？」此時，菲奧爾的心裡越想越不服氣。菲奧爾在氣急敗壞之餘，只得鼓起勇氣向塔塔利亞宣戰。

　　與上一次一樣，他們也約定個別給對方幾個題目，一個星期之後再當著大眾的面較量高下。相互約定之當晚，塔塔利亞心情沉著篤定。他知道，菲奧爾是鼎鼎大名的費羅教授的學生，而且塔塔利亞也深知，費羅教授擅長於 $x^3+px=q,\ p,\ q>0$ 類型的方程式。

第四章　中古世紀歐洲數學的啓蒙

所以，塔塔利亞就以此而擇定主攻對手的題目。他選取了幾道型同 $x^3 = px + q, p, q > 0$ 之類的方程式。另外，再配上幾題有如標準型式 $x^3 + ax^2 + bx + c = 0$ 的三次方程式的題目。天啊！這那裡是菲奧爾所能辦得到的題目啊！除了 $x^3 + px = q$ 型態的題目之外，菲奧爾根本就沒有接觸過如 $x^3 = px + q$ 或是 $x^3 + ax^2 + bx + c = 0$ 的題目。

　　這下子可要如何是好呢？接下來的一個星期當中，菲奧爾真是心急如焚，絞盡腦汁也無法解出半個題目。反觀，塔塔利亞就輕鬆多了。只因為菲奧爾所給的題目，大都屬於 $x^3 + px = q$ 的類型。所以，塔塔利亞做起來當然是得心應手、輕鬆自在。相約會試的大日子到了，塔塔利亞信心滿滿的走進教堂等候比試。可是，大家等了好久！仍不見菲奧爾的身影。就在公證人要宣判塔塔利亞獲勝的時候，菲奧爾才拖著沉重的步伐、頭低低的出現在比賽會場。很顯然的，費羅教授的得意門生，菲奧爾輸了這一場競試。

　　塔塔利亞再次獲勝的消息，又一次震驚了歐洲的學術界。當時，住在米蘭市的另外一位意大利數學家，卡爾丹諾（Girolamo Cardano, 1501-1576），當天也在比試現場觀戰。他親眼看到，塔塔利亞獲勝的現場實況。他嘖嘖佩服於塔塔利亞敏銳、犀利而又神奇的解題手法。比賽之後，卡爾丹諾下定決心，心想改天一定要專程拜訪塔塔利亞，以便向塔塔利亞請教有關一元三次方程式的解題公式。

　　起初，和其他數學家一樣，塔塔利亞當然堅持，不願向外公開此一解題公式。然而，卡爾丹諾並沒有因此而作罷。一次要求不成，下次再來，下次不成，再下一次也不妨。果然，就在卡爾丹諾

一再的發誓和保證,絕對不會將秘密洩露給別人知道的情況之下,塔塔利亞將解題公式告訴了卡爾丹諾。拿到了解題公式,卡爾丹諾欣喜若狂、喜出望外。可是,萬萬想不到,才不過幾年的時間,卡爾丹諾就把當時與塔塔利亞之間的承諾,拋到九霄雲外,忘得一乾二淨。

Girolamo Cardano

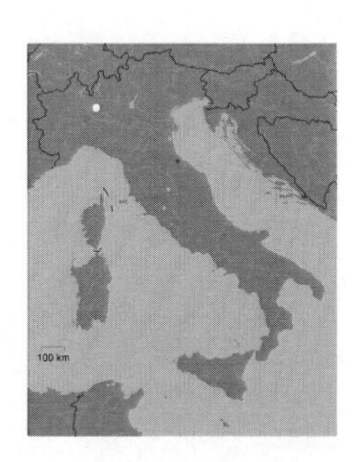

米蘭市的地理位置

備註

(Girolamo Cardano, 1501-1576) was a celebrated Italian Renaissance mathematician, physician, astrologer, and gambler. A mathematically gifted lawyer was a friend of Leonardo da Vinci. In his autobiography, Cardano claimed that his mother had attempted to abort him. Shortly before his birth, his mother had to move from Milan to Pavia to escape the plague; her three other children died from the disease.

第四章　中古世紀歐洲數學的啟蒙

　　西元 1542 年，卡爾丹諾出版了一本書，書名叫《大藝術》（*Ars Magna*）。卡爾丹諾在書中的第十一章，詳細的解說了一元三次方程式之一般求根的公式。沒想到，卡爾丹諾是這麼一位不遵守約定、如此背信忘義的學術界人士。卡爾丹諾的所有作為激怒了塔塔利亞，塔塔利亞當時氣的簡直無法言語。在不得已的情形之下，塔塔利亞只得主動的向卡爾丹諾下挑戰書。

　　新的一場數學風暴似乎即將開展。然而，善於心計而又狡猾的卡爾丹諾，怎麼敢正面迎戰呢？倒是卡爾丹諾的學生，費拉里（Ludovico Feilali，1522-1565）挺身而出，竭力地為他的老師辯護。費拉里辯稱，《大藝術》書中的靈感全來自於費羅教授的大作。我們的老師並沒有所謂的背信忘義之舉。請塔塔利亞閣下，勿誇大其詞而言過其實。這實在是一場沒有受到著作權保護法保護的官司。該如何才能還原真相呢？每到夜晚，塔塔利亞想到這件事情，就被氣的簡直無法入眠。於是，塔塔利亞決定起程前往米蘭市，要求當面和卡爾丹諾進行辯論。

　　雙方約定好的辯論會就要開始了。可是，卻仍然沒有看到卡爾丹諾的出現。原來，卡爾丹諾心裡一直都在盤算著，不願意被捲入這場永無休止的爭論當中。所以，卡爾丹諾特別派遣了能言善道、伶牙俐齒的費拉里出面迎戰。好吧，卡爾丹諾既然不願出面，那麼當著大家的面，和他的學生講個清楚也可以。等到觀眾都定位之後，塔塔利亞便急著上台向觀眾陳述事實。他說出了幾年前，卡爾丹諾對他所約定過的承諾。他並且一一的指出了卡爾丹諾在《大藝術》書中有關一元三次方程式在解題上所作的抄襲，以及所犯的邏輯上的錯誤。塔塔利亞對卡爾丹諾的犯行，指證歷歷。然而，儘管

塔塔利亞講的頭頭是道、罪證確鑿、精彩萬分，卻不見台下聽眾的掌聲。反倒是噓聲四起。全場鬧哄哄的指責塔塔利亞所言不實。原來，他們全都是費拉里請來的職業聽眾。他們狂呼亂吼，企圖影響塔塔利亞的發言。可憐的塔塔利亞，六歲那年因戰事受傷而造成的口吃，使得他根本就無法在這種情形之下，順利的進行抗辯。莫可奈何的他，悄悄的走下了講台，憤憤不平的離開了傷心之地。

Milan Cathedral is one of the largest cathedrals in the world (14,000 square yards)

　　塔塔利亞走了，卡爾丹諾和費拉里反倒成了勝利者般的被擁戴、被歡呼。《大藝術》書中，有關一元三次方程式的求根公式，也就因而被人們誤稱為「卡爾丹諾公式」（Cardano's formula）直到現在。這個官司是人類數學發展的過程當中，一直無法獲得公平解決的歷史懸案。這是歷史對原創者，塔塔利亞（豐坦那）極為不公平、極為殘酷的誤判。

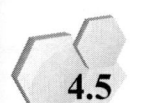

4.5 一元三次方程式及卡爾丹諾公式

卡爾丹諾的自畫像

　　米蘭大學的數學教授。除了數學之外，卡爾丹諾對於醫術、占星術、命相學、心理學也都有特別的偏好。在課堂上，他是博學多聞、侃侃而談的紳士。出了校門，他是賭窟裡的常客、達官顯要面前的小丑、街坊小鎮的江湖術士。他曾經編寫過一本書《Games of Chance》，主要宣揚賭博的技巧和樂趣。在深宮後院，他充分展現逢迎拍馬的身段，與達官貴人占星論爵。在街頭巷尾，他堅信符咒、靈異、怪誕之事，醉心於命相之術。

　　九章算術之『勾股章』中，

有言曰：今有户，高多于廣六尺八寸，兩隅相去適一丈。
　　　　問户高、廣各幾何？
答曰：廣二尺八寸，高九尺六寸。

又曰：今有戶不知高廣，竿不知長短。橫之不出四尺，從之不出二尺，邪之適出。

問戶高、廣、袤各幾何？

答曰：廣六尺，高八尺，袤一丈。

這是《九章算術》之「勾股章」中的兩道題目。在 3.2 節的《九章算術》中，我們對前述這兩道題目已經有詳細的解說。下面，我們再回憶一下先前的說明。其中，第一道題目講的是，假設該戶之高為 x，廣為 y，那麼由下圖可以得出式子如下，

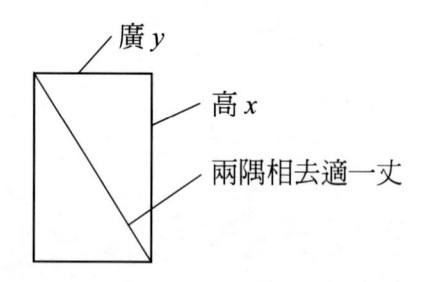

$$\begin{cases} x - y = 6.8 \\ x^2 + y^2 = 100 \end{cases}$$

將上述式子化減之後得，

$$y^2 + 6.8y - 26.88 = 0$$

另一道題也是如此，假設戶之袤為 x，則其寬與高分別為 $x-4$ 與 $x-2$。也因此，由下圖得知，

第四章　中古世紀歐洲數學的啓蒙

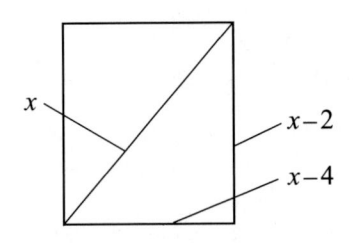

$$x^2 = (x-2)^2 + (x-4)^2$$

或爲 $x^2 - 12x + 20 = 0$

這兩道題目很清楚的告訴我們，大約在兩千年前，中國在解二次方程式方面，就已經有顯著的成就。可惜的是，從那時候起，歷經劉徽、王番、何承天，一直到明朝的顧應祥、程大位等，爲時一千四、五百年當中，除了「開立圓」以及「開立方」的技巧之外，中國在三次方程方面幾乎乏善可陳。若眞要說有所著墨的話，勉強可以提及的，頂多是唐朝初期的數學家王孝通者。他曾經研究過一元三次方程，$x^3 + ax^2 + bx = c，a, b, c > 0$ 的解法。可惜的是，中國歷史書上卻沒有留下任何計算方面的相關記錄。所以，無論是義大利的費羅教授也好，或者是 Brescia 小鎭的中學數學老師，塔塔利亞也罷，若論及一元三次方程的研究發明方面來說，都可以代表著歐洲的數學在十六世紀初期已超越了中國的既有成就。

然而，問題在於，假設五百年前的歐洲，要是沒有善於心計的卡爾丹諾的話，那麼就算是再厲害的費羅，或者是再聰明的塔塔利亞，都可能因爲他們不願對外公開研究所得成果，而喪失了延續數學生命的先機。甚至於阻礙或是延誤了人類發展科技文明的步調。所幸詭譎多變、引起衆人爭議的數學家，卡爾丹諾想盡了辦法要將

209

三次方程的解法公諸於世，才使得這個研究成果能夠正式成為所有數學家的公共財產。如此一來，新一代的數學家便可以在新的起點上，繼續新的創造和開發。而無需重複勞動，浪費數學家們有限的生命與智慧。

從上述這個觀點來看，筆者倒認為，歷史似乎應該給予卡爾丹諾多一點正面的評價。至於，諸如逢迎拍馬、行徑可恥、賭窟裡的常客、街坊小鎮的江湖術士、達官顯要面前的小丑等，有損科學家們應有的操守之評論，對卡爾丹諾來說，似乎是太嚴苛了一點。

下面就讓我們一起來欣賞《大藝術》一書中有關三次方程式的求根公式，也就是所謂的「卡爾丹諾公式」。首先，它是由下列特殊的一元三次方程式開始做起的。

$$x^3 + px = q, \quad p, q > 0$$

卡爾丹諾說，假若 s 及 t 為任意二數，使得 $x = \sqrt[3]{s} - \sqrt[3]{t}$ 為方程式

$$x^3 + px = q$$

之一個根的話，則可得出下列式子

$$(\sqrt[3]{s} - \sqrt[3]{t})^3 + p(\sqrt[3]{s} - \sqrt[3]{t}) = q$$

將此式展開之後得，

$$s - 3(\sqrt[3]{s})^2(\sqrt[3]{t}) + 3(\sqrt[3]{s})(\sqrt[3]{t})^2 - t + p(\sqrt[3]{s} - \sqrt[3]{t}) = q$$

再經過整理之後得，

$$(s-t) - 3(\sqrt[3]{s})(\sqrt[3]{t})((\sqrt[3]{s}) - (\sqrt[3]{t})) = q - p(\sqrt[3]{s} - \sqrt[3]{t})$$

觀察上述式子，經過係數比較之後，得出下列聯立方程式，即

$$\begin{cases} s-t=q \\ 3(\sqrt[3]{s})(\sqrt[3]{t})=p \end{cases}$$

或

$$\begin{cases} s-t=q & (1) \\ st=(\dfrac{p}{3})^3 & (2) \end{cases}$$

今，由 (1) 式，得，$s=q+t$，代入 (2) 式，得，

$$(q+t)t=(\dfrac{p}{3})^3$$

$$\Rightarrow \quad t^2+qt-(\dfrac{p}{3})^3=0$$

現在利用一元二次方程式之求根公式，得

$$t=\dfrac{-q\pm\sqrt{q^2+4(\dfrac{p}{3})^3}}{2}=\pm\sqrt{(\dfrac{q}{2})^2+(\dfrac{p}{3})^3}-\dfrac{q}{2}$$

今若 $t=+\sqrt{(\dfrac{q}{2})^2+(\dfrac{p}{3})^3}-\dfrac{q}{2}$

則

$$s=q+t=+\sqrt{(\dfrac{q}{2})^2+(\dfrac{p}{3})^3}+\dfrac{q}{2}$$

那麼

$$x=\sqrt[3]{s}-\sqrt[3]{t}=\sqrt[3]{\sqrt{(\dfrac{q}{2})^2+(\dfrac{p}{3})^3}+\dfrac{q}{2}}-\sqrt[3]{\sqrt{(\dfrac{q}{2})^2+(\dfrac{p}{3})^3}-\dfrac{q}{2}} \quad (3)$$

即為方程式 $x^3+px=q$ 之一實數解。

又若

$$t = -\sqrt{(\frac{q}{2})^2 + (\frac{p}{3})^3} - \frac{q}{2}$$

則

$$s = q + t = -\sqrt{(\frac{q}{2})^2 + (\frac{p}{3})^3} + \frac{q}{2}$$

那麼

$$\begin{aligned}x &= \sqrt[3]{s} - \sqrt[3]{t} = \sqrt[3]{-\sqrt{(\frac{q}{2})^2 + (\frac{p}{3})^3} + \frac{q}{2}} - \sqrt[3]{-\sqrt{(\frac{q}{2})^2 + (\frac{p}{3})^3} - \frac{q}{2}} \\ &= -\sqrt[3]{\sqrt{(\frac{q}{2})^2 + (\frac{p}{3})^3} - \frac{q}{2}} + \sqrt[3]{\sqrt{(\frac{q}{2})^2 + (\frac{p}{3})^3} + \frac{q}{2}}\end{aligned} \qquad (4)$$

亦為方程式 $x^3 + px = q$ 之一解。

但是，同學們請注意，(3) 式與 (4) 式是相同的。

所以，我們總結

$$x = \sqrt[3]{\sqrt{(\frac{q}{2})^2 + (\frac{p}{3})^3} + \frac{q}{2}} - \sqrt[3]{\sqrt{(\frac{q}{2})^2 + (\frac{p}{3})^3} - \frac{q}{2}}$$

為方程式 $x^3 + px = q$ 之一實數根。

附註

　　一元三次方程式，它可能有三個實數根。至於其他兩個實數解，可以利用綜合除法得出。也就是說，假設 $x = \alpha$ 為 $x^3 + px - q = 0$ 之一根，則式子 $x^3 + px - q$ 可以被分解為

$$x^3 + px - q = (x-\alpha)(x^2 + ax + b)$$

然後，以二次式之根的解法，將另外兩個實數根求出。

利用這樣一個既古老而又有智慧的三次方程式的解題公式，我們真迫不及待的想看看幾個練習題目。

例 4-1：

求方程式 $x^3 + 6x = 2$ 之一實數根。

解：

$$t = \sqrt{(\frac{q}{2})^2 + (\frac{p}{3})^3} - \frac{q}{2} = \sqrt{(\frac{2}{2})^2 + (\frac{6}{3})^3} - \frac{2}{2} = 2$$

$$s = q + t = 2 + 2 = 4$$

所以

$$x = \sqrt[3]{s} - \sqrt[3]{t} = \sqrt[3]{4} - \sqrt[3]{2}$$

即為本方程式之一實數根。

在費羅教授解這類型題目之當時，為何要求 p 與 q 都為正數呢？負的不行嗎？他擔心的是甚麼呢？咱們就拿下面的例子來說吧！

例 4-2：

求方程式 $x^3 + 9x = -6$ 之一實數根。

解：

$$t = \sqrt{(\frac{q}{2})^2 + (\frac{p}{3})^3} - \frac{q}{2} = \sqrt{(\frac{-6}{2})^2 + (\frac{9}{3})^3} - \frac{-6}{2} = 9$$

因此

$$s = q + t = -6 + 9 = 3$$

所以按照公式 (3)

$$x = \sqrt[3]{s} - \sqrt[3]{t} = \sqrt[3]{3} - \sqrt[3]{9}$$

為本方程式之一實數根。

檢驗：

$$(\sqrt[3]{3} - \sqrt[3]{9})^3 + 9(\sqrt[3]{3} - \sqrt[3]{9})$$
$$= 3 - 9 + 3(\sqrt[3]{3})^2(\sqrt[3]{9}) - 3(\sqrt[3]{3})(\sqrt[3]{9})^2 + 9\sqrt[3]{3} - 9\sqrt[3]{9}$$
$$= -6$$

確實沒錯！？？？

別急！問題並非那麼單純。現在，假若我們以 $x^3 - 6x = 2$ 為例的話，會有什麼結果呢？

$$t = \sqrt{(\frac{q}{2})^2 + (\frac{p}{3})^3} - \frac{q}{2} = \sqrt{(\frac{2}{2})^2 + (\frac{-6}{3})^3} - \frac{2}{2} = \sqrt{-7} - 1$$

　？？？

五百年前，$\sqrt{-7}$ 是什麼東西？當時是沒人知道的。這也正是費羅教授所擔心的地方。其實，有關 $\sqrt{-1}$ 這個東西：

214

第四章　中古世紀歐洲數學的啟蒙

1. 西元 850 年，印度的數學家，Mahavira 曾經說過，「*As in the nature of things, a negative is not a square, it has no square root*」。

2. 西元 1545 年的時候，卡爾丹諾曾經研究這樣一個問題，「*Divide 10 into two parts such that the product is 30*」結果顯示，該二數為，$5 + sq(-5)$ 以及 $5 - sq(-5)$。對於這樣一個結果，卡爾丹諾說：「*As subtle as it would be useless.*」（精細到它將是無用的東西）。

3. 西元 1630 年左右，笛卡爾（René Descartes）發明了「the real」以及「the imaginary」的名詞用語之後，complex numbers 的基礎詞彙，才得以奠定。

4. 西元 1702 年，萊布尼茲（Gottfried Leibniz）對 complex numbers 有這樣一段，既讚美而又迷惑的描述，「*That wonderful creature of an ideal work, almost an amphibian between things that are and things that are not.*」（完美研究之後的絕妙產物，幾乎是介於存在和不存在之間的兩棲動物）。

5. 西元 1777 年，俄羅斯偉大的數學家尤拉（Leonhard Euler）首開，符號 i 與 $-i$ 的使用，從而開啟了複數體系領域的視窗。

6. 西元 1833 年，漢彌爾頓（William Hamilton）純熟又貼切的定義了 $a+bi$ 以及相關的四則運算，繼而形成了完整的複數體系。

卡爾丹諾為了避免讓上述似乎存在、似乎又不存在的兩棲動物出現，在《大藝術》書中，他解決了與費羅教授的典型稍有所不同類型的三次方程。

那也就是,

$$x^3 = px + q, \quad p, q > 0$$
$$x^3 + px + q = 0, \quad p, q > 0$$

以及,$x^3 + q = px, \quad p, q > 0$

除了前面所列舉的型式之外,《大藝術》書中還特別展現了塔塔利亞的一般標準型的三次方程,$x^3 + ax^2 + bx + c = 0$ 的解法。該書首先介紹,如何將標準型式 $x^3 + ax^2 + bx + c = 0$ 轉換成 $x^3 + px = q, p, q > 0$,$x^3 = px + q, p, q > 0$,$x^3 + px + q = 0, p, q > 0$,或是 $x^3 + q = px, p, q > 0$ 之特殊式子之後,再按照前述例題的做法,求出它的根。

卡爾丹諾在書中如此解釋說,若令 $x = w - \dfrac{a}{3}$,則方程式

$$x^3 + ax^2 + bx + c = 0$$

將變成 $(w - \dfrac{a}{3})^3 + a(w - \dfrac{a}{3})^2 + b(w - \dfrac{a}{3}) + c = 0$

$$\Rightarrow w^3 - 3w^2(\dfrac{a}{3}) + 3w(\dfrac{a}{3})^2 - (\dfrac{a}{3})^3 + aw^2 - \dfrac{2}{3}a^2w + \dfrac{a^3}{9} + bw - \dfrac{ab}{3} + c = 0$$

$$\Rightarrow w^3 + (\dfrac{a^2 - 2a^2}{3} + b)w - ((\dfrac{a}{3})^3 - \dfrac{a^3}{9} + \dfrac{ab}{3} - c) = 0$$

$$\Rightarrow w^3 + (b - \dfrac{a^2}{3})w = \dfrac{ab}{3} - \dfrac{2a^3}{27} - c$$

此時假若

$$p = (b - \dfrac{a^2}{3}), \quad q = \dfrac{ab}{3} - \dfrac{2a^3}{27} - c \qquad (5)$$

則原標準型的三次式 $x^3+ax^2+bx+c=0$，將依 p 和 q 的正、負符號而轉變成 $w^3+pw=q$，$w^3=pw+q$，$w^3+q=pw$，$w^3+pw+q=0$ 等之特殊式子。有關這樣一個標準類型，我們不妨也來試試一個例題。

例 4-3：

求方程式 $x^3+3x^2+6x+2=0$ 的一個實數解。

解：

令，$a=3, b=6, c=2$，則由 (5) 式得，

$p=6-3=3$，$q=6-2-2=2$

所以當 $x=w-\dfrac{a}{3}$ 時，原式變成 $w^3+3w=2$。

接著，再由之前例題的方法（$p=3, q=2$）得出

$t=\sqrt{(\dfrac{q}{2})^2+(\dfrac{p}{3})^3}-\dfrac{q}{2}=\sqrt{(\dfrac{2}{2})^2+(\dfrac{3}{3})^3}-\dfrac{2}{2}=\sqrt{2}-1$

$s=q+t=2+\sqrt{2}-1=\sqrt{2}+1$

如此一來，

$w=\sqrt[3]{\sqrt{2}+1}-\sqrt[3]{\sqrt{2}-1}$，即為 $w^3+3w=2$ 的一個實數解。

因而，

$x=w-\dfrac{q}{3}=\sqrt[3]{\sqrt{2}+1}-\sqrt[3]{\sqrt{2}-1}-1\cong -0.40393$

即為 $x^3+3x^2+6x+2=0$ 的一個實數解。

數學的研究工作是永續不斷的。所以，它在任何一個階段所得出來的研究成果，應該是被傳承下去的。就如文藝復興之後的歐洲，科學界在大鳴大放的情境之下，果實纍纍。然而，要是這些豐碩的果實都吝惜於和大家共同分享的話，那麼人類的演進將會是緩慢的；科學的成長也將會是停滯不前的。就在卡爾丹諾公開費羅教授和塔塔利亞老師的秘密之後，歐洲的數學家們於是得以在三次方程式的基礎上，進行更高次方程式的解題與其他相關領域的研究。歐洲的科學技術也因而得以在短短的四、五百年間，不僅超越了東方，而且躍居執世界牛耳的地位。

第五章

巨人的鋒芒──近代科技的始祖

文藝復興運動之後,數學在歐洲有如脫韁野馬般的,衝破了箝制思想的藩籬。大鳴大放之後的結果,產生了石破天驚的重大變革。數學家們前仆後繼的把數學的巨輪,從傳統簡單的幾何泥沼中破繭而出。在開創新的代數學之後,這一列快速列車駛向了解析幾何的領域。他們將傳統有限的純幾何概念,推向無窮奧妙的非傳統空間。他們絞盡腦汁,苦心積慮的發展出《流數術》,繼而奠定了現代分析學的基石。除此之外,歐洲的數學界更把代數學的視野提昇到多樣、靈活、而又廣闊的高等代數,以及代數拓樸的境界。所有跟著而來的一切表現,無不充分展現了十七、十八世紀科學家們寬廣的胸襟。他們尖銳的觀察,以及細膩的思維能力,無不充分展現了終身投注科學,無私無我、無怨無悔,奉獻科學的犧牲精神。

假如,沒有這一批巨人般的科學家徹夜匪懈的努力;又假如,沒有這一批執著而且堅定信念的科學家前仆後繼的辛勞;中古世紀人類迷信宗教的無知,將持續蔓延。那麼,人類科學文明的進展,無疑的亦必將延遲十數年,或百年甚或千年。因而,《流數術》也將必定仍然是一個未知的名詞。當然,分析學也將因而無從生根、無從發展。在沒有分析學為基礎的情況之下,一些工程上的應用科學,如電磁場學、應用力學、流體力學、工程數學、……建國百年等,也必將無以開創。人類現代的文明更將因而永不到來。這些血

性的硬漢，這些默默耕耘、從不問收穫的數學家們，都值得後世之人為文記載其崇高的志節，以聊表吾輩對其讚揚之敬意。儘管書文有短缺之嫌，但敬意卻無限長遠。吾等只得擇要載述個別階段性中，較具有代表性的人物和事蹟與讀者共同分享。

5.1　代數學的先知——笛卡爾
5.2　謎一樣的數學家——費馬
5.3　流數術的發明——牛頓
5.4　另一位微積分英雄——萊布尼茲
5.5　俄羅斯偉大的數學家——尤拉
5.6　柯尼斯堡城的數學遊戲

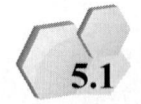

5.1　代數學的先知——笛卡爾

笛卡爾（René Descartes, 1596-1650）出生在法國南部 La Haye 鎮一個古老的貴族家庭。父親是地方議會的評議委員，笛卡爾在家排行老二。從小，笛卡爾總是體弱多病。因此，身材稍嫌瘦小，頭部也就令人感覺略為偏大。正因為如此纖弱的體質，所以每天他都需要有充分的睡眠，以補體力之不足。至於在學校嘛，父親也都會央求老師准許笛卡爾每天可以晚一點到學校。這個晚起的習慣，直到長大之後仍然沒有改變。傳聞中，笛卡爾曾經這麼說過：「為了能夠做好數學的研究工作，而又能保有健康的身體，唯一的辦法就是，每天早上在我睡飽之前，不要讓任何人叫醒我。」

第五章　巨人的鋒芒—近代科技的始祖

René Descartes　　　　　　　La Haye, France

附註

　　一位哲學家 René Descartes（Mar. 31, 1596 –Feb. 11, 1650） 曾經說道：「*If you would be a real seeker after truth, it is necessary that at least once in your life, you doubt, as far as possible, all things.*」。笛卡爾經常被稱為現代科學之父。對於哲學與科學，他建立了一套新的思維。他拒絕接受，由情緒性的直覺感受所產生的概念。他只承認，能夠被理論證明，或者從觀察中被系統的推導出來的概念。他總是以 "I think, therefore I am." 為他研究哲學的起始點。

He took as his philosophical starting point the statement – "I think, therefore I am." Descartes made major contributions to modern mathematics, especially in developing the Cartesian coordinate system and advancing the theory of equations.

　　西元 1604 年八月，笛卡爾進入教會學校，開始他的啟蒙教育。從那時候起，天資聰穎的笛卡爾很快的就體會到獨立思考的重要性。在學校的時候，每一得空，他總是喜歡到圖書室看書。對於書

上一些有趣的記載，他總是會似懂非懂的認真思索。每當遇到疑問的時候，他也總是會打破沙鍋、追根究柢。他堅決相信，「為了要得出真理，每個人做任何一件事情，都必須從懷疑開始，包括懷疑自己的存在。」對於千萬事物的看法，笛卡爾更是有他一套獨到而又深刻的體認。他說，「我思，故我在。」（I think, therefore I am.）這是一句一直流傳到現在，且大家都能耳熟能詳的世界名言。所以，每當書讀得越多的時候，笛卡爾存在心理的疑問也就越多。

很可惜的是，當時沒有人能夠用心的了解笛卡爾的疑問。當然，也就因而沒有人能夠對笛卡爾的疑問，給與特別的輔導。如此一位優秀的天才，十六歲的笛卡爾帶著滿腹不解的疑問，離開了中等學校。

西元 1617 年，笛卡爾已經長大成人。當時的法國社會，流行著一種想法。那就是，一般法國的男人長大之後，在職業上不外乎有兩種選擇。要不就是到教會，學習當傳教士；要不就去從軍，謀求一官半職。在各方考量之下，笛卡爾選擇了軍旅生活。1617 年的某一天，那是酷熱難耐的夏日，二十一歲的笛卡爾跟隨著法國皇家軍隊進駐荷蘭。正如大家所了解的一樣，士兵的生活是單調的、艱難的、索然無味的。因此，笛卡爾總覺得整天無所事事，到處閒逛。

有一天，笛卡爾來到荷蘭南部一個名叫布雷達（Breda）的小鎮。遠遠望去，他看到一群人在街道的角落擠成一堆。好奇的笛卡爾驅身上前，探查究竟。原來，大家交頭接耳高談闊論的是佈告欄上所張貼的數學競賽題目。聽不懂荷蘭語的笛卡爾，順手攔下迎面而來的一位學者模樣的陌生人，並且向其詢問，「請告訴我，佈告欄上寫的是些甚麼東西？」這位陌生人以不屑的眼光，從上到下瞄

第五章　巨人的鋒芒—近代科技的始祖

了笛卡爾一眼。心想，「你這莽撞的毛頭小伙子，竟然也想來湊熱鬧？」於是，這位陌生人以輕蔑的口吻向笛卡爾說：「你要答應，能夠用心的回答佈告欄的題目，我才告訴你。」笛卡爾應允之後才了解到，原來這是一個向全世界挑戰的幾何難題。笛卡爾得知緣由後，飛也似的奔回住處開始解題。首次與外界的數學家們接觸，他感覺既好奇又興奮。這回，他覺也不睡，整個晚上都圍繞著題目在思考。

　　果不其然，費盡心思之後，笛卡爾解出了這個世界級的幾何難題。第二天清晨，笛卡爾興奮異常，急忙的找到了昨天那位陌生人。笛卡爾把解題的結果告訴了陌生人之後，那位自認不凡的學者大吃一驚，覺得這實在是太不可思議了。此時，那位學者模樣的陌生人，再也不敢小看笛卡爾了。他很有禮貌的向笛卡爾自我介紹。原來，他就是荷蘭學院 Dort 分校的校長，畢克門（Isaac Beeckman）教授。畢克門告訴笛卡爾說：「你解出了難題，你不僅可以得到獎金，而且也將因而大出風頭。」可是，笛卡爾並不那麼在意獎金或者出風頭的事。他只盼望能夠有機會和畢克門教授多多請益數學。於是，笛卡爾將解答交給了畢克門教授。笛卡爾並且向教授做了上述的要求。當然，畢克門教授欣然的接受了笛卡爾的要求。他應允笛卡爾說：「只要你有空，隨時歡迎你，到我的住處或是辦公室閱讀我的書籍，並且和我共同切磋數學。」就從這時候開始，笛卡爾與畢克門教授成了非常要好的朋友。只要笛卡爾在數學上有任何疑問的時候，畢克門教授總是不厭其煩、毫不吝嗇的給予笛卡爾適當的開釋和解說。日子久了，笛卡爾在畢克門教授的指導下，對數學越來越產生濃厚的興趣。

日子一天天的過去，此時，笛卡爾感覺到軍旅生活對他來說，真是索然無味，簡直是虛擲光陰罷了。因此之故，笛卡爾曾經一度興起離開軍隊的念頭。然而，在父母親以及傳統觀念的影響之下，笛卡爾不得不繼續待在軍中，並且利用空閒時間，繼續從事他的數學研究工作。

　　西元 1619 年的秋天，笛卡爾隨著部隊移防到德國南方的 Neuberg。那時，正值收穫的季節。村婦們在田野上拾起一串串的稻穗、一根一根的麥禾。此種景象，看在笛卡爾的眼裡，他的腦海中，剎時間湧現出莫名的啟示。這個啟示讓笛卡爾聯想到，在古老的地圖上人們所畫上的經線和緯線。一條經線從北而南直直的往下劃去；一條緯線由東而西，與上述經線之交點處，決定了地球上某一個地方的位置。從這個概念中，笛卡爾似乎即將領略出，一個突破性的發展。這個突破性的概念，雖然呼之欲出，但是卻也不是那麼的具體。笛卡爾白天在想，夜晚也在想。深怕這個呼之欲出的發現，突然間會離開他的腦海。面對著廣闊的農田，笛卡爾天天都在思考。

Neuberg, Germany

第五章　巨人的鋒芒—近代科技的始祖

就在 1619 年 11 月 10 日的清晨，笛卡爾仍然躺在床上繼續的想著。忽然間，他看到天花板上一隻飛行的昆蟲，繞著屋子飛行。一會兒飛行、一會兒停在牆壁上爬行。此時，笛卡爾似乎抓住了一個完整的構想。笛卡爾把兩面互相垂直的牆壁之交會處所構成的直線與地面為軸，正確的描繪出該飛行蟲的位置。頃刻間，笛卡爾完全領悟出了箇中的道理。原來，這正是一個所謂的座標系統（coordinate system）。想著、想著，笛卡爾從抽屜裡拿出了紙和筆。在紙上，笛卡爾畫出了兩條一縱、一橫互相垂直的直線。他稱橫的為橫軸（abscissa）或是 $x-$軸；他稱縱的為縱軸（ordinate）或叫 $y-$軸。

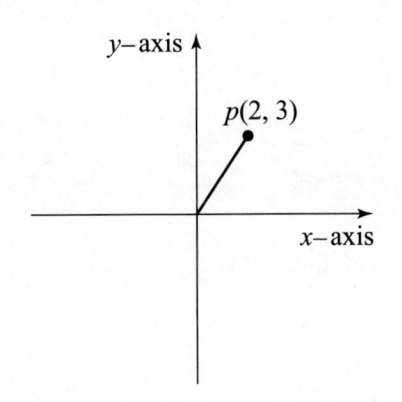

不得了啊！笛卡爾發明了「座標平面」（the coordinate plane）啦！笛卡爾在 $x-$軸以及 $y-$軸上，分別標上了刻度。如此情形之下，人們便可以明確的以一對數字來表示平面上的任何一點。如圖中的 p 點，我們可以 $(2, 3)$ 來表示。反過來說，相關於任何一對數字 (x, y)，我們也可以在 $xy-$座標平面上，找到一點與之相對應。這個劃時代的發明，後世之人將其稱為 Cartesian coordinate system，用以表彰笛卡爾 Descartes 的卓越貢獻。

有了這個座標平面，笛卡爾得以把傳統裡兩門各自發展的代數學和幾何學緊密的結合在一起。有了這個座標平面，很多抽象的代數式子都可以輕鬆的用平面上的幾何圖形來表示。當然，數學家們也因而可以將一些幾何圖形或是幾何題目轉換成代數式子之後，用代數的方法解析幾何圖形的意義了。笛卡爾這個傑出的貢獻，改變了古代科學家們在幾何學上所建立起的刻板印象。當然，也打破了代數學一直處於幾何學附庸的傳統觀念。從此，代數學更展現了它的優越特性，使得它的美感深深的打動了所有數學家的心。代數也因而成了科學家們研究幾何學時的利器，為現代科技做出了卓越的貢獻。十九世紀，倡論自由的大哲學家，約翰彌爾（John Stuart Mill, 1806-1873）將笛卡爾的這項發明評論為：「在精緻科學進展的過程當中最偉大的一步。」（*The greatest single step ever made in the progress of the exact sciences.*）。

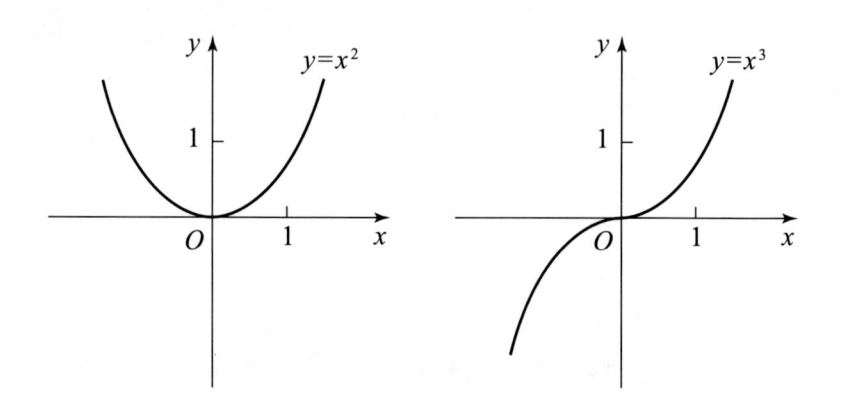

西元 1621 年的春天，笛卡爾辭去了軍職之後，暫時居住在巴黎。在那裡，笛卡爾還是專心的繼續從事純粹數學的研究工作。閒

第五章 巨人的鋒芒—近代科技的始祖

暇之時，笛卡爾偶爾也會參加一些社團的活動。西元 1628 年，在一席閒暇的談話中，笛卡爾的才華深深感動了辯論會（Oratorians）的創辦人 Cardinal de Berulle。當下，Berulle 極力的邀請笛卡爾加入一個當時頗具知名的、頗具社會影響力的時政評論性社團。那是當時大家所熟知的真理審核委員會（Examination of truth）。笛卡爾在應允之後，採取了 Berulle 的建議搬遷到荷蘭，以避免外界過多的干擾。

在荷蘭，他一住就住了二十年。這些年裡，笛卡爾全心全力的投入了數學和哲學的研究工作。前四年，笛卡爾寫了《Le Monde》著作。書中，笛卡爾企圖把宇宙的自然理論給具體化。但是，他發現此一理論將會讓他與教會產生敵意，因而作罷、停止出版。西元 1638 年，笛卡爾倒是出版了一本《宇宙科學》的論文集，書中他再一次的介紹了宇宙自然界的理論，並且陳述了有關解析幾何的發明。1641 年的《冥想》（Meditationes）一書，更進一步的闡釋了笛卡爾對哲學的觀感和心得。書中他提到：「科學有如一棵樹，思辨哲學是它的根，物理學是它的樹幹。然後，力學、醫學和倫理學則是它的枝葉。而這些枝葉則把我們的智慧昇華而為外在的世界、人體，以至於生活行為。」接著，西元 1644 年的《哲學原理》（Principia Philosophiae），大部分的章節也都在論述自然科學。特別是「運動定律」（laws of motion）和「渦卷理論」（theory of vortices）。笛卡爾這些精闢的著作和發明，讓他在西元 1647 年，獲得了法國朝廷的最高榮譽獎章。

在獲知笛卡爾對人文、哲學以及科學的傑出貢獻之後，西元 1649 年，瑞典女王 Christina 出面力邀笛卡爾往訪瑞典。來到冰天雪地的斯德哥爾摩，寒冷的氣候危及了笛卡爾的健康。第二年，笛卡

爾因感染肺炎，而不幸與世長辭，享年五十有四。

　　勤學好問的精神，善於獨立思考的能力，以及打破沙鍋問到底的好奇心理，造就了笛卡爾在數學方面劃時代的創作。也改變了笛卡爾在理則學方面傑出而特殊的思維邏輯。座標體系的發明，使得笛卡爾在解析幾何學上的研究成果，成為他對數學的主要而顯著的貢獻。

　　笛卡爾把曲線分成「幾何曲線」（geometrical curves）和「機械曲線」（mechanical curves）。其中，

1. 幾何曲線，笛卡爾指的是一種曲線，該曲線上的點，「在 $y-$軸方向與 $x-$方向的移動比率」，dy/dx，是可以被表示為代數式子的。
2. 而機械曲線的 dy/dx，笛卡爾則認為是不能被表示為代數式子的（或者說，dy/dx 是一個超越函數式子吧！）。

　　這樣一個新的概念之發明，確立了二、三十年後微積分的理論基礎。這個概念的發明，讓我們看到了新世紀的到來。所以客觀的說，談到微積分之發明，在我們讚頌牛頓和萊布尼茲的同時，請大家不要忘了留一點篇幅，用以紀念偉大而又令人崇拜的笛卡爾吧！

Descartes' rule of signs

　　將一個多項式方程式，依降次式排列。若其係數變號的個數為 K，則該方程式的正根個數不能多於 K。又若將多項式方程式之 x 換成 $-x$ 後，得其係數變號的個數為 K' 時，則原方程式的負根個數不能多於 K'。

例如：

方程式 $x^5+x^4-2x^3+x^2-1=0$ 之係數的變號，個數為 3。所以，此方程式最多有 3 個正根。今將 x 換成 $-x$，則得 $-x^5+x^4+2x^3+x^2-1=0$。此時，它的係數變號，個數為 2。所以，原方程式最多有 2 個負根。

5.2 謎一樣的數學家——費馬

正當，笛卡爾在解析幾何學上建立基礎工程的時候，有一位不算太差的法國人士，也正注意著這件事情。那就是，與生俱來謙遜、羞怯的費馬（Pierre Fermat, 1601-1665）。

Statue of Fermat, in Beaumont-de-Lomagne

Pierre de Fermat was a French lawyer and government official. He was most remembered for his work in number theory; in particular for Fermat's Last Theorem. He is also important in the foundations of the calculus.

西元 1601 年 8 月 17 日，Pierre 出生在法國 Montauban 城市附近的 Beaumant-de-Lomagne 小鎮。父親是一位有錢的皮革商人，也是當地政府的一位執政官。Pierre 有一個兄弟和兩位姐妹。歷史對於 Pierre 小時的成長以及教育，沒有留下太多的記載。根據一般傳說，他們兄弟姐妹四人都是在 Beaumant-de-Lomagne 長大的。小時候，除了在當地的修道院上學之外，父親也特別聘請了家庭教師在家裡教育小孩，完成他們幼年的啓蒙教育。

西元 1620，十九歲的 Pierre 進入 Toulouse 大學（the University of Toulouse）法律系就讀。雖然，主修的專業是法律，但是在課餘之際，Pierre 也總喜歡到圖書館，自己研習數學讀本。特別是，每逢閱讀到精彩之處，Pierre 常常是廢寢忘食，不分晝夜的。

Toulouse 大學法學院的建築物以及大學校園之一角

附註

把時光拉回西元第 13 世紀，University of Toulouse 可說是一個既古老又有知名度的大學。今天的 Toulouse 大學大約有 11 萬名學生。它是法國境內第二大的大學。

第五章　巨人的鋒芒─近代科技的始祖

西元 1625 年，Pierre 獲得了 Toulouse 大學的民法學學位。並且順利的在 Toulouse 的國會議院，求得了參事官的職務。此後，Pierre 既是政府官員，也是律師事務所的執業律師。因此之故，Pierre 把他的名字 Pierre Fermat 更改爲 Pierre de Fermat。大學時代雖然主修法律，其實，Pierre 平常對數學也是極爲感興趣的。尤其，當一些數學家在討論數學難題的時候，Pierre 總是喜歡上前探詢原委，心裡總是想試試看，自己是否也能解開難題。

所以，除了工作之外，Pierre 平時的休閒就是研習數學。每當有空，他常會到書店購買有關數學的書籍自行閱讀。而且每當看到精彩之處，或者心理有所領悟發現的時候，Pierre 會在書本的邊緣處寫下自己的心得。Pierre 是一位天才型的數學家。他對於一些問題點，雖然都有其獨特且犀利的見地。但是，終究因爲事業繁忙，常常無法將問題的證明完整的記錄下來。

根據記載，西元 1629 年，Pierre 成功的將西元前 210 年的大數學家，阿波羅牛斯（Apollonius, 210 B.C.）的遺作，「二次錐線」，完整的重新整理了出來。當時 Pierre 心想，爲了讓大家能夠共同分享這個經驗與成果。他把這個研究結論交給了當地的一些數學家。請他們對外公開此一研究論述。

此事過後不久，Pierre 在研讀代數學大師，狄奧芳特（Diophantus, 250 A.D.）的算術原本時，更得出了一項驚爲天人的發現他把這項發現，記錄在書本邊緣的空白處。Pierre 如此寫到：

「當 $n \geq 3$ 的時候，沒有非零的整數，x, y 和 z 可以滿足方程式 $x^n + y^n = z^n$。」他並且寫到，

「*I have discovered a truly remarkable proof for this but the margin is too small to contain it.*」

這個註腳，直到 Pierre 去世之後，他的兒子 Samuel 於 1670 年把父親的筆記整理出版之時，才爲世人所知。儘管沒有人發現費馬曾經作出有關這個定理證明的 general demonstration。但是，當時的數學家們對於這個定理的真實性，卻從不置疑。數學家們普遍認為，最起碼當 $n = 3$ 以及 $n = 4$ 的時候，費馬已經證明了這個定理是成立的。

有關這個定理的論述，費馬實在沒有留下太多的記載。所以，它一直是三百多年來數學史上最爲深奧的謎團。數學家們對於這個問題一直都是束手無策。直到後來數學家們乾脆將這個多年來無人能解的定理稱為，《費馬最後定理》（Fermat's Last Theorem）。

費馬之後，三個多世紀以來，數學家們無不絞盡腦汁，去找尋費馬最後定理的證明。其中，俄羅斯偉大的數學家，尤拉於 1735 年作出了類似於費馬的作法。他證明了當 $n = 3$ 以及 $n = 4$ 的時候，費馬最後定理是成立的。另外，西元 1823 年，Legendre 證明了 $n = 5$ 的情形。接著，西元 1832 年，Lejeune Dirichlet 證明了 $n = 14$ 的情形。再來就是，十八世紀中期，搞分析的數學家 Lebesgue 和 Lam 合作，證明了當 $n = 7$ 的時候，費馬最後定理也是成立的。自從 Lebesgue 之後，大約一百五十年間，有關費馬最後定理的研究，就再也沒有重大的發現和突破了。

沉寂了將近一個半世紀，西元 1993 年的六月，令人振奮的消息傳出。英國劍橋大學數學家 Andrew Wiles，證明了費馬最後定理的真實性。西元 1994 年十一月，Andrew Wiles 更聲稱，擁有費馬最後

第五章　巨人的鋒芒—近代科技的始祖

定理的正確證明。並且，已經獲得公開的認證。

這些年來，數學家們在證明費馬最後定理上所投入的龐大精力與財力，雖然與所獲得的研究成果不成比例。但是，數學家們為了找尋方程式 $x^n + y^n = z^n$ 的解，無意中卻發明了「交換環理論」（commutative ring theory）。這個理論擴展了「代數」與「數論」領域的視野。這些成效對數學的貢獻而言，遠遠超過了證明費馬最後定理所能期待的結果。

除了費馬最後定理之外，費馬在圓錐曲線以及不規則平面區域的面積研究方面，也有重要的表現和收穫。特別是在解析幾何上的貢獻，費馬更可以和當代另一位法國數學大師笛卡爾相庭抗禮。記得曾有一次，費馬在某一個場合批評笛卡爾，在「光的折射定理」證明的推導過程中有瑕疵。費馬認為：「其實，笛卡爾並沒有正確的推導出《光的折射理論》。因為，他的證明過程只是源自於該命題的前題假設而已。」這樣的批評讓笛卡爾感覺顏面無光、大為不悅。尤其是當笛卡爾反過來發現，費馬在極大值、極小值以及切線方面的研究內容，是從他的重要著作所簡約出來的時候，笛卡爾更是火冒三丈。於是，笛卡爾便開始攻擊費馬，詆毀費馬的聲譽。笛卡爾對外宣稱：「費馬不是一個心思細膩的人，費馬不足以成為一位數學家。」

兩人的爭論，鬧得滿城風雨。就連幾位有名的數學家，諸如 Roberval、Pascal 以及 Desargues 都被捲入是非核心。最後，在眾人的調解與仲裁之下，責成費馬將《The method of maximum、minimum and tangent》的研究內容說明清楚。為了平息這場風波，費馬答應尊重眾人的決議，隨後舉辦了一場 seminar。費馬將前述研

233

究成果做了完整的說明。研討會後，笛卡爾的怒氣稍稍平緩，再也不提過往恩怨。第二天，笛卡爾寫信給費馬。信中提到：

「*...seeing the last method that you use for finding tangents to curved lines, I can reply to it in no other way than to say that it is very good and that, if you had explained it in this manner at the outset, I would have not contradicted it at all.*」

大體而言，除了極大、極小值的問題外，費馬的研究重點大都集中在「數論」（the theory of numbers）方面。可惜的是，除了零星幾篇文章之外，費馬有生之年從沒有出版過任何著作。一般人普遍覺得，這或許是由於費馬天生謙和、羞澀的個性，導致費馬總覺得不太願意將其研究結果以出版的方式公諸於世。因此之故，有關費馬的大部分研究結果，都是在他去世之後，經由朋友或親人整理之後所得。也因此，後世之人大都無法得知，他的研究論述的原創意思和原創日期。

從費馬過世之後所出版的《算術》一書中，我們可以清楚看到一些數論上的重要結果。例如，**費馬數**（Fermat numbers, 1640），以及費馬早期對微積分的開拓所做出的貢獻。另一本著作《平面與立體軌跡》（1679），則定義了雙曲線、拋物線、費馬羅線等重要曲線。另外，在《機率論》（Theory of probabilities）這門領域上，我們從費馬與巴斯卡通連的多個信件當中，也可以發現一些跡象顯示，費馬應與巴斯卡（Blaise Pascal, 1623-1662）共同享有機率論學上的尊榮。譬如說，西元 1654 年 8 月 24 日，費馬在寫信給巴斯卡的信件中，提到一個有關機率的問題。費馬說：

第五章 巨人的鋒芒—近代科技的始祖

「今有 A 與 B 兩人約定擲一銅幣。在連續四擲中，若出現兩次或兩次以上正面，則 A 獲勝並且贏得獎金。若出現三次或三次以上反面，則 B 獲勝且贏得獎金。請問 A 與 B 兩人之勝算各如何？」

過了幾天，費馬又寫信給巴斯卡。在這次的信函中，費馬將之前的問題轉述為：

「*Take the letters H and T, and write down all the combinations that can be formed of four letters. There are 16 combinations, namely*, HHHH, HHHT, HHTH, HTHH, THHH, HHTT, HTHT, HTTH, THTH, THHT, TTHH, TTTH, TTHT, THTT, HTTT, TTTT. *Now, every combination in which H occurs twice or oftener represents a case favorable to A, and every combination in which T occurs three times or oftener represents a case favorable to B. Thus on counting them, it will be found that there are 11 cases favorable to A, and 5 cases favorable to B. And since these cases are all equally likely, A's chance of winning the game to B's chance is as 11 to 5.*」

信中的這一番話，清楚說明了費馬與 Pascal 在機率論上親密的合作關係。

西元 1636 年，費馬在寫給修道士 Marin Mersenne 的信中，曾經猜測說：

「當 $n = 0, 1, 2, 3, 4, 5, 6, \ldots$ 時，形如 $2^{2^n}+1$ 的數都是質數。」

數學史演繹

Blaise Pascal, born in Clermont-Ferrand, France, June 19, 1623. And died in Paris, France, August 19, 1662.

這一段大膽的推測，當 $n = 0, 1, 2, 3, 4$ 的時候，費馬在信裡已經驗證過，的確是成立的。但無論如何，這個推測大約在一百年後（1732 年），被俄羅斯數學家尤拉駁倒。尤拉在經過精密的計算之後，得出

$$F_5 = 2^{32} + 1 = 4294967297$$
$$= 641 \times 6700417$$

其實，到目前為止還沒有人發現，當 $n > 4$ 的時候，$F_n = 2^{2^n} + 1$ 是質數。儘管如此，卻也從沒有人證明過，當 $n > 4$ 的時候，$F_n = 2^{2^n} + 1$ 全都不是質數。

西元 1844 年，德國數學家 Ferdinand Eisenstein 問到，

Are there infinitely many Fermat primes?

同樣也有數學家提問到，

Are there infinitely many composite Fermat numbers?
Is F_n composite for all $n > 4$?

第五章　巨人的鋒芒──近代科技的始祖

備註

1. Fermat numbers：

    $F_n = 2^{2^n} + 1, n = 0, 1, 2, 3, ...$

    $F_0 = 2 + 1 = 3$

    $F_1 = 2^2 + 1 = 5$

    $F_2 = 2^4 + 1 = 17$

    $F_3 = 2^8 + 1 = 257$

    $F_4 = 2^{16} + 1 = 65537$

    $F_5 = 2^{32} + 1 = 4294967297$
    $= 641 \times 6700417$

    $F_6 = 2^{64} + 1 = 18446744073709551617$
    $= 274177 \times 67280421310721$

    $F_7 = 2^{128} + 1 = 340282366920938463463374607431768211457$
    $= 59649589127497217 \times 5704689200685129054721$

    $F_8 = 2^{256} + 1$
    $= 115792089237316195423570985008687907853269984665640394$
    $= 1238926361552897 \times 93461639715357977769163558199606896584051$

    ………

2. 到 2010 年的三月為止，僅有 F_5 到 F_{11} 的 Fermat numbers 被 completely factored。

3. 費馬螺線（Fermat's Spiral）

$r^2 = a^2 \theta$

237

5.3 流數術的發明──牛頓

笛卡爾之後，數學界興起了變數的概念。數學家們從探討變數與變數間的互動關係裡，發展出「函數」（function）這樣一個東西。自從函數理論被發現之後，數學的創作空間從此也就變得無限的寬廣。在那樣一個無限寬廣的境界中，科學家們得以有如天馬行空般盡情的揮灑、盡情的發揮想像力。牛頓就是在這樣一個適合創作的大時代環境中，凝聚出無數激情的火花，激盪出無數閃亮耀眼的科學發明的。這些令人激賞和讚歎的智慧結晶，推動了人類文明進化史的大車輪，邁向現代科技的另一個高峰領域前進。

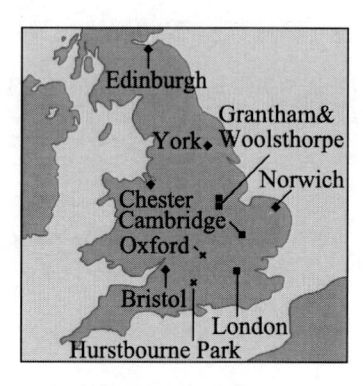

46 歲的牛頓畫像　　物碩浦的地理位置

西元 1642 年，就在聖誕節的夜晚，伊薩克牛頓（Isaac Newton, 1642-1727）出生在英國，一個距離 Grantham 不遠，叫做 Lincolnshire 地區的 Woolsthorpe（物碩浦）小鎮。牛頓是一個早產兒，所以出生之當時，醫生曾經一度考慮母親的安全，建議母親放

第五章 巨人的鋒芒─近代科技的始祖

棄這個不足月份的早產兒。所幸老天有眼,在母親的堅持之下,這顆閃亮的明日巨星終於得救,並且順利的成長。牛頓的父親是一位農場事業的經營者。可惜的是,在牛頓出生前三個月,父親便不幸去世。所以,牛頓自幼便由母親(Hannah)獨立扶養。可憐的牛頓既是瘦弱,又是生病不斷。更慘的是,沒想到當牛頓三歲時,母親竟然改嫁了數英里遠的 South Witham 的一位有錢的牧師 Barnabas Smith。

備註

　　根據現代通行於全世界的曆法來說,Isaac Newton 應該於西元 1643 年元月 4 日,在英國 Lincolnshire 地區的 Woolsthorpe 的一個莊園出生。在牛頓出生之當時,英國還沒採用新的曆法。所以,牛頓的出生日期被記載為西元 1642 年的 12 月 24 日的聖誕夜晚。(At the time of Newton's birth, England had not adopted the latest papal calendar and therefore his date of birth was recorded as Christmas Day 1642.)

物碩浦莊園 17th century manor house the birthplace and family home of Sir Isaac Newton Where he formulated some of his major works during the plague years (1665-67)

事隔沒多久，可恨的繼父竟命令牛頓的母親必須丟下牛頓，同他一起前往 South Witham 定居。為了個人一時的虛榮，母親卻也真的狠心把牛頓交給了年邁的祖母 Margery Ayscough 扶養，自己一人離開了 Woolsthorpe。但祖母到底年事已高，無論是眼睛或是行動都早已顯得遲緩不便。能夠照顧好自己就已經不得了了，祖母那還有能力照顧年幼體弱的牛頓呢？所以，自從母親離開之後，堅強的牛頓，一直都是自己獨立的過生活。樣樣事情都是自己來，牛頓很少依賴祖母的扶助。正因為這樣一個自幼成長的環境，造成了牛頓獨立且封閉、極少和外人往來相處的童年。

少年的牛頓有很長一段孤寂的歲月。他喜歡把自己孤立起來，甚至於把自己鎖在祖母的房間裡面，把玩一些自製的童玩。躲在他的小天地裡，牛頓喜歡做風箏、或是一些機械的模型、或是日晷儀（sundial）等機械設計。久而久之，左鄰右舍以及親戚朋友們，無意間開始注意到，牛頓所做出來的這些手工藝品均是手工精巧、設計完美。工藝品的每一個小細節，無不充分展現了牛頓在物理學上的天分。大人們開始被牛頓驚人的智慧深深的給吸引住了。看著牛頓這些精巧的機械模型，大家都感覺驚訝和不可思議。

所幸十歲那年，討厭的繼父去世了，牛頓的母親返回了家鄉 Woolsthorpe。當母親發現牛頓過人的智慧，以及好學不倦精神的時候，頓感一陣鼻酸。心想，「這幾年來，真是難為了牛頓。為人母親的我，卻沒有盡到教育牛頓的職責。」此時，母親心裡感覺非常的愧疚和不安。於是，母親當下決定，無論如何一定要克服困難，讓牛頓上學接受正常的學校教育。

十二歲的時候，母親把牛頓送進入了 Grantham grammar school

第五章　巨人的鋒芒─近代科技的始祖

上學。剛開始的時候，如同當時其他一些偉大的科學家一樣，牛頓並沒有給學校的老師留下太深刻的印象。而且，由於牛頓孤立的個性，所以不常和班級的同學玩在一起。每一到放學的時刻，他就立即跑回家，回到自己的小天地。有關課業方面，他也不甚專注。只要一有空，牛頓還是做他的機械模型，玩他的個人實驗。牛頓根本就不在乎老師所交代的作業或是規定事項。所以，在老師的期末評語中，牛頓總是成績平平，缺乏社交，沒有突出的表現。

　　學校畢業後，母親把牛頓帶回家鄉的農場工作。那時眞差一點，牛頓就將成為終身的農夫。話說，Grantham grammar school 的校長 Henry Stokes，在無意中發現牛頓留在 Grantham 的一些機械模型。經過詳細入微的觀察之後，Stokes 認為，這些作品一定出自於行家或是天才之手。經過多日的追問之後，Stokes 得知這些作品都是牛頓的傑作。於是，Stokes 便特地趕往 Woolsthorpe 尋訪牛頓。希望這麼一位不可多得的天才，能夠繼續他的學業。見面之初，牛頓的母親仍然不答應 Stokes 的請求。母親一再向 Stokes 說明，家裡的農場需要牛頓的幫忙。而且，家裡也沒有足夠的經費可供牛頓上學。

　　所幸，Stokes 鍥而不捨。他想盡一切辦法，說服牛頓的母親。Stokes 甚至於請來了牛頓的叔父幫腔。叔父告訴牛頓的母親說，牛頓不是一個務農的料子，他常常在田裡耕作的時候，心理想的仍舊是那些機械模型。妳若堅持要讓牛頓留在家鄉，可能會使得牛頓一事無成。幾番折騰之後，母親終於勉為其難的答應了 Stokes 的請求。一年之後（西元 1661 年），在 Henry Stokes 的推薦之下，牛頓考上了劍橋大學的三一學院（Trinity College）。

Trinity College
University of
Cambridge, England.

校園綠綠如茵的草皮，是大學知識匯集的場所；博學多聞的教授，在劍橋處處可見；頂尖犀利的辯證思維，則是茶餘飯後的話題；藏書萬卷的圖書館，更是一個充滿著科學智慧的寶庫。年輕的牛頓愛上了這樣一個研究的環境。每天，除了上課之外，圖書館是牛頓唯一的去處。他翻遍了笛卡爾、克卜勒、瓦里士等科學先進們的著作。在艱澀的科學領域裡，牛頓展現了執著於研究的個性。在巴魯（Isaac Barrow, 1630-1677）教授的指導之下，牛頓充滿著豐富的想像力。於是，牛頓開始把過去在工藝方面的心得，重新整理。他將動力方面的理論，一一的尋求出公式模型。

話說當時，光線經由三稜鏡的折射之後，會產生七色彩虹的事情，眾所周知。但是，卻從沒有人想到箇中的道理如何。有些科學家們甚至認為，那七彩顏色是預留在三稜鏡內的色彩，不值得予以理會。唯獨牛頓，他被那平滑的曲線所迷惑；他被那由紅色而到紫色的彩繪所吸引。每當下午時刻，牛頓總是待在他的房間裡。此時，牛頓拿出三稜鏡做出各種不同的實驗。當自然光線透過三稜鏡，投射在房間的牆壁上，產生七色彩虹時，牛頓真是陶醉其中啊。當然，牛頓並沒有因為這樣的觀察結果而得到滿足。牛頓之所以成就偉大，乃在於他常常會把觀察所獲之心得，轉換成數學語

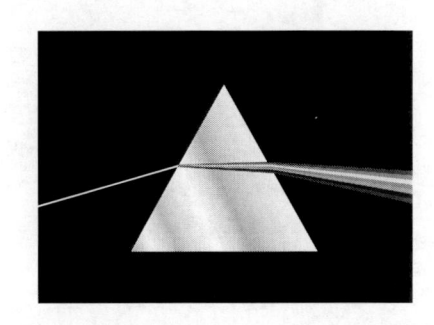

第五章　巨人的鋒芒—近代科技的始祖

牛頓三稜鏡的折射原理

言，進而創作出眾多的理論。這個追根究柢的研究精神，正是牛頓之所以有別於當時其他科學家的卓越表現。

　　為了探究三稜鏡的折射原理，牛頓完成了一項非常令人興奮的實驗。牛頓在一個圓形木板上，刻劃出七個相同面積大小的扇形區域。並且將它們分別塗上紅、橙、黃、綠、藍、靛、紫等七個顏色。然後，以圓盤中心為軸，牛頓用力的旋轉圓盤。當圓盤旋轉的速度達到一定程度的時候，這七種顏色竟然混合而為一種顏色。圓盤顯現出來的是，令人難以置信的白色。牛頓興奮之餘，更進一步的仔細觀察之後領悟到，「人們之所以能看清物體，原來是因為周圍的光線，經由物體折射之後的緣故。光線讓我們看清楚世界萬物，而且當七彩光譜中的某一部分缺席時，我們所看到的物體就再也不是白色了。」

數學史演繹

劍橋大學三一學院
Isaac Barrow
(October 1630 –
May 1677) 的雕像

　　為了要徹底的了解自然界神秘而艱深的奧妙；為了要能夠將實驗中的觀察所得給予公式化、定理化；牛頓的內心深處似乎知道，他需要更高深的數學理論；他需要更快速的計算方法。雖然，對於這樣高深的數學計算方法，他起先感覺似乎毫無頭緒。但是，牛頓心想，他終究會發明出來的。果不其然，就在數年之後，牛頓率先創造出極微小量的計算方法。此極微小量的計算方法，牛頓將其稱為，「流數術」。也就是，現今大家所通稱的，「微積分」。

　　可是，在牛頓的學術研究衝力正值巔峰狀態的時候，也就是在牛頓拿到學士學位過後不久，很不幸的事情發生了。那是 1665 年的夏天，一場世紀災難降臨倫敦。整個倫敦地區發生嚴重的鼠疫大流行，成千上萬的倫敦居民死狀慘烈。只要被感染者，無人能幸運的存活。此時，政府感覺到居住在倫敦已經是一件非常危險的事情了。於是，政府決定將倫敦的居民強制驅離。當然，劍橋大學也在政府的命令下暫時關閉。牛頓離開了倫敦，返回了他的出生地 Woolsthorpe。

　　話說，在劍橋大學的時候牛頓曾經懷疑，物體與物體之間，存

第五章　巨人的鋒芒—近代科技的始祖

在著一種莫知名的力量相互牽引著。而且，自然界的各種跡象，也無不強烈的顯示出明顯的證據，說明牛頓的這個懷疑是有其道理的。牛頓心想，天上的行星為何一直遵循同一軌道運行？又為何月球總是繞著地球旋轉？難道星球與星球之間，有一條巨大的繩子給捆綁住了嗎？到底是什麼力量使然呢？牛頓百思不得其解。直到有一天，當牛頓家蘋果園的蘋果樹掉下一顆蘋果，不偏不倚的掉落在牛頓的頭上時，牛頓這才極為堅定的相信，這顆蘋果是被地球的引力給拉下來的。而這個引力就是存在於物體與物體之間，那種無形的力量了。

這是劍橋大學，生物園區的一棵蘋果樹。根據傳說，它是蘋果掉下來擊中牛頓的頭，而讓牛頓發明萬有引力的那棵蘋果樹的後代。

因為鼠疫而返回家鄉的這段日子，牛頓是沒有休息的。為了滿足他的好奇，他日以繼夜的研究，他加倍勤奮的做實驗。除了萬有引力定律之外，他也對自然光的七彩顏色做了更深一層的研究，進而發明了「光譜分析理論」（Spectrum Analysis）。這段期間，為了從事更高深的理論研究，為了做更艱難的物理實驗，牛頓在數學的

領域裡，不斷的突破、不斷的創作出新的理論。其中「流數術」就是在如此艱困、而又有迫切需求的情況下誕生的。

話說，當時牛頓正在思考一個運動物體的行動速度。他說，若一個運動物體在時間 Δt 秒內，移動之距離為 Δs 呎，則該物體每秒之平均速度為 $\frac{\Delta s}{\Delta t}$ 每秒呎。然而，思路極為犀利而又敏感的牛頓，他所感興趣的絕不是如此單純的平均速度而已。他想到，當時間 Δt 非常微小的時候。譬如說，當 Δt 小到幾乎等於 0 的時候，物體移動的平均速度會是如何變化呢？又該如何計算呢？牛頓以自由落體的公式為例子，在時間為 t 秒時，物體所行經之路程為 $\frac{1}{2}gt^2$。那麼，當時間為 $t + \Delta t$ 秒時，則為 $\frac{1}{2}g(t+\Delta t)^2$。因此，在 Δt 這段時間內，該落體之平均速度為

$$\frac{\frac{1}{2}g(t+\Delta t)^2 - \frac{1}{2}gt^2}{\Delta t} = gt + \frac{1}{2}g\Delta t$$

接著，牛頓讓 Δt 變得非常小。小到幾乎等於 0。此時，牛頓認為，$\frac{1}{2}g\Delta t$ 也將會變得微乎其微。所以最後，牛頓結論說：「該落體在那短暫的時間內之平均速度為 gt。」換句話說，「該落體在時間第 t 秒之瞬時速度為 gt。」這是一個由極微小量的概念所得出來的結果，而這個極微小量的概念就是牛頓所謂的「流數術（method of fluxions）」，也就是早期微積分學的原始創意。

第五章　巨人的鋒芒—近代科技的始祖

西元 1667 年三月，鼠疫災難逐漸平息。大學校園重新開放。當然，牛頓也匆忙的回到倫敦，回到他所屬的三一學院。重新坐在他的研究室裡，牛頓第一件想到要完成的事情，便是釐清那個神秘的萬有引力。經過幾個禮拜的努力，牛頓證明了，「星球與星球之間，確實存在著一股看不見的力量。這股力量讓它們相互牽引著，使得它們在固定的軌道上運行。」牛頓心想這股力量是如何產生的呢？我應該如何來解釋這股力量呢？

在經過多次的實驗之後，牛頓終於發現這樣一個理論。他說，

「當 A 行星與太陽的距離是 B 行星的兩倍遠的時候，在 A 行星上所感受的太陽的引力，是 B 行星上的四分之一倍。又當 A 行星與太陽的距離是 B 行星的三倍遠的時候，在 A 行星上所感受的太陽的引力，是 B 行星上的九分之一倍，等等。」

當這些數據一再的反覆出現時，牛頓終於領悟到，

「這個引力的大小和物體之間距離的平方成反比例（an inverse square law）。」

牛頓發明了「萬有引力定律」，牛頓開創了物理學界一片無限寬廣的天空。劍橋大學的教授們，尤其是牛頓的指導老師巴魯教授，對於牛頓這些劃時代的創作，無不投以驚嘆、佩服、讚賞的眼光。返回學校 6 個月後的牛頓，在眾人的推崇以及有口皆碑的優越條件之下，獲選為三一學院傑出優秀的研究員。當時，牛頓才 25 歲。此後，牛頓和巴魯教授，如師亦友的一起研究、一起生活。就從那時起，巴魯教授慢慢的發現，牛頓是一位非常有潛力、一位不可多得的研究型學者。數年之後，巴魯教授為了能夠讓牛頓有更好的生活條件，以便安心的做好研究工作。於是，巴魯教授斷然決定

提早退休，並且向校方提名牛頓，以繼承他的教授職缺。巴魯教授謙虛的向校方說明，「牛頓的學問已經在我之上，我已經沒有能力再指導牛頓了」。看到巴魯教授的如此美意，校方欣然答應了巴魯教授的推薦。二十幾歲的牛頓於是成為劍橋大學有史以來最為年輕的數學教授。

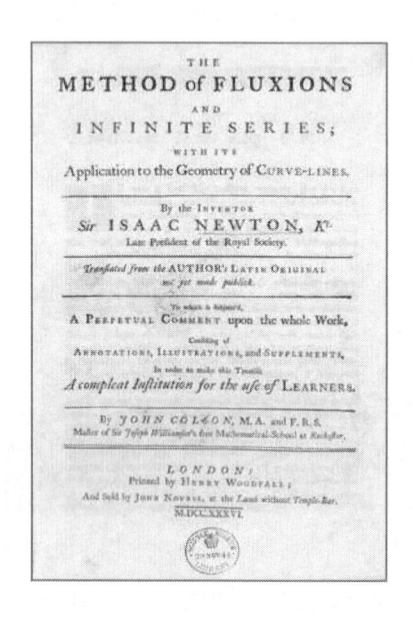

《流數術》完成於西元 1671 年，可是卻延遲到西元 1736 年才正式出版。牛頓使用「流數術」一詞，指的是 differential calculus 之意。其實，「流數術」概念的完成應該追溯到 1665 年至 1667 年，因倫敦大鼠疫，牛頓返回 Woolsthorpe 這段期間。

　　牛頓是一位偉大的數學家，更是一位偉大的物理學家。《流數術》的發明，使得人類的科技得以脫離傳統的束縛，從而在應用工程學上大放異彩。「萬有引力」的問世，打破了人類無知和迷信的桎梏，從而奠定了人類對天體力學的認識與發展。牛頓揭開了自然界神秘的面紗，啟動了現代科技文明的巨輪。牛頓對於人類此般卓越的貢獻，想當然是同時代的科學家們所無法比擬的。

　　很快的三十年過去了，勞苦功高的牛頓辭去了教職。牛頓心

第五章 巨人的鋒芒─近代科技的始祖

想,此後應該可以悠閒、單純的從事,自己所喜歡的研究工作。可卻沒料到,英國皇家造幣局看上了牛頓。西元 1696 年,54 歲的牛頓,應聘為皇家造幣局看守長(Warden of the Royal Mint)的重要職位。這個任務對牛頓而言,雖然是一項榮譽,卻也是一個新的開始,一個新的挑戰。

在造幣局的日子,牛頓利用科學的方法,改善了錢幣的純度,貴重金屬成分的含量,以及錢幣的等重問題。由於牛頓成功的解決了皇家造幣局多年的積弊。所以,三年後(1699 年),牛頓更上一層樓,當上了皇家造幣局局長之職。此時,牛頓遂而成為尊貴而榮耀的皇家學會(Royal Society)成員。當時的英國皇家學會規定,學會的成員每週聚會一次。在每次的聚會中,成員們除了喝咖啡之外,聊天的主題總是圍繞著政治議題打轉。所以打從一開始,對於參加這樣一個聚會,牛頓壓根兒就沒有喜歡過。他只是認為,如此聚會實在是太浪費時間了。於是,在牛頓以及好友們的影響之下,皇家學會每週聚會的主題,才逐漸的由政治議題,慢慢的轉變而為對科學事件的研討。

備註

The Royal Mint 是大英帝國與北愛爾蘭的國家造幣局。西元 1696 年,牛頓擔任造幣局的看守長一職。他當時的主要任務是要解決錢幣純度不均勻以及一些假錢幣的問題。由於,牛頓的優異表現,西元 1699 年牛頓當上了皇家造幣局局長一職,直到 1727 年。

西元 1703 年,牛頓被推舉為皇家學會的主席。並且,致力於改

249

革皇家學會的積弊，提振皇家學會的聲譽。果然，皇家學會因而得以逐漸由原先一小夥吵吵鬧鬧的成員，變成了世界知名且受到尊重的學會。西元 1704 年，英國女王 Queen Anne 有感於牛頓對於皇室家族以及科學界的偉大貢獻，特別冊封牛頓為爵士（第一位被冊封爵士的科學家），從此安享晚年。西元 1727 年 3 月 20 日，因為不知名的疾病，Sir Isaac Newton 在 London 的 Kensington 與世長辭。1727 年 4 月 4 日，被安葬於 Westminster Abbey 的英國皇室墓園。

英國皇家學會議事記錄簿上，有一段文字記載著，在面對榮譽和讚揚的時候，牛頓總會謙虛的說：

「*I don't know what I may seem to the world, but, as to myself, I seem to have been only like a boy playing on the sea shore, and diverting myself in now and then finding a smoother pebble or a prettier shell than ordinary, whilst the great ocean of truth lay all undiscovered before me.* （我不知道世人對我的看法如何，我只覺得自己不過是在海濱嬉戲的孩子，為了找尋光滑又美麗的石子或貝殼和岸邊的海浪博鬥，而偉大海洋的真理卻在遙遠且看不到的前方。）」

十七世紀牛頓所使用的六吋折射望遠鏡的複製品

第五章　巨人的鋒芒─近代科技的始祖

備註

1. Newton's law of gravitation

　　兩物體之質量分別為 m_1 及 m_2 之間的距離若為 d，則該兩物體之間的引力 F 為

$$F = \frac{Gm_1m_2}{d^2}$$，式中的 G 為萬有引力常數。

2. Newton's laws of motion

　・第一定律　一個物體不受外力作用時，靜者恆靜，動者恆沿著一直線作等速度運動。

　・第二定律　若 F 為所施加在一個質點之力，p 為該質點的動量，m 為質量，v 為速度，a 為加速度，則

$$F = \frac{dp}{dt} = \frac{d}{dt}(mv) = m\frac{dv}{dt} = ma$$

　・第三定律　作用力與反作用力大小相等，方向相反。

5.4　另一位微積分英雄──萊布尼茲

　　儘管牛頓早在西元 1671 年的時候，就已經完成了〈流數術〉的理論基礎，可是卻一直都沒有在文獻上發表刊登。直到西元 1686 年，在好友 Edmund Halley 的勸說之下，牛頓才勉強的把在力學上的論證以及數學上的成就編輯成冊。當時牛頓萬萬沒想到，這個出版上的延遲，會給牛頓帶來如此大的麻煩。有些不肖的科學家，在看過牛頓的手稿之後，得以剽竊牛頓的傑作，而聲稱是自己的發

251

明。當然，也有一部分的科學家，在 1686 年之前，就出版過相類似的論證，而聲稱自己比牛頓還要早發明微積分。諸如此類的爭議層出不窮，特別是牛頓與另一位德國天才型的科學家，Gottfried Wilhelm Leibniz 之間的爭議，更是鬧得滿城風雨。

原來，Leibniz 在長時間的鑽研之後，於 1684 年發表了舉世矚目的，第一篇有關微分的文獻。兩年後，接著又提出了積分學的論文。文章中更出現了首創的微積分符號，$\frac{dy}{dx}, \int y\,dx$。這些轟動歐洲學術界的創作，看在牛頓的眼裡感覺實在非常的不是滋味。牛頓極為堅定的認為，萊布尼茲的這些著作，必定是出自於＜流數術＞的手稿。牛頓也堅決的認為，萊布尼茲在發表文章之前，想必已經看過有關＜流數術＞的手稿了。就這樣，兩人之間的爭論，於焉開展。

直到最後，竟然演變成了英國與歐洲大陸學派之間的爭執。英國的學者們堅定的支持牛頓，並且指責萊布尼茲是剽竊者。當然，歐洲大陸的數學家，也毫不客氣的指責牛頓是好辯的說謊家。如此，各說各話、各持己見。最後甚至於弄得英國與歐陸雙方不惜以「停止學術交流」收場。後來聽說，這一場世紀爭論最後是由牛頓取得了科學界的信任，而被判定為第一位發明微積分的人。不過儘管如此，萊布尼茲在微積分以及物理學方面的貢獻，仍然是佔有其重要的歷史地位，仍然是受到我們後世之人所景仰和崇拜的。

話說，這位天賦異稟、多才多藝的哲學家與科學家，萊布尼茲（Gottfried Wilhelm Leibniz, 1646-1716），於西元 1646 年的 6 月 21 日，出生在德國的萊比錫（Leipzig）。父親是萊比錫大學的道德哲學教授。可惜的是，當萊布尼茲 6 歲時父親就去世了。孤苦無依的

第五章 巨人的鋒芒—近代科技的始祖

Gottfried Wilhelm Leibniz

St Thomas church Leipzig, Germany

　　萊布尼茲,在他父親的圖書室裡,無師自通的獨立閱讀各類別的書籍。這些書籍當中,包括法律、宗教、哲學、文學、政治、地質學、思辨哲學(metaphysics)、鍊金術、歷史以及數學等。在這些眾多的圖書當中,最吸引萊布尼茲的,要屬數學方面的書籍了。尤其是有關笛卡爾的著作,萊布尼茲更是特別的感興趣。還不到 12 歲,如此年少而又聰明的萊布尼茲,就已經學會了看拉丁文所寫的著作和文章。

　　早熟的萊布尼茲在老師的推薦之下,15 歲那年,就得以進入萊比錫大學主修法律課程。在大學求學的日子裡,萊布尼茲才華揚溢,並且活躍於各社團間。所以,在萊比錫大學師生的印象中,萊布尼茲是一位品學兼優、善於社交、頗具聲譽的好學生。然而,令誰也沒有料到,萊布尼茲的優異卻招來了某些人士的嫉妒。甚至於得罪了學位授予的評審委員。萊布尼茲一氣之下,放棄了萊比錫大學法律博士的學位,離開了 Leipzig 轉往紐倫堡(Nuremberg)大學。此處不留人自有留人處,就在紐倫堡大學,萊布尼茲終於獲得

了他的法學博士學位。畢業後，萊布尼茲更是獲得皇室的青睞，而成為德國皇家法律以及國際事務的顧問。

Universität Leipzig

備註

Gottfried Wilhelm Leibniz was a German polymath educated in law and philosophy. Leibniz played a major role in the European politics and diplomacy of his day. He occupies an equally large place in both the history of philosophy and the history of mathematics. He discovered calculus independently of Newton, and his notation is the one in general use since. He also discovered the binary system, foundation of virtually all modern computer architectures.

西元 1672 年，在法國政府的邀請之下，萊布尼茲出使巴黎，洽談德、法兩國外交合作計畫。在繁忙的外交事務當中，萊布尼茲即將永遠成為外交官的時刻，萊布尼茲在法國結識了，傑出而又有名的數學家惠更斯（Christian Huygens, 1629-1695）。這一個偶然的機會，改變了萊布尼茲的一生。當然也因而改變了人類數學成長的歷

第五章　巨人的鋒芒—近代科技的始祖

史過程。在和惠更斯的一席談話中，萊布尼茲認識到幾何學（Geometry）世界的奧妙。事後，他似乎有所領悟的說：「幾何學給了我一個新的世界。」從那一席談話中，萊布尼茲也得知，數學家們正在研究一種有關「變量」的函數。這種新的數學，其優美而又令人陶醉的魅力，更是深深的吸引了萊布尼茲對數學的喜好。與 Huygens 的這一段因緣巧遇，改變了萊布尼茲的未來，也改變了萊布尼茲在數學上的終身成就。

Huygens lived from 1629 to 1695. Following the death of Descartes, Huygens was the most celebrated mathematician in Europe. He developed the wave theory of light, from focusing on the diffraction and refraction properties he could observe. You may recall "Huygens's wavelets" as the formal basis for explaining these phenomena. And we should also point out that he fought bitterly with Newton over these matters

　　西元 1673 年大雪紛飛的正月，當萊布尼茲到倫敦出差時，結識了牛頓的同事，Oldenberg（歐登堡）、Collins（柯林斯）以及一些牛頓的好朋友。在倫敦的這段期間，由於趣味相投，萊布尼茲常和他們聚在一起，共同討論新的數學。久而久之，萊布尼茲便和 Collins 他們這一群人成了莫逆之交。萊布尼茲透過這些英國朋友的介紹，也認識了牛頓。西元 1674 年，在和牛頓不斷的信件往來中，萊布尼茲得知，牛頓創作了＜流數術＞的基本概念。從這個基本概念中，萊布尼茲構思出，「微分」（differential）以及「積分」（integral）的輪廓。然而，儘管如此，萊布尼茲還是無法完全的深

255

入體會、無法正確的表達有關流數術的精髓所在。

西元 1676 年，萊布尼茲二度造訪倫敦。在萊布尼茲強力的請求之下，好友 Collins 交給萊布尼茲一冊牛頓所寫的，《分析》（De analysi）手稿。拿到了這份「分析手稿」，萊布尼茲雀躍萬分，簡直愛不釋手。從中，萊布尼茲學到了牛頓在＜流數術＞方面的偉大論述，從而確立了他對＜流數術＞方面的邏輯思維。

果然，西元 1684 年，萊布尼茲在萊比錫的一份由他自己和 Otto Mencke，於 1682 年所創辦且命名為《Acta Eruditorum》的雜誌上，發表了一篇題旨為，《一種求極大值與極小值和切線的新方法》。文章中，萊布尼茲介紹如何用微分的方法，求得極大值和極小值以及函數圖形的切線。他發現，極值是發生在回轉點的地方。而得到回轉點的條件是，當微分等於 0 的時候，也就是 $df=0$ 的時候。萊布尼茲這篇六個 Pages 的論文，給數學界帶來了無限美好的前景。當時，在歐洲地區造成了一時的轟動，數學家們個個興奮不已。因為，從現在開始，人們在求函數的極值時，實在是方便得太多了。

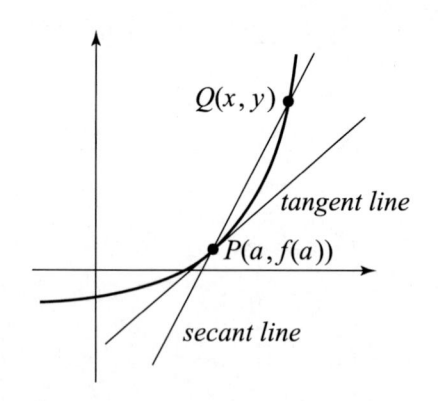

第五章 巨人的鋒芒—近代科技的始祖

備註

The line passing through $P(a, f(a))$ and $Q(x, f(x))$ is called a secant line. And it has slope, $\dfrac{f(x)-f(a)}{x-a}$.

Holding P fixed and making Q move toward P, then the secant line approaches to the fixed line passing through P, which we call it the "tangent line" to the graph of $y = f(x)$ at the point $P(a, f(a))$. And it has slope, $\lim\limits_{x \to a} \dfrac{f(x)-f(a)}{x-a}$.

微分方法出爐之後，不到兩年的時間，萊布尼茲在同一刊物上又發表了《積分學》的論文。這回，他介紹了《無窮大與無窮小的分析理論》。此外，萊布尼茲更展現了《萊氏積分》（Leibniz integral）的計算方法。從此，積分符號 $\int y\,dx$ 正式登上數學歷史的舞台。

當萊布尼茲這些偉大的數學成就，傳到英吉利海峽對岸的時候，牛頓開始懷疑，是否有人引用了他先前的發明。牛頓在看了萊布尼茲的著作之後，心裡暗自想說：「這些東西和我過去所寫的，除了用字和一些符號的使用上不一樣之外，其餘的都相同。」牛頓心裡越想越覺得心有不平。於是，便在他所出版的《光譜分析》著作的附錄中指責到：「若干年前，萊布尼茲曾經閱讀過有關我所寫的＜流數術＞的手稿。為了證實萊布尼茲的抄襲行為，我現在就把這份原稿向大眾公開。」從此，兩方人馬隔著英吉利海峽來回叫陣、相互指責。到底是萊布尼茲獨立的發明了微積分呢？還是說，

他對微積分的概念源自於牛頓的大作？這個是非曲直，於十七世紀末、十八世紀的初期，在西歐洲數學歷史的發展過程中，整整爭辯了十餘年。

其實，萊布尼茲並不是一位喜歡抄襲或是剽竊的人。他只不過是一位好學不倦的學者。平常工作之餘，對數學總是特別好奇，特別的感興趣而已。除了喜歡到圖書館，翻閱別人的文章和期刊雜誌之外，他總也喜歡向其他的數學家探詢研究成果，以啟發自己的靈感。那麼，他和牛頓之間的誤會，也就是在這種情形之下所造成的。後世之學者多數認為，萊布尼茲對於數學的創作，絲毫並沒有想獨領風騷、獨享研究成果的念頭。他只是認為，大家共同創造科學、共同分享成果罷了。萊布尼茲在沒有不良用意的心態之下，引用了牛頓〈流數術〉的內容，卻招徠了難以釐清的誤會。這是萊布尼茲當初所始料未及的。

萊布尼茲是多才多藝的。他在數學發展的過程上所扮演的角色，就如同在哲學歷史上所獲得的成果一樣的豐碩。個性外向的他，舉凡對哲學、法律、歷史、地質、邏輯、力學、光學、數學、政治等都有相當的貢獻。由於他在政治圈的影響力，萊布尼茲排除萬難的建立了德國柏林科學院，並且全力的培育年輕的數學、科學家。此舉，使得十八世紀後的德國能夠在短短的幾年間，在歐洲數學界逐漸彰顯其舉足輕重的地位。

嚴格說來，牛頓與萊布尼茲在創作微積分的動機上是有所不同的。牛頓是為了解決物理學上有關自由落體的問題，而研發出微積分的。牛頓在微積分方面的原始概念，是以力學為出發點的。他所使用的符號，以 $\lim_{\Delta t \to 0} \frac{\Delta f}{\Delta t}$ 為主。也就所謂的 notation of fluxions。

第五章 巨人的鋒芒—近代科技的始祖

他強調實用上的價值，比較著重具體的實驗方法，但卻也忽略了抽象的思維過程。而萊布尼茲則以哲學家的眼光，來看待微積分的創作。他用抽象的思維能力，精心的推演理論，選擇符號，$\frac{dy}{dx}$、$\int f dx$ 進而推導出公式。他關心公式運算的過程和結果。

當數學家們為了微積分的先後發明而爭論不休，甚至於造成英國與歐洲大陸之間的關係，產生裂痕的時候，屬於中世紀教會所遺留下來的保守勢力，逮住這個機會，開始攻擊微積分的崇拜者。他們惡意的說，「微積分是邪惡的化身，它污染了人們純潔的心靈，破壞了社會和諧的氣氛。我們應該將它摧毀，將它從人的靈魂裡驅逐出境。」一些唯心主義論者，更是利用科學上的暫時困頓，極盡諷刺挖苦之能事，一時之間逆流翻騰。使得好不容易建立起來的微積分基礎面臨了嚴峻的考驗。這種攻擊雖然是無的放矢，但也反映了當時，無論是牛頓也好、萊布尼茲也罷，在創作微積分之初，並沒有把那些不為傳統派系所能接受的突破性的計算方法，合理的交代清楚。牛頓以及萊布尼茲，……等微積分的先驅，雖然創造了空前出色的計算方式，但卻無法說明這個非傳統計算方法的正確性。在微積分草創之初，他們確實無法在理論基礎上為其做出有力的辯護。然而，儘管理論上是那麼的含混不清，可是面對無理、惡毒的攻擊時，歐洲地區的科學家們，可絲毫沒有一點懼怕和退卻的打算。他們反而更加用心的去研究、去分析有關微積分原創意的基本概念和理論基礎。

首創之初，微積分這一門學問，一路走來確實是蓽路藍縷、跌跌撞撞。早期的數學家們除了要追求真理之外，還要不斷的跟惡劣的環境搏鬥。回想起來，這一顆二十一世紀「現代科技的催化劑

（微積分）」，提煉起來還真不是一件容易的事啊！

儘管萊布尼茲的學術成就以及對歷史的貢獻，與牛頓兩相比較，可以說是並駕齊驅、不相上下。但是，萊布尼茲卻從未享有如同牛頓一般的尊榮。萊布尼茲未曾結婚，老來孤獨、沒有朋友。據說，西元 1716 年的 11 月 14 日，當萊布尼茲在 Hanover 去世之時，他的秘書是他唯一的哀悼者。淒涼的葬禮路上，沒有崇拜者的跟隨，也沒有夾道默哀的群眾。一位目睹當時情景的人說：

「*He was buried more like a robber than what he really was — an ornament of his country.*」（他的葬禮不像一位對國家有貢獻的人，倒像是一個盜賊般的被埋葬。）

The Town Hall in Hanover.　　　　Leine river at Hanover city

備註

1. 西元 1674 年，萊布尼茲用三角函數和無窮級數換算出

$$\frac{\pi}{4}=1-\frac{1}{3}+\frac{1}{5}-\frac{1}{7}+\frac{1}{9}-\cdots$$

2. 在無窮級數方面，萊布尼茲證明了，

已知一個交錯級數 $\sum_{n=1}^{\infty} a_n$，若 $\{|a_n|\}$ 為遞減數列，且 $\lim_{n \to 0}|a_n| = 0$ 則，級數 $\sum_{n=1}^{\infty} a_n$ 收斂。

3. 有關微積分方面，萊布尼茲於西元 1684~1686 年間，做出幾個基本公式，如下，

　a. $\int x \, dy = xy - \int y \, dx$

　b. $\int x^n \, dx = \dfrac{x^{n+1}}{n+1}$

　c. $dx^n = nx^{n-1} dx$

　d. $d(u+v) = du + dv$

　e. $d(\alpha u) = \alpha \, du$

　f. $d(uv) = u \, dv + (du) v$

　g. $ds = \sqrt{dx^2 + dy^2}$，其中 s 代表曲線長

4. 西元 1702 年，萊布尼茲更利用部分分式，解出下列積分題目

$$\dfrac{a^2}{a^2 - x^2} = \dfrac{a}{2}(\dfrac{1}{a+x} + \dfrac{1}{a-x})$$，所以

$$\int \dfrac{a^2}{a^2 - x^2} dx = \dfrac{a}{2}[\int \dfrac{dx}{a+x} + \int \dfrac{dx}{a-x}]$$
$$= \dfrac{a}{2}[\ln|a+x| - \ln|a-x|]$$

5. 萊布尼茲所著作的《分析論》一書中提及：

級數，$1-1+1-1+1-1+1-\cdots$，之部分和數列為，

$\{1, 0, 1, 0, 1, 0, \ldots\}$

萊布尼茲將該數列取 1 與 0 之平均值為 $\frac{1}{2}$。因此，萊布尼茲當時結論說，級數 $1-1+1-1+1-1+1-\cdots$ 之和為 $\frac{1}{2}$。（以現代的觀點來看，這當然是不對的，請再繼續看下面的註解。）

備註

1. 意大利 Pisa 大學的格來迪（1672-1742）教授，在他所著作的《圓和雙曲線方形化》一書中，利用公式

$$\frac{1}{1+x} = 1 - x + x^2 - x^3 + \cdots$$

他令 $x = 1$，則

$$\frac{1}{2} = 1 - 1 + 1 - 1 + 1 - 1 + \cdots$$

證明了萊布尼茲的上述說法是正確的。

2. 俄羅斯偉大的數學家尤拉，在西元 1730 年也提出相類似的證明。他使用公式

$$\frac{1}{1-x} = 1 + x + x^2 + x^3 + \cdots$$

他令 $x = -1$，則得出

$$\frac{1}{2} = 1 - 1 + 1 - 1 + 1 - 1 + \cdots$$

3. James Bernoulli 則提出下列證明，他令

$$S = 1 - 1 + 1 - 1 + \cdots$$

第五章　巨人的鋒芒─近代科技的始祖

則　　$1 - S = 1 - (1 - 1 + 1 - 1 + \cdots) = S$

因此　$2S = 1$

所以　$S = \dfrac{1}{2}$

4. 有關 Bernoulli 的這樣一個結果，引起了非常大的爭論。因為，有人說，若把原來級數改寫為

　　$S = (1 - 1) + (1 - 1) + (1 - 1) + \cdots$

則　　$S = 0$

又若把原來級數改寫為

　　$S = 1 - (1 - 1) - (1 - 1) - (1 - 1) - \cdots$

則　　$S = 1$

5. 如此一來，究竟那一個結果才是正確的呢？同樣一個級數，竟然可以有三個不同的結果。這不是很奇怪嗎？各位看官們，事情可還沒了呢！更荒謬的是，有一位叫卡萊（1744-1799）的數學家，他用同樣的方法竟然也推出級數，

　　$1 - 1 + 1 - 1 + 1 - 1 + 1 - \cdots$

的和可以被表示為 $\dfrac{m}{n}$，其中 m，n 皆為自然數，且 $m < n$。這也就是說，

　　$1 - 1 + 1 - 1 + 1 - 1 + 1 - \cdots$

的和可以為任意真分數。這樣一個結果，可有無窮多種呢！唉唷，這真把所有的數學家們都給弄糊塗了。

6. 正當大家為了上述這種情形而感到徬徨不安的時候，格來迪教授更語出驚人的依此推斷說：「萬能的上帝是存在的，因為前述結果證明了，世界能夠從空無一物中創造出來，而變化無窮。」唉唷，我的天啊！這是

263

多麼荒謬而又可怕的結論啊！
7. 同學們，注意聽著了！事實上，在 Augustin Louis Cauchy （1789-1857）於西元 1823 年提出無窮級數收斂的特性之前，這些數學家都犯了很嚴重的錯誤。那就是，並非所有的無窮級數都可以求出它的和的。一個不能求出和的無窮級數是不能適用《加法結合律》的。當然，也不可以如 James Bernoulli 一樣，隨便將它加以運算的。

5.5 俄羅斯偉大的數學家——尤拉

劃時代的巨作——《微積分》，在牛頓、萊布尼茲以及其他歐洲數學家的摧枯拉朽之下，風光的登上了十八世紀的數學舞台。它為所有喜愛數學的人類，提供了極為快速，而又正確的計算方法。在面對廣大、浩瀚而無窮的大自然時，科學家們從此再也不會顯得那麼的無知、無助、和膽小。無論是在自然科學或是在應用工程學上，數學家們帶著這個犀利無比的運算工具，在陌生的十八世紀初期，開疆闢土、盡情的揮灑。於是，新的靈感與創作有如噴泉般的湧出。新的數學分支獲得了無限制的擴展，精彩紛爭，令人目不暇給。

江山代有人才出，就在萊布尼茲和牛頓相繼辭世之後，另一顆閃亮的巨星，為了傳承數學的命脈，逐漸顯露曙光。他以極為堅韌的鬥志，終其一生背負起歷史所託付的使命，鞠躬盡瘁，死而後已。那就是全人類的導師，**Leonhard Euler**（尤拉，1707-1783）——**The master of us all**。

第五章　巨人的鋒芒—近代科技的始祖

Leonhard Euler (1707-1783)　　　　Basel's market square

　　西元 1707 年的春天，瑞士的景色怡人。特別是位於萊因河西北岸的商業大城貝爾（Bâle, Switzerland），更是草木扶疏、綠意盎然，非常令人心曠神怡。就在這一年的 4 月 15 日，光芒閃耀的數學巨星，尤拉誕生了。父親（Paul Euler）雖然是一位牧師，但卻也是一位天才型的業餘數學家。Paul Euler 很喜歡數學，所以在尤拉小的時候，只要一有空，就喜歡給尤拉講一些有趣的數學故事。因此，尤拉很早對數學便產生了濃厚的興趣。然而，儘管如此，Paul 還是希望，尤拉長大之後，能夠繼承他的傳教工作，繼續在教會服務。

　　尤拉自小就聰敏過人。為了能夠讓尤拉早日繼承父親傳教的志業，13 歲那年，父親就把尤拉送到巴索大學（the University of Basel），學習神學（theology）。算是老天有眼，由於尤拉幼小的年紀，所以在進入大學之後，便吸引了眾人的眼光。也因此而得以結識了瑞士的一位大數學家——約翰伯努力（John Bernoulli, 1667-1748）。

265

備註

Basel 傳統的英文念法，['ba:zəl]。法文，Bâle [bɑl]。義大利文則為，Basilea（bazi'lɛ:a）。是瑞士第三大城。2009 年的人口約 170,000。

巴索大學之一角

聰明智慧超人一等的尤拉，很快的就獲得了約翰伯努力的特別賞識。在約翰伯努力多年的指導和鼓勵之下，尤拉的父親最終也勉為其難的答應，讓尤拉自己決定，放棄宗教而獻身科學。所以，除了神學之外，在大學裡尤拉對科學特別感興趣。諸如數學、天文學、物理學、甚至於醫藥等，尤拉無不用心的研讀。由於，深受約翰伯努力的愛護，尤拉自然便與約翰伯努力的兩個兒子，Daniel 以及 Nicholas 結成了要好的朋友。天賦聰穎加上勤奮好學，15 歲的尤拉便順利的完成了大學的學業，而且在 18 歲時就開始有論文著作的出版。尤拉才華揚溢、鋒芒畢露，深深獲得科學界前輩們的讚賞。西元 1726 年，19 歲的尤拉更是以一篇《船桅理論的探討》著作，而獲得法國國家科學院的獎勵。

第五章 巨人的鋒芒—近代科技的始祖

備註

　　The Bernoulli family 原本是荷蘭家族。由於遭受到西班牙的侵略迫害，而遷居瑞士之 Bâle。他們是十七、八世紀時，瑞士非常著名的數學家族。家族成員中有 12 個人留名於後世。其中，最為重要的有，James Bernoulli，John Bernoulli，Nicholas Bernoulli，以及 Daniel Bernoulli。而 James Bernoulli 是 John Bernoulli 的哥哥，他同樣也是貝索大學的數學教授，兄弟倆都是萊布尼茲的好朋友，也都是微積分的重要奠基者。

　　西元 1727 年（也就是牛頓去世的這一年），尤拉在 Daniel 以及 Nicholas Bernoulli 的推薦之下，遠赴俄羅斯聖彼得斯堡（St. Petersberg）科學院教書。並且，於六年後順利的接任 Daniel Bernoulli 所遺留下來的空缺，而獲聘為聖彼得斯堡科學院數學正教授之職。但是，俄羅斯酷寒冰冷的氣候，再加上過度勞累的工作，西元 1735 年的冬天，不到 30 歲的尤拉生病了。他的一隻眼睛失明了，他再也禁不起俄國天寒地凍的環境。於是，西元 1741 年，尤拉欣然接受德國普魯士國王，腓特烈大帝（Frederick the Great）的邀請，轉到氣候較為溫暖的柏林科學院。尤拉接任柏林科學院物理數學研究所所長一職，繼續從事他的研究工作。

備註

1. 年輕的伯努力兄弟於西元 1725 年接受俄羅斯女皇的邀請，任教於聖彼得斯堡科學院。
2. 尤拉接任柏林科學院物理數學研究所所長之當時，更充當普魯士國王姪女安侯特德韶公主的家教。

267

數學史演繹

Headquarter of the imperial academy of sciences in Saint Petersburg.

　　柏林的天候良好，比較適合尤拉的教學以及研究工作。所以，在柏林科學院，尤拉一住就是 25 年。這段期間內，尤拉事事順利、身心舒暢。趁此機會，尤拉大大的拓展了他的研究範圍。研究成效頗為豐碩。舉凡行星的運行、不曲體的運動軌跡、子彈軌道，以及熱力學甚至於天文學、人口學等，都是尤拉的研究範疇。在著作論文出版方面，尤拉更是令人難以相信的，總共發表了數以百篇計的研究論文。除了研究著作之外，尤拉也深深的獲得德國普魯士國王腓特烈大帝的倚重。尤拉為德國制定了，社會保險制度、國家運河以及農田水利的規劃設計等。

The Old Prussian academy of sciences

第五章　巨人的鋒芒—近代科技的始祖

備註

　　Frederick the Great of Prussia offered Euler a post at the Berlin Academy, which he accepted. He left St. Petersburg on June 19, 1741 and lived twenty-five years in Berlin, where he wrote over 380 articles.

　　話說，自從尤拉離開北方的俄羅斯聖彼得斯堡科學院之後，他們還是一直惦念不忘偉大的尤拉。他們急迫的希望尤拉能夠再度返回俄羅斯，以帶動俄羅斯的學術研究氣氛，及提昇俄羅斯的科學水平。於是，西元 1766 年，在俄國女皇凱薩琳大帝（Catherine the Great）誠懇的敦請之下，尤拉勉為其難的重新回到酷寒的聖彼得斯堡科學院。已經習慣南方天候的尤拉，這次重返俄羅斯之後，仍然無法適應酷寒的北國氣候。沒過幾年，尤拉果然生了一場重病。尤拉的另一隻眼睛也跟著失明了。

　　雖然兩隻眼睛都看不到，可是尤拉並沒有因而被擊倒，也沒有因而退縮。他忍受著失明的痛苦，用驚人的毅力和頑強的鬥志與病魔搏鬥。憑著罕見的記憶力以及卓越的心算能力，使得尤拉能夠繼

Catherine II of Russia

續用他如神一般的思維，不負俄羅斯女皇的期望，為俄羅斯的數學催生，為造福人類的福祉而繼續奮鬥。

可真是屋漏偏逢連夜雨，不如意的事情總是一再的降臨。上帝對天才般的尤拉，卻又總是特別的眷顧。西元 1771 年的秋天，一場無名的大火延燒至尤拉的住處。失明而又無助的尤拉，在驚險中摸黑、逃離火災現場。後來，尤拉雖然幸運的脫離了險境，可是他的著作、書籍以及所有的研究成果，卻全都被這場無情的大火給吞噬了。這次嚴重的打擊，讓尤拉傷心欲絕。面對著艱難而且似乎已經沒有希望的未來，年邁的尤拉再一次的展現了他獨有堅韌不倒的特性。

屹立在風雨飄搖的惡劣環境當前，背負著創造時代使命的驅使，尤拉選擇了放棄悲痛的權利。他快速的將毀損的著作和研究成果，在不到半年的時間內，重新整理了出來。這時，他似乎已經感受到時間的壓力。他內心裡也許已經知道，他所剩餘的生命已經不多。所以，他振奮起精神，用他犀利的思維能力，持續數學的創作。

頑強拚搏的個性，奉獻科學的使命感，快速的燃燒了尤拉的晚年。終於，西元 1783 年 9 月 7 日，一個秋高氣爽的午後。在自家門口的庭園，尤拉手握著煙斗靠躺在搖椅上，逗笑著圍繞在身邊來回跑跳的孫子。顫抖的雙手，尤拉端起了杯子，喝了一口咖啡。剛放下杯子，突然間心臟病發作，煙斗從他手中滑落。尤拉口中念念有詞的說：「我死了！」

尤拉是十八世紀傑出的數學家，也是微積分計算方法的忠實捍衛者。當微積分面臨保守勢力挑戰的時候，雖然沒能正確的為微積分的不完整性而辯護，但是，他同其他熱愛微積分的數學家一樣，

第五章　巨人的鋒芒—近代科技的始祖

Euler's grave at the Alexander Nevsky Lavra and Swiss 10 Franc banknote honoring Euler, the most successful Swiss mathematician in history.

卻堅信微積分的方法是合理的。尤拉不去理會微積分理論完整與否的爭論，他只顧著大膽的運用微積分巧妙的計算方法，創造出無數令人讚嘆的數學成果。諸如，尤拉曲線、尤拉常數、尤拉公式、尤拉函數、尤拉方程、尤拉定理、……等。這些傑出的表現幾乎足跨了分析、代數、數論、微分幾何和拓樸學等數學的各個領域裡。在數學的每個領域中，幾乎都記載著尤拉的名字，也幾乎都留下了尤拉辛勤耕耘的足跡。

　　住在俄羅斯，前前後後總共 30 多年的日子裡，尤拉把數學知識帶到長期閉塞落後的北方。他在俄羅斯，培育出無數富於進取的數學家。他創立了俄羅斯的數學基業，普及了俄羅斯民眾的數學教育。面對此一恩澤，俄羅斯人民無不深切的對尤拉表示感恩和懷念之意。全國民眾更是親切的尊稱尤拉為「偉大的導師，偉大的俄羅斯數學家」。

　　在眾多的數學創作中，最為世人所樂道的當屬尤拉公式（Euler's formula），

$$e^{ix} = \cos x + i\sin x$$

將這個式子取 $x = \pi$ 時，前述公式變成了

$$e^{i\pi} + 1 = 0$$

這個公式，把數學中最為重要的五個數，

$$1, 0, i, \pi, e$$

緊密的聯繫在一起。這樣一個完美的公式，展現出尤拉深邃精湛的智慧和尖銳敏捷的洞察能力。這樣一個研究成果，讓尤拉贏得了全歐洲數學家們廣泛的尊敬和崇拜。

除了尤拉公式之外，他更進一步的發明了所謂的尤拉等式（Euler's identities）。

$$\sin x = \frac{e^{ix} - e^{-ix}}{2i}$$

$$\cos x = \frac{e^{ix} + e^{-ix}}{2}$$

$$e^{ix} = \cos x + i \sin x$$

在微分幾何學方面，尤拉也有令人振奮的創作。西元 1766 年，在他所出版的《關於空間曲線的研究》一書中，他以參數（parameter）表達出空間曲線的方程式，進而計算出曲線的曲率半徑（The reciprocal of the curvature）。意思是說，

「一條平滑曲線在 P 點之曲率（curvature）若為 κ，則勢必存在一個半徑為 $\dfrac{1}{\kappa}$ 的圓，使得這個圓與該曲線在點 P 之時相切。」

這個結果是尤拉對微分幾何學上最為重要的貢獻。這個結果也是微分幾何學發展史上的一個里程碑。

在代數學方面，尤拉發現，

「一個多項式之係數若都為實數，則這個多項式必能被分解為一次或二次因式之乘積。」

除此之外，西元 1735 年，尤拉也證明了＜費馬最後定理＞，當 $n=3$ 以及 $n=4$ 的時候是成立的。

備註

還記得 5.2 節的費馬最後定理嗎？
當 $n \geq 3$ 時，沒有非零的整數，x，y 和 z 可以滿足方程式

$$x^n + y^n = z^n。$$

另外，在突多面體（polyhedron）方面，西元 1750 年的時候，尤拉提出了一個非常重要的公式如下，

$$V - E + F = 2$$

其中，F 代表的是突多面體的面（surfaces）的個數、V 代表著頂點（vertices）的個數、E 則為稜線（edges）的個數。這個公式正是所謂的《Euler's theorem（for polyhedron）》。到了西元 1848 年，這支新興的位置幾何學，逐漸的獨立而蓬勃發展出來。後來德國數學家利斯廷，乾脆將其命名為《拓樸學》（*Topology*）。

5.6 柯尼斯堡城的數學遊戲

　　西元 1255 年的春天，歐洲北邊的天候依然是寒氣逼人。有一天，在一位波蘭爵士 Conrad Mazovetsky 的要求協助之下，一批由條頓騎士（Teutonic Knights）所組成的隊伍，頂著波羅的海強勁的風勢，來到波羅的海東南沿岸，一個尚未開發的區域，進行感化土著的任務。這裡有一個適合人類居住的環境，肥沃的土地、豐沛的魚產，使得驍勇善戰的條頓騎士們，最後決定在此定居了下來。這群新來的移民，開荒墾地、劈材造屋，在這兒建立起世界上最為古老的新基督教派的城鎮（Protestant state）——普魯士（Prussia）。這兒的生活悠閒，沒有來自各個族群征戰的干擾。因此，就從那時候開始，這裡逐漸的成了歐洲不同國家的人民為了逃避宗教或政治迫

柯尼斯堡的地理位置　　　　　條頓騎士的臂章

第五章　巨人的鋒芒—近代科技的始祖

害的最佳避難所。諸如，奧地利、法蘭西、比利時、德國、俄羅斯、……、等國家的難民，都來到這個陌生的城鎮。他們學習相互的忍讓，他們共同建立起這座新的城堡。數十年之後，他們為了標榜這個地區的人民獨有的「敦親睦鄰」（Be tolerant to live together）的特性，給這個聯合國般的城市取了一個驕傲的名字——Koenigsberg（柯尼斯堡，Königsberg）。

備註

1. 第二次世界大戰期間，柯尼斯堡城的居民飽受德國軍隊的欺壓，所以他們特別的痛恨納粹文化。戰後，他們企圖摧毀所有德國所遺留下來的文化古蹟，一洩多年來的怨恨。
2. 世界大戰之後，柯尼斯堡城被劃歸為俄羅斯領土的一部分。而且被重新命名為「加里寧格勒」(Kaliningrad region of Russia)。
3. 史達林以共產黨統治蘇聯，奪取政權之後，更是變本加厲的下令居民，徹底的鏟除這兒所有的一切。期望這個古老的城鎮能夠變成全新的俄羅斯。古老而又令人懷念的柯尼斯堡城博物館，也就是在這樣的政治破壞中，被完全的給消滅殆盡了。好可惜啊！

　　十八世紀初期，優雅的 Pregel river 由東而西，橫越柯尼斯堡，奔向藍色的波羅的海。優越的地理環境和良好的居住條件，柯尼斯堡吸引著來自歐洲各地愛好和平的民族。移民浪潮是一波接著一波的湧入。Pregel River 的兩條支流，也日月不停的流向大海。就在柯尼斯堡城的出海口，它們情同手足合而為一，流向有如它們母親般溫暖的懷抱。在離出海口不遠處，Pregel River 沖積出了一個小島。島上矗立著勤奮的柯尼斯堡人民所建立起來的一座大教堂。西元

1730 年,為了方便讓各地區的居民來回到教堂做禮拜,人們在這兒搭建起七座橋樑,以便連接被 Pregel River 的兩條支流所分離而成的四塊區域。

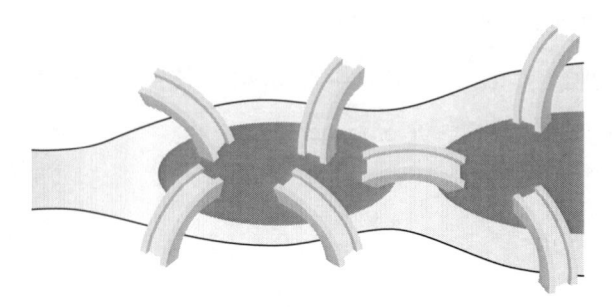

The 14th century Königsberg Cathedral

大教堂的側面圖

　　精緻典雅的橋樑吸引著無數人的腳步。人來人往、迎面吹來的總是帶著點鹹味的波羅的海的海風。莊嚴神聖的大教堂,是移民的後裔們心靈寄託的處所。低沈而高亢的鐘聲,也總是帶來了令人振奮的旋律。曾幾何時,橋樑上人們的腳步開始變得那麼的急促,變得似乎充滿著數學的氣息。越來越多的人,繞著那七座橋面來回奔走。老的、少的、男的、女的。奇怪!為何總是不眠不休?原來,

第五章 巨人的鋒芒—近代科技的始祖

在這些勤奮可愛的群眾當中，流傳著這樣一個有趣的問題，「誰能一次走完這七座橋，而不重複通過任何一座？」

這樣一個看似簡單的問題，倒也吸引著無數好奇的人們。不管是老的少的、遠的近的、或是貴族、或是平民，科學家也好、販夫走卒也罷，大家都想要來考驗一下自己的智慧。尋求那一條「一次走完而不重複」的路徑。就這樣，原本是一座默默無聞的柯尼斯堡城，只因為這個七座橋樑的數學故事而名聲遠播。一天、兩天、三天，橋面上天天都是人潮不斷。小孩子走到鞋子破爛了，老年人走到筋疲力盡了，全歐洲有學問的人也都卯足全力的一直在走著。然而，結果卻都是令人，百試不得其解、苦思不得其方。

逐漸的，這個問題傳到了遠在北方的俄羅斯聖彼得斯堡。當時，研究生涯正直旺盛時期的尤拉，得知這個問題之後，迫不及待的想要到現場走一回。可是，當時的尤拉，身體狀況並不怎麼好。而且單眼已經失明，更何況考慮到來回旅途必定車舟勞頓，尤拉於是就此作罷。但無論如何，尤拉並沒有因此而放棄解答這個問題的機會。尤拉在研究室裡用心的思考著，他把這個實際的問題以及現場的狀況，用紙與筆給勾勒成為一個簡單的圖形。他想到這四塊被分隔的區域，無非就是橋樑的連接點。所以，我們可以把這四塊陸地看成四個點，並且將七座橋樑看成連接這四個點的七條線。從而尤拉畫出了下面這樣一個圖形。

有了上述簡單的圖形，人們就再也不需要那麼辛苦，餐風宿露的在橋上漫步了。聰明的尤拉已經把「一次走完柯尼斯堡的七座橋，而不重複通過任何一座。」的問題，變成了「一筆畫，畫完上圖，而不重複任何一條路線。」的問題了。這是多麼關鍵性的發明

277

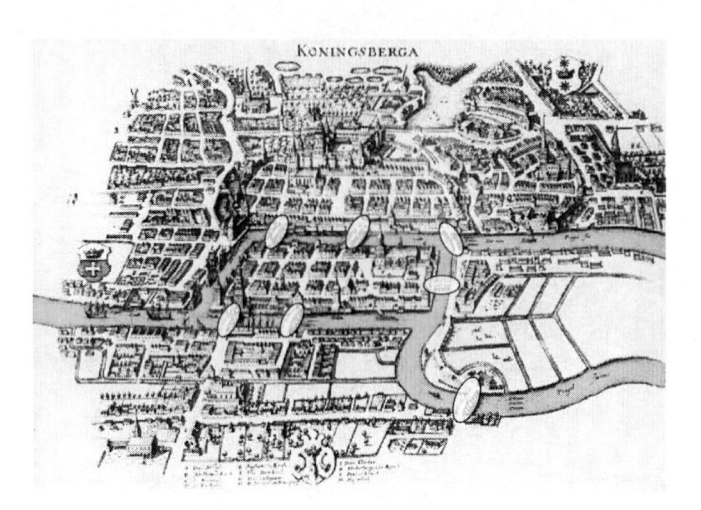

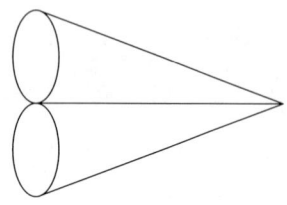

啊！現在，尤拉只需在研究室裡面，用筆和紙來代替在七座橋上來回奔波推擠的苦差事了。

備註

圖形中的七條線段，它們的長短、形狀、曲直都與整個題目無關。相關的只是這四個頂點與七條線之間的位置，以及它們之間相互連結的情形。這樣的幾何問題，和傳統的歐基里德（300 B.C.-260 B.C.）幾何是完全不同的。後來，尤拉乾脆將這樣的一門學問，稱為《位置幾何學》。

當一開始尋求解答的時候，尤拉也是不眠不休的，在紙上不停的畫呀畫的。三天三夜下來，屋子裡面堆滿了揉成一團一團的廢紙。尤拉這時已經稍微感覺筋疲力竭、頭眼昏花了。他於是開始懷疑，這種「不重複的路徑」是否存在？他想，我們是不是應該換個

第五章　巨人的鋒芒—近代科技的始祖

角度來思考這個問題呢？尤拉把整個問題的思緒，再重新整理一遍，一切重新來過。

　　他從根本上想起。他說，在「路徑不得重複」的條件，以及在「一進一出」的原則之下，除了起點和終點之外，其餘的任何一個頂點，必然和偶數個線條相連接。這樣一個概念的獲得，使得原本處於萬里雲霧中的尤拉，頓時間恍然大悟。此時，尤拉大為歡喜，手舞足蹈、雀躍不已。他的這個發現，解決了幾乎全歐洲人民，長久以來在七座橋上來回奔波勞累的問題。這個古老而又令人懷念的七橋故事，於焉即將落幕。

　　大家想想看，假設起點和終點為相同一點，而且要求一筆畫，畫完前述圖形的話，那麼所有的頂點必然和偶數個線條相連接。當然，又假設起點和終點不是同一位置點的時候，那麼起點和終點必定和奇數個線條相連接。所以，尤拉對於「一筆畫畫完」的問題，最後作出了一般性的結論。他說，關於「一筆畫畫完」這樣一個問題，下列兩種情形有一為真。

1. 所有的頂點和偶數個線條相連接。
2. 有兩個頂點和奇數個線條相連接之外，其餘頂點和偶數個線條相連接。

　　根據上述理論，讓我們回頭再看看前述圖形。我們發現，它的所有四個頂點都和奇數個線條相連接。因此，尤拉一言斷定，「一筆畫畫完這個圖形的路徑是不存在的。」當然這也就說明了，一次走完柯尼斯堡城的七座橋樑，而不重複通過任何一座橋樑的路徑是不存在的。

　　西元 1736 年，當這個令人錯愕的消息傳回到了歐洲。「無解的

279

答案」讓全柯尼斯堡城的居民，頓時之間感受到有如晴天霹靂般的打擊。平日所賴以寄託的精神支柱，剎那間有如大樓倒塌般的崩潰。尤拉，神一般的智慧，打開了歐洲人們多年來困惑的心結。這神一般的智慧，但卻也打破了他們羅曼蒂克的美夢。所以，當時歐洲的人們並沒有因而感謝尤拉的偉大。他們當中的一些人，更是不願相信「無解的答案」。他們繼續在七座橋上，尋找一次走完而不重複的路線。他們兩眼迷茫，表情失落。他們瀕臨崩潰，而致精神失常。不數日，曾經轟動一時的柯尼斯堡城，曾幾何時，風光不再、落寞浮現。最後，歸於平淡、而重回寧靜。

第六章

重拾微積分信心

十七世紀末葉,牛頓和萊布尼茲開創微積分之始,科學家們在無窮級數方面的概念,尚未有完整的論述。所以,對於微積分的基礎工程,數學家們一直都無法提出一套嚴密、妥善而又完備的解說。因而,在十七世紀或十八世紀初期,當人們在使用微積分的時候,總是很容易的就造成諸多的缺失和爭議。甚至於導致粗糙而荒謬的結論。如此一個論述未盡成熟,條理不甚嚴密,而且違反傳統的計算科學,最後終究難逃招徠中世紀基督教保守勢力的反撲。一些唯心主義論者,更是無所不用其極的,給微積分扣上了污名,進行嚴厲的攻擊和批判。

十七世紀末葉之後,直到十八世紀中葉,在這八、九十年將近一百年當中,歐洲數學的發展是多元的。數學家們的研究環境是處於自由發揮的空窗時期的。就以 Bernoulli brothers 以及 Leonhard Euler 來說,他們各個驍勇善戰,信心滿滿。他們以尖銳而又敏捷的思維能力,縱橫在數學的戰場上,開疆闢土、攻城掠地。為了急於展示微積分巧妙的計算威力,他們不計成敗。他們勇於追尋、勇於闖入數學王國的禁地,進行從未有過的探索。於是,豐碩的研究成果有如泉水般的湧現。滿載的驕傲,更使得他們增添了幾分成功的智慧。

然而,當數學家們奮勇前進的時候,在分析學的領域上,卻出

現了很大的不嚴密性。對於使用微積分計算方法所產生出來前後不一的狀況，數學家們各個都無法解釋清楚。這個前後不一的矛盾現象，使得微積分這一條路，從一開始一路走來，總是跌跌撞撞，窘態百出。這樣一個不嚴密的科學方法，在十八世紀中期，更是造成了學術界空前的混亂。這種混亂的場面，恰好提供了保守的唯心主義論者，攻擊微積分的主要藉口。大約在十八世紀末葉、十九世紀的初期，正當微積分的發展陷入困境，而面臨極其嚴峻挑戰的時刻，歐洲的數學界，陸續的出現了一批微積分的捍衛戰士。他們把研究工作的焦點，重新移回到十七世紀的起始點。他們再一次，從嚴格的定義開始，小心謹慎的檢驗每一個推導過程，進行微積分基礎工程的重建工作。

備註

1. 西元 1734 年，英國大主教，貝克萊（George Berkeley）抓住分析學粗糙的理論，向微積分發動了史上最為嚴厲的批判。他嘲諷說，「微積分不如宗教信條的條理分明，不如宗教信條的構思清楚。」

George Berkeley,
1685-1753

2. 西元 1784 年德國柏林科學院曾經重金懸賞，徵求「正確的無窮概念」相關理論的文章。
3. 由上述兩點事實來看，我們體會得到，當時數學界對於微積分學術理論的不確定性所產生的焦灼和不安的感覺，以及對新數學的渴望和期待。

　　George Berkeley 是愛爾蘭的大主教以及哲學家。他極力攻擊微積分在邏輯上的謬誤，這在當時的數學界是人盡皆知的。他辯稱，微積分的條理不如宗教教義的嚴密。他對導函數（derivatives）做了這樣的質疑：

1. What are these fluxions?
2. What are the velocities of evanescent increments?
3. What are these evanescent increments?

　　They are neither finite quantities, nor quantities infinitely small, nor yet nothing. May we not call them ghosts of departed quantities?

6.1　重整微積分嚴密性的頭號功臣——柯西
6.2　德國數學王子——高斯
6.3　現代函數的創始者——狄利徐里
6.4　一位艱苦經營的數學家——威爾斯特拉斯
6.5　二十世紀最偉大的數學家——希爾伯特
6.6　整裝之後再出發

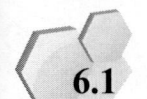

6.1 重整微積分嚴密性的頭號功臣——柯西

　　有人說，二十一世紀的數學之所以能夠蓬勃發展，得歸功於柯西的兩大主要研究領域。一個是「數學分析理論的嚴正性」（the

rigor into mathematical analysis）；另一個則是「組合學」（the combinatorial）理論。這兩大主要研究領域，對十八、九世紀的數學界而言，是劃時代的空前創作。它們不僅承襲了中世紀傳統的幾何學以及代數學，也給分析學和應用工程學界的未來，開闢了一片無限美好的天空。

　　柯西（Augustin-Louis Cauchy, 1789-1857）出生在巴黎。父親是巴黎警察署的高階官員，也是天主教會的律師，以及皇室的支持者。就在柯西出生前一個月，由於法國大革命（French Revolution, 1789-1848），父親失去了他的工作。當時，巴黎的情勢非常的混亂，市民的生活非常的艱難。為了逃離流血衝突，遠避災禍，父親帶領著家人，回到家鄉——Arcueil。可是，家鄉的生活資源比起巴黎來說，更是顯得困頓。他們於是盡其所能，在貧瘠的鄉下耕稼，以維持全家最起碼的生活所需。記得在柯西的回憶文中，曾有一段表白。柯西回憶說，

> We never have more than a half pound of bread and sometimes not even that. This we supplement with the little supply of hard crackers and rice that we are allotted.

Augustin-Louis Cauchy

第六章 重拾微積分信心

　　在如此惡劣的環境之下，Cauchy 家族在鄉下一待就是好幾年。直到 1794 年，恐怖政權頭子，Robespierre 被逮捕、被處以極刑之後，戰亂才稍微平息。但是，由於戰亂的紛擾，學校無法正常的運作。所以，柯西從小開始，可以說根本就沒有接受到正規的養成教育。因此，在人格方面，他的意志力也顯得特別的薄弱。在幼年基礎教育方面，平常靠的也只是父親在閒暇之餘，利用時間，給柯西零散的家庭輔導而已。

　　西元 1800 年，戰事確定平息之後，各行各業重新開張，學校也開始陸續的回歸正常作業。此時，心急如焚的父親，立刻舉家遷返巴黎。為的是希望大家的生活以及學業，能夠在最短時間內，步上軌道、重返從前。這次回到巴黎，父親很快的也為自己找到了一個政府官僚的工作。特別是在拿破崙（Napoleon Bonaparte, 1769-1821）取得政權之時，父親的職務快速竄升為參議院的總秘書長。並且在一個偶然的場合，父親結識了大數學家，拉普拉斯（Pierre Simon Laplace, 1749-1827）和拉格朗日（Joseph Louis Lagrange, 1736-1813）。從此之後，Laplace 和 Lagrange 也就成了 Cauchy 家中的常客，Laplace 和 Lagrange 也因而得以認識小柯西。他們倆對於小柯西的數學教育，尤其特別感興趣。他們在經過用心的觀察和接觸之後發現，其實小柯西的內心深處，蘊藏強烈的求知慾望。為了不讓如此一塊璞玉遭棄，他們於是極力的建議柯西的父親，一定要把柯西送進學校，接受正規的養成教育。

　　西元 1802 年，在 Lagrange 的建議之下，柯西被送進了當時全巴黎最好的中等學校，Ecole Centrale du Pantheon。在這所學校裡，柯西接受了傳統語言與文學寫作能力的訓練。雖然是短短的兩年，

285

Pierre Simon Laplace　　　　Joseph Louis Lagrange

　　柯西驚人的學習能力，卻讓柯西在 1804 年贏得了全校，甚至於全國人文學的重要獎章（the national prize in humanities）。儘管在文學方面，有如此優異的表現，柯西還是選擇了數學以及工程學為他的終身職志。天賦聰穎、思緒敏銳且又勤奮好學的柯西，在課堂上的數學表現，有如在人文學方面的成就一般，無比的勇猛犀利。看在大家的眼裡，十足的令人瞠目結舌，全校師生皆訝異不已。

　　西元 1805 年，在校方大力的推薦之下，16 歲的柯西進入了巴黎綜合科技術學院（Institute of Ecole Polytechnique in Paris），主修土木工程。就從這時候起，柯西開始接受嚴謹而有系統的科學和應用工程學的訓練。在數學家 Laplace 與 Lagrange 的鼓勵與教導之下，柯西也逐漸的嶄露了他在數學方面的天賦。西元 1810 年，21 歲的柯西以極為優異的成績，獲得了土木工程學的學位，並且順利的被分派到 Cherbourg，成為拿破崙軍隊的土木工程師，專責軍事防禦構築工程。

第六章　重拾微積分信心

The main hall seen from the lake, Ecole Polytechnique

　　出發前往軍隊報到之時，昔日的老師，Laplace 和 Lagrange 特別囑咐柯西在工作之餘，不要荒廢了數學的研究工作。寄望柯西能夠終身持續的為科學效力。因此，在柯西的行囊中，除了宗教以及拉丁文選的書本之外，他也帶了一本拉普拉斯所寫的《物理學》，以及一本拉格朗日所寫的《數學分析學》。

　　軍中的生活當然是忙碌的。可是，柯西不同於一般人，他充分的使用每天的 24 小時。除了勤奮的忙碌軍務，用心的研究如何改善施工方法、如何鞏固工事設施、如何加強防禦能力之外，每當軍務休閒之時，柯西唯一的嗜好就是鑽研數學。柯西是一位熱衷於公益的年輕人。在百忙中，他總喜歡抽空教育軍中的同袍，和大家一起研究數學。甚至於每逢假日，柯西也會到當地的學校當義工。協助學校從事數學教育的訓練及研究工作。柯西在一封寫給母親的信中提到：

「*I get up at four and am busy from morning to night. Work does not tire me; on the contrary it strengthens me and I am in perfect health.*」

從這一段話當中，我們可以了解到，一位成就大事業的人是如何充分利用時間，如何有效的運用時間，而樂在其中的了。

西元 1811 年，柯西發表了他首次的研究成果。他證明了，

「對任意一個凸多面體而言，它的面決定了它的角度。」

次年，柯西又陸續的提出了多篇有關多面體以及多邊形的學術論文。此時的柯西，已經無法掩蓋他的鋒芒。歐洲的數學界早已經開始注意到這顆耀眼的明日之星了。

西元 1813 年，24 歲的柯西服役期滿返回巴黎。在 Cherbourg 的三年期間，柯西在數學方面的研究成果，在法國頂尖數學界中，人人早已有所耳聞。返回巴黎的第三年，當柯西的研究計畫更為豐碩的時候，Ecole 綜合科技術學院來函，邀請柯西回母校做一場『分析學』方面的演說。接到信函，柯西滿懷喜悅的如期赴約。演說當中，每當講到精彩之處，聽眾總是掌聲雷動。特別是在提到有關無窮級數的收斂準則（Cauchy's criterion for convergence）時，全場更是屏住呼吸、鴉雀無聲。在現場的每個人，幾乎為柯西精湛的理論、獨特創意性的見解，給嚇的魂飛魄散。尤其是，柯西的老師 Laplace 更是忐忑不安，魂不守舍。Laplace 的心裡是又擔心、又著急的想著，這該如何是好呢？這到底是怎麼一回事呢？

原來，和其他在座的所有數學家一樣，拉普拉斯過去所曾經寫過的論文中，只要牽涉到無窮級數的部分，他壓根兒就沒有考慮過那些他所使用過的無窮級數，是否為收斂的無窮級數。也因此，只要在拉普拉斯的文章中所提及的無窮級數是不為收斂的話，那麼這篇文章就變得一文不值了。於是，等不及柯西的演說結束，拉普拉斯就先行離席，急於回到自己的研究室。關起門來，Laplace 就一陣

第六章 重拾微積分信心

翻箱倒篋。想辦法找出自己過去所寫過的文章。拉普拉斯一篇又一篇的用「柯西收斂準則」，檢查文章中所有曾經提及過的無窮級數，是否為收斂的。三天三夜下來，拉普拉斯總算安了一百顆心。因為在他的所有文章裡，所提到的無窮級數全都是收斂的。「哇！真是上帝保佑，我真是太幸運了。」拉普拉斯心中念念有詞的說道。可話說回頭，在 Ecole Polytech 演說現場，當柯西演講完畢，當大家都看不到拉普拉斯，而遍尋不著之際，大夥兒心裡頭真是急如熱火。以為拉普拉斯就這樣無端的消失了。此種緊張憂慮的情景，可不是拉普拉斯那般輕鬆的模樣所能體會的呢！

Cauchy's criterion for convergence:

An infinite series $\sum_{n=1}^{\infty} a_n$ converges if and only if for each $\varepsilon > 0$ there is an integer N such that

$$\left| \sum_{k=n}^{m} a_k \right| < \varepsilon \qquad \text{whenever} \quad m \geq n \geq N.$$

柯西這個石破天驚的發明，驚動了歐洲整個學術界的人士，也解開了百年來微積分不夠嚴密的心結。如此這樣一個偉大的貢獻，任誰也都會向柯西豎起大拇指稱頌一番。

西元 1815 年，年輕的柯西接受了 Ecole Polytech 的聘請，擔任分析學的助理教授一職。次年，柯西在「波浪理論」（a work on waves）方面傑出的研究，更是獲得了法國科學研究院的最高榮譽獎章。過後不久，柯西又在該學院的刊物上發表了有關「費馬多邊形數」（Polygonal numbers）的論文。此一研究成果的問世，使得柯

西的聲譽達到了人生的高峰。年僅 27 歲的柯西，此時已經成爲歐洲尚在人世間最爲頂尖級的數學家之一了。然而，柯西並沒有因此而絲毫自滿，他仍然繼續他的終身職責，不斷的從事數學研究。不過，這時他開始轉而專注在更爲有趣的複變函數論（functions of one complex variable）的研究上。數年後，柯西在複變函數論的領域上，也同樣獲得了突破性的發展。他發明了《柯西積分定理》（Cauchy's integral theorem）。這在複變函數領域中，算得上是一個非常重要的定理。洋洋灑灑 300 多個 pages 的文章，又再一次展現了柯西堅挺銳利的思維和充滿活力的頭腦。

Cauchy's integral theorem

Let G be an open subset in the complex plane and f an analytic function defined on G. If Γ is a closed rectifiable curve in G such that $Ind_\Gamma(w) = 0$ for every w not in G, then for a in $G - \{\Gamma\}$

$$f(a) \cdot Ind_\Gamma(a) = \frac{1}{2\pi i} \int_\Gamma \frac{f(w)}{w-a} dw$$

西元 1821 年，在朋友以及同事的鼓勵和協助之下，柯西終於開始把自己多年來的研究成果，一個定理、一個定理，一個敘述、一個敘述，嚴謹而有條理的整編出來，並且出版問世。對於這樣的一本講義教材，近代美國著名的數學家，E. T. Bell 曾經極爲讚揚的說到：

「柯西在他那本書上所提及的有關 Cauchy's definition of limit and continuity，以及 the convergence of infinite series，就算是科學昌盛的今天，在任何一本用心著作的微積分書本上，都

第六章 重拾微積分信心

能看得到。而且到目前為止,還沒有發現有任何其他數學家,創造出比這個更為完善以及更被廣為接受的定義和定理了。」

　　西元 1830 年,法國國內政治環境變得日趨惡劣。柯西感覺,這種政治上的混亂,已經不適合從事學術研究工作。加上多年來的辛勞工作之後,柯西更是身心俱疲。他心想不如利用這個機會,做一個短暫的休息。於是,就在 1830 年的七月革命(the revolution of July)之後,柯西離開了巴黎來到瑞士。到了瑞士,柯西熱心的協助瑞士政府成立瑞士國家科學研究院。但是由於法國國內政治因素的關係,柯西在瑞士只做了短暫的停留。導致成立瑞士國家科學研究院的計畫胎死腹中。

備註

　　所謂法國國內政治因素的意思是指,柯西必須對法國新的政府(Louis Philippe)宣示效忠。但是,柯西拒絕了這樣無理、專制又蠻橫的要求。因而,柯西丟了他在法國的所有工作和頭銜。這是一樁政治干預學術的歷史案件。暫且不表。

　　西元 1831 年,因為上述政治的因素,柯西被法國政府驅逐出境。此處不留人,自有留人處。柯西透過朋友的協助,輾轉來到義大利的 Turin。並且,在 Turin 的數學物理科學院謀得了一個教授的職缺,得以繼續從事數學的教學以及研究工作。良好的教學研究環境直讓柯西樂不思蜀,在 Turin 一待就是十七年的歲月。

　　西元 1848 年,那個要人民宣示效忠的路易斯菲利浦政府,被反對勢力推翻。柯西歸鄉情急的重返巴黎,並且獲得法國新政府的承諾,恢復了他在大學裡的所有教職。可是,好景總是不常在。不過

291

Botanic Gardens of the University of Turin　　　　Napoleon III

短短四年的光景，當拿破崙三世重掌政權的時候，這個新成立的政府又再度的對國人要求說，

「其實，人民對政府宣示效忠，真的有其必要性。」

所幸，柯西此時年歲已經老邁，加上柯西在法國數學界已經是一位德高望重、且為眾人所推崇的大數學家了，所以這個新的政府免除了柯西的宣示手續。

西元 1857 年 5 月 23 日，柯西因為支氣管發炎，導致高燒不退。終於，在 Arcueil 逝世，享壽 68。柯西結婚 40 年育有兩女，家庭生活顯然非常的美滿。與他同時代的人物都認為，柯西是一位非常虔誠、而又固執的天主教徒。他的這一個特質，與當時的一般科學家是有所不一樣的地方。可無論如何，大家都還是認為：「所有對數學有嚴格要求的人，都應該要多讀讀柯西的數學。」

臨終之時，柯西的最後一句話說到：「人總會去世，但是事蹟長存。」（Men pass away but their deeds abide）。這是一句多麼令人鼻酸，令人感覺悽涼而又悲壯的言詞，啊！柯西前前後後，在軍

中、在 Ecole Polytech，或是在瑞士、在義大利的 Turin 等，總共發表了 789 篇有關數學方面的論文著作。文章中，除了數學、物理之外，還包括了工程學、力學，甚至於天文學等，幾乎涉及到當時自然科學，以及應用科學的每一個分支領域。如此柯西，真不愧是重整微積分信心的頭號先鋒。他在自然科學界的傑出研究表現，當然也足堪被稱為數學歷史上最多產的數學家。

6.2　德國數學王子——高斯

　　經過十八世紀的淬煉之後，許多新的數學分支，有如雨後春筍般，一一的展現在世人的面前。這些新的數學分支領域，個個都凝聚著數學家們的心血，個個都代表著劃時代的數學創作。它們展新的演出，無意中已經向世人宣告，古代希臘大數學家歐幾里得所發明的幾何學，是眼光短淺的、不具深度的，思維狹隘的、不夠遼闊的。接著，人類文明史的列車才剛邁入十九世紀，數學家們更迫不及待的揮舞著他們輕盈的畫筆，為數學描繪出一幅更為精彩的遠景。他們敏銳而又堅定的思維，為絢爛輝煌的二十世紀寫下了不朽的基石。德國數學家高斯，就是在如此偉大的時代之下，享譽科學界的一位具有代表性的人物。由於他對學術界的傑出貢獻，後世之人甚至將高斯評價為，「與阿基米德、牛頓並稱為人類史上最為卓越的三大數學家。」

　　高斯（Carl Friedrich Gauss, 1777-1855）出生在德國中北部的 Brunswick。祖父是一位傳統務實的農夫。父親則是一位似乎沒有接

Carl F. Gauss				Brunswick, Germany

受過學校教育的大老粗。平日以做水泥建築雜工來養家活口。家庭環境可以說非常的清寒。每天,晚飯過後,父親總是會催促著全家大小早點上床睡覺,以節省燃料和燈油。所以,在這種生活環境背景之下,打從高斯小時候開始,在父親的觀念裡一直都認為,只要有力氣工作賺錢就好。求學問對窮人來說,是沒有用的。所以,父親壓根兒也就沒打算要讓高斯上學讀書識字。

話說,父親是水泥建築雜役們的工頭。因此,每當星期結束時,父親都要為他的所屬工人計算每週的工資所得。有一天,當父親為了計算工資帳目,不管怎麼算,都無法算清楚,而正為此事發愁的時候,年幼、機靈的高斯恰好在旁邊,語出驚人的道出了父親在計算上的嚴重錯誤。這時,鄉巴佬爸爸才領悟到,光有力氣而沒有學問,很多事情是辦不通的。就從這時候開始,父親的觀念才慢慢的改變了。最後他甚至改變心意,聽從了高斯的舅舅的勸說。於是決定,同一般人一樣,讓高斯七歲時也上小學,接受學校的正規教育。

鄉下的學校總是稍嫌破舊,尤其是地處偏遠不毛之地,總會讓

第六章　重拾微積分信心

人感覺懶散而沒有力氣。就以高斯的學校老師 Bretner（Büttner in German）為例，他終日都不安於室，無法專心一意的用心教學。高斯九歲的那一年，有一天正如同往常一樣，在上課的時間裡，Bretner 老師又想偷懶到辦公室喝咖啡。於是，老師在黑板上，隨意出了一道算術題目：

「從 1 到 100，把這一百個數字全加起來，和是多少？」

向學生吩咐好之後，Bretner 老師心想，今天應該可以好好的摸魚一翻，到辦公室喝咖啡，給他喝個夠了吧。可是，令誰也沒料想到，不順心、不如意的事情今天終於發生了。因為，還沒等老師把身上的粉筆灰拍打乾淨，在老師離開教室之前，高斯便交卷了。看到高斯走向講台前，Bretner 老師心理一陣狐疑。心想：「高斯，你這小子一定是隨便亂寫，要不就是繳交空白卷。」

Bretner 氣急敗壞的把高斯的小石板（十八世紀末期，歐洲所流行使用的筆記本）接了過去一看，不覺大吃一驚。高斯在小石板上整齊的寫著

$$1+2+3+4+\cdots+98+99+100$$
$$=(1+100)+(2+99)+(3+98)+\cdots+(50+51)$$
$$=101\times 50=5050$$

天啊！這該不會是高斯所寫的吧！我的眼睛是不是花了！

Bretner 老師感覺驚訝之餘，心想這是多麼不尋常的事啊！於是，Bretner 把高斯精彩的表現告訴了學校所有其他同事。就從這時候開始，校長以及學校的老師們便開始注意到，這顆閃亮耀眼的明日之星了。而且，從今之後，Bretner 老師也開始用心在教學上。每

在課堂講解的時候，總會特別注意高斯的反應，再也不敢摸魚、怠慢了。

受到大眾的矚目之後，高斯的聰明智慧逐漸的在數學領域上嶄露鋒芒。慢慢的，Bretner 老師發覺，高斯的數學程度進步神速。在邏輯的思維方面，更是表現的犀利而敏銳。兩年過後，Bretner 更感受到高斯的數學理解能力已經在自己之上，自己再也沒有能力教導高斯了。此時，Bretner 老師心想，難得發現那麼有潛能的天才，我應該好好的協助高斯，讓高斯有更多的機會，嶄露他在數學方面的長才。因此，Bretner 老師特別抽空前往城裡，找了幾本代數以及幾何學的數學讀本。當面送給高斯，並且囑咐高斯用心研讀，不要辜負了眾人的期待。

可是，正當大家對高斯的成就有著深切期待的時候，父親卻還是認為，工作賺錢比甚麼都重要。他認為，念書要花錢，又不能當飯吃，有甚麼好呢？所以當高斯小學畢業後，父親就再也不打算讓他繼續上中學了。如此淒涼窮困的情景，看在 Bretner 和學校其他老師的眼裡，覺得實在可惜。為此，Bretner 老師特地拜訪了高斯的父親，希望高斯的父親能夠往遠處著想，不要埋沒了百年難得一見的數學奇葩。費盡了口舌，Bretner 終於獲得了高斯父親的應允，勉強讓高斯上中學，繼續他的學業。

上了中學，乖巧懂事的高斯為了不讓父親失望，他發奮圖強、用心的在更高深的數學領域裡勤奮的研究。西元 1791 年的某一天，高斯在放學回家的路上，邊走路邊看書。由於他全神貫注的在思考書本上的題目，而不知不覺的走進了 Brunswick 當地公爵的花園庭院裡面。不得了了，高斯私闖公爵官邸，好危險啊！然而吉人天

第六章　重拾微積分信心

相，公爵夫人發現後，不但沒有驚擾或責罵高斯。反而，輕聲不語的靠近了，這位可愛又討人喜歡的少年。高斯發現誤闖公爵庭院之後，急忙向公爵夫人道歉，並且急於離去。此時，慈善的公爵夫人叫住了高斯。在了解高斯的家庭困境之後，公爵夫人對於高斯的處境，深表憐憫、覺得婉惜。於是，當晚便要求費迪南公爵（Duke Ferdinand），給力求上進的高斯經濟上的援助。

其實在此之前，有關高斯的好學以及他的家境情況，公爵也早已有所耳聞。所以，當夫人前來告知那天在庭院的巧遇之後，公爵立刻派人把高斯請來。看到乖巧有禮的高斯，費迪南公爵認為，高斯是位難得的天才，是位力求上進的年輕人。於是，公爵當下決定給高斯經濟上的援助，讓他好好的上學，期待高斯能夠在學術上，對國家、對人類做出貢獻。

Duke Ferdinand of Brunswick, 1766

西元 1792 年，高斯在公爵的協助之下，進入了 Brunswick Collegium Carolinum 學院，繼續升學進修。果然不負眾望，在學的三年當中，高斯獨立的發現了二項式定理（The binomial theorem）

的一般形式、「數論」的二次互逆定理（The law of quadratic reciprocity）、質數定理（The prime number theorem），以及算術幾何平均數定理（The theorem of the arithmetic-geometric mean）。看到這些專業領域的理論，真是令人難以置信。年紀不到二十歲，卻有如此驚人的創作，真是名不虛傳啊！

Math Department, University of Göttingen

初級學院畢業之後，高斯當然順利的甄選上了德國名校，哥廷根大學（Göttingen University）就讀。馳名歐洲的高等學府，除了豐富的數學藏書之外，更聚集了全歐洲頂尖的數學家。就在這樣優越的環境之下，高斯如魚得水，他以猛虎出柙般的姿態，迎向新世

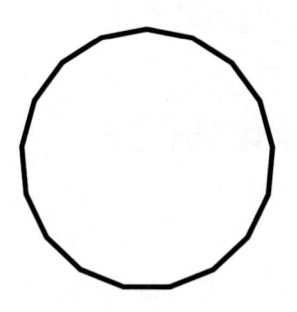

A regular heptadecagon

第六章　重拾微積分信心

紀的到來。西元 1796 年，十九歲的高斯，再一次的展現了他擋不住的鋒芒。他解決了兩千多年來，一直讓所有歐洲的數學家感到困惑的古希臘幾何問題《正十七邊形（17-sided polygon）的尺規作圖法》。這是自從歐幾里得（Euclid, 300 B.C.）提出了這個問題之後，千年以來所有數學家們，一直都束手無策的心結。

兩千年來，數學家們只是圍繞著研究如何用直尺與圓規建構出正三邊形、正四邊形、正五邊形、正六邊形、正八邊形、……等的圖形。他們卻從沒有想過，用直尺與圓規也可以作出正十七邊形的圖形。高斯對於這樣一個結果，感到非常滿意。年輕的高斯興奮之餘，仍然不失一顆赤子之心表示，

「希望死後，子孫們能夠在我的墓碑上，刻上一個正十七邊形的圖形，以茲紀念。」

由這麼一句話，可以見得高斯發明了正十七邊形作圖法之當時，心情是如何的喜悅的啊！

西元 1799 年，高斯以《代數學的基本定理》（*the Fundamental Theorem of Algebra*），在 Brunswick 的 Hemstedt University 獲得了博士學位。博士論文的主要論述是，「A polynomial of degree n with complex coefficients has n complex roots」。事實上，有關這樣一個理論，在高斯之前，就有許多數學家宣稱已經證出了這個結果。只是，這些證明在經過高斯一一的嚴格檢查之後發現，沒有一個證明是嚴密的，沒有一個證明是正確的。正當此榮耀時刻，為了對 Ferdinand 公爵的支援表達感恩之意，高斯特地把這一篇博士論文寄給了費迪南公爵。接到了高斯的研究成果之後，公爵心中甚為喜悅。費迪南公爵心想，對高斯的支助總算沒有白費。於是，公爵又

當下決定，繼續給予高斯經濟支援，讓高斯能夠全心全意的在學術領域上專心的研究。把自己所能貢獻給這個國家、這個社會。

果然，西元 1801 年的夏日，24 歲的高斯出版了《算學研究》（*Disquisitiones Arithmeticae*）一書。書中內容共有 7 個章節。除了最後一章，寫的是《代數學的基本定理》之外，其餘寫的都是有關《數論》的東西。例如，《同餘》（congruent）的概念、質數定理以及《二次互逆定理》等。由這些內容來看，高斯的這一本書當屬全世界人類數學史上第一本有系統的介紹《數論》的著作。

除了出版《算學研究》一書之外，就在這一年，高斯稍微改變了他的研究領域。話說，西元 1801 年的六月間，高斯碰到他認識多年的天文學家 Zach。從 Zach 口中得知，一位義大利的天文學家 G. Piazzi，在 1801 年的一月一日，發現了一顆名叫 Ceres（穀神星）的小行星。只是，對於這顆神秘的小行星，G. Piazzi 目前還沒能完全掌握住它的運行軌跡。通常，在 Ceres 轉移到太陽背後而消失之前，G. Piazzi 也只能觀察到這顆小行星的九度的運行軌跡。對於 Ceres 在太陽另一邊的運動路線，則完全一無所知。聽了 Zach 的說明之後，高斯感覺非常的有興趣，認為這是一個非常有意義而且具有挑戰性的問題。

於是，高斯暫時放下了手邊所有的數學研究工作。高斯全心全意投入天文學方面的研究計畫。果然不出眾人的期望，高斯使用了他在數學上所發明的「最小平方求近似值法」（the method of least square），預測出西元 1801 年 12 月 7 日 Ceres 將出現的位置。他把這個結果告訴了 Zach，並且同意 Zach 將此結論刊載在他所出版的一本刊物上。這一本刊物的內容包括了各種對 Ceres 運行軌跡所作

第六章 重拾微積分信心

的不同的預測。其中，高斯所作的軌跡預測特別與眾不同，是屬於比較特殊的一個。到了 12 月 7 日，當大家發現 Ceres 的時候，它所在的位置幾乎正如高斯所預測的，相差無幾。實在太厲害了！對於高斯如此優越的表現，天文學界的科學家們無不嘖嘖稱奇。初次表現即能有如此佳績，給了高斯相當大的信心和鼓舞。

　　西元 1802 年 6 月，高斯又得知當代大天文學家 Olbers 在 3 月間發現智慧之星 Pallas。於是，高斯又行前往拜會 Olbers。見到了高斯，Olbers 毫不吝嗇的向高斯介紹了這顆小行星。並且還特地邀請高斯，希望高斯能夠共同參與，研究 Pallas 的軌道計畫。高斯欣然應允之後，果然不出所料。沒過數日，高斯又準確的畫出了 Pallas 的軌道。此時的高斯，聲名大噪、聲譽遠播，就連遠在俄羅斯的聖彼得斯堡科學院，都知道高斯在天文學方面的卓越成就，從而，特別選任高斯為聖彼得斯堡科學院的會員。當然，Olbers 也在佩服之餘，大力推薦高斯為 Göttingen 地區天文台的主任。

Göttingen Observatory, Germany

　　正當，高斯的學術研究一路順暢之時，不幸的事情卻接連的發生了。西元 1805 年費迪南公爵率領普魯士軍隊，在一場戰役中罹難。1808 年，父親因病去世。隔年，太太 Johanna 在生他們的第二

301

個小孩之後，又不幸喪生。而且沒過多久，這個小孩也相繼夭折。這一連串的悲痛，雖然來得非常不幸，但並沒有讓高斯產生絲毫的挫敗。

西元 1809 年，高斯出版了第二本書，《天體運動理論》（*Theoria on the motion of celestial bodies*）。該書分成兩大冊，第一冊的內容主要是有關微分方程、圓椎切面、橢圓軌道。第二冊則主要介紹行星運行軌道的推估與修正。高斯不眠不休盡全力，在天文學理論方面的研究，一直持續到西元 1817 年。之後，高斯又轉換跑道，他把研究焦點集中在「位能理論」（Potential theory）以及「地面測量術」（Geodesy）領域上。

Leine River at Hanover City

西元 1818 年，高斯接受德國政府的邀請，測量 Hanover 當地的地籍圖形。高斯白天進行地形量測，晚上則忙於書面的計算與推導工作。為了測量的需要，高斯發明了「回光器」（heliotrope），用以觀測太陽。此後，高斯在微分幾何學上的研究，又到達了另一個高峰。西元 1820 年到 1830 年間，高斯總共發表了七十幾篇的研究論文。諸如，《空間曲面的研究》、《非歐幾何》、《高斯曲率》（Gaussian curvatures）、《微分幾何》、《超幾何函數》等，

第六章　重拾微積分信心

都是高斯擅長的專業領域。西元 1822 年，高斯更是獲得了哥本哈根大學學術最高榮譽獎章。用以表彰，高斯在微分幾何學上的卓越貢獻。

除了數學、天文學和微分幾何學的研究領域之外，西元 1830 年至 1840 年間，高斯更和年輕的物理學家 Wilhelm Weber 合作，致力於電磁學方面的研究。果然，這兩個人的研究團隊，最後製作出世界第一張地球磁場圖。這個空前的創作在歐洲的物理學界又是造成一陣轟動。科學家們無不豎起大拇指，嘖嘖稱奇讚嘆不已。

西元 1855 年 2 月 23 日的清晨，白雪覆蓋著 Göttingen 的大地。迷霧中，雪花仍然不斷飄落。就在這一天的清晨，高斯家族傳出了不幸的消息。人們心目中的數學王子，在他安詳的睡夢中去世了。惡耗傳來，他的同僚、崇拜者以及學生們都同表哀悼之意。為了達成高斯早年的遺願，人們在他的墓碑上刻劃了一個正十七邊形的圖案，用以緬懷高斯終身對數學的傑出貢獻。

Grave of Gauss at Albanifriedhof　　　　Gaussian distributions in statistics

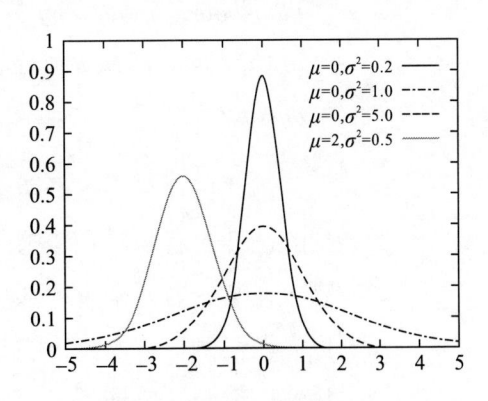

303

高斯對於研究工作所持的態度，是嚴謹的、工整的、不苟且的。所以，每當有研究成果出來的時候，高斯總是會很謹慎的一再檢驗、查看。高斯曾經說過：「我不輕易的對外發表任何研究成果。一旦要發表，我務必要求文章的內容是嚴格的、完整的而且是成熟的。」有關這一點，從高斯最後的兩個博士班學生，Moritz Cantor and Dedekind 對 Gauss 的描述文中，我們可以體會得到。文章中他們這麼寫著：

「…usually he sat in a **comfortable** attitude, looking down, with hands folded above his lap. He spoke quite freely, very **clearly**, **simply** and plainly; but when he wanted to emphasize a new view point…then he lifted his head, turned to one of those sitting next to him, and gazed at him with his beautiful, penetrating blue eyes during the **emphatic** speech… If he proceeded from an explanation of principles to the development of mathematical formulas, then he got up, and in a stately very **upright posture** he wrote on a blackboard beside him in his peculiarly **beautiful handwriting**: he always succeeded through economy and deliberate arrangement in making…」

由此可以見得，高斯嚴格、拘謹、整齊和絕不草率的個性。這樣的個性，有時候在學術的研究方面來說，是一個良好的習慣。但是，在某一方面來說，卻往往會延誤整體數學發展過程的先機。就以高斯為例，在他死後的某一天，人們在整理他的手稿資料之時，無意中發現，高斯對於《歐幾里得第五公設——平行公理》方面的評論。高斯在手稿中清楚寫到，

第六章　重拾微積分信心

「歐幾里得的第五公設是無法證明的。註記日期，西元 1816 年。」

原來，早在匈牙利數學家玻耶（John Bolyai, 1802-1860），以及俄羅斯數學家羅巴切夫斯基（Lobachevsky, 1793-1856）之前，高斯就已經知道，非歐幾里得幾何的存在了。

其實，我們可以更明確的說，高斯應該是第一個對平行公設，做過深入研究的人。可惜的是，當時高斯在獲得這項研究成果時，可能不覺得滿意。因此，也沒有將這份研究對外公開發表。為此，數學家們都同表遺憾的認為，要是高斯能夠早些提出他的看法，那麼，年輕的數學家玻耶和羅巴切夫斯基，就不須曠日費時重複這類題目的研究，直到 1833 年和 1843 年，才獲得和高斯有相同結果的發明了。當然，要是如此的話，新數學的發展進度，必然也會提早數十年，邁向新的領域了。

備註

1. 歐幾里得第五公設──平行公理：

    「若一直線和兩直線相交，且其中一側的「同側內角和」小於兩直角和，則將此兩直線延長後，會相交於同側內角和小於兩直角和的一側。」

    這是一個冗長的敘述。很顯然的，就連 Euclid 本人對於第五公設也不甚滿意。所以，在《幾何原本》中，Euclid 很少使用到這個公設。直到西元第五世紀的時候，數學家 Procles 才將前面冗長的敘述，推導出了一個等價的第五公設，如下，

「過已知直線外一點，恰有一條直線與這條已知的直線不相交。」

兩千年來，數學家在證明 Euclid 的第五公設上，著實花了很多的心血。而那些證明在被挑出毛病之前，都曾有過很長一段時間被認為是正確的。殊不知，早期他們在證明的過程中，普遍患了一個很嚴重的毛病。那就是，他們所絞盡腦汁引用的一些《很顯然的公理》，實質上和第五公設是等價的。

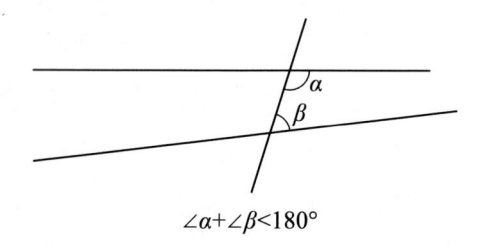

$\angle\alpha+\angle\beta<180°$

2. 羅巴切夫斯基平行公理：

　　　　過已知直線外一點，至少有兩條直線與這條已知的直線不相交。

3. 原來，羅巴切夫斯基所研究的平面，與歐基里得平面是有所區別的。一開始，數學家們將其稱為非歐幾何平面。在非歐幾何學裡，很多有關歐基里得幾何的定理，都變得面目全非了。譬如說，在羅巴切夫斯基幾何學裡，三角形的三內角和小於 180 度。然而，在另一位德國數學家，黎曼（George Bernhard Riemann，1826-1866）的幾何學裡，三角形的三內角和卻大於 180 度。這些看似有違常理的論點，曾經引起了一場數學界的風暴。下面，我們就用三個簡單的實物，來和大家說明即可明瞭。

　　　　首先取出一塊平整的玻璃板面、一個籃球，和一塊馬鞍形的瓦片。接著，分別在它們上面任選三點。並且，用最短的線分別把這三點連成一個三角形。我們發現，在平板玻璃上的三角形，其三內角和等於 180 度；在籃球面上所繪出的三角形，其三內角和大於 180 度；在馬鞍形瓦片上的三角形，其三內角和則小於 180 度。如下圖所示，

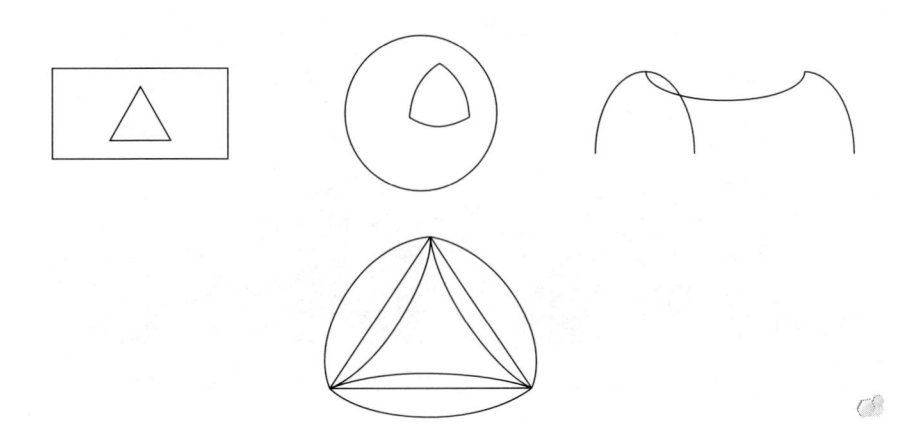

6.3 現代函數的創始者——狄利徐里

微積分草創之初，數學家們對於函數的要求是比較粗淺的，比較狹隘的。當時人們對於函數的認知，也是比較有限的。所以，當他們使用微積分，從事應用科學計算的時候，科學家們總是要求，函數是連續的、平滑的、看起來很美好的。因此打從一開始，數學家們壓根兒也從不曾想到過會有什麼諸如狄利徐里函數（Dirichlet function）的東西。直到西元 1837 年，德國數學家狄利徐里提出現代函數的概念之後，微積分的計算才有了重大的變革。$y = f(x)$ 的理論確立之後，微積分的應用範圍才變得更為廣泛與實際。這位劃時代的偉大數學家，狄利徐里（Peter Gustav Dirichlet, 1805-1859），他接續了高斯在德國數學界的聲望。他是提振德國數學精神的另一位核心人物。

Peter Gustav Dirichlet　　　　　Town hall, Düren, Germany

　　西元 1805 年的 2 月，普魯士的冬天，是那麼的酷寒難耐。過往的行人瑟縮著脖子，他們跨著急促的腳步踩踏在只見枯樹枝條，一片白茫茫的楓葉林道上。來自比利時 Richelet 鎮的 Dirichlet 家族，此時傳來了令人振奮的喜訊。原來，小狄利徐里誕生了。為了迎接新的生命，全家大小不停地忙裡忙外。父親是 Düren 鎮當地郵政分局的局長，家庭生活尚屬充裕。所以，打從小時後開始，狄利徐里就擁有較為良好的學習環境。在父母親用心的調教之下，小狄利徐里從小是溫文有禮、乖巧聽話。當然，在學校裡，在老師的心目中，小狄利徐里也就成了一位品學兼備、好學向上的學生典範。在所有的學生當中，小狄利徐里因而顯得格外的耀眼突出。

　　小狄利徐里年事稍長，在考慮到未來的就業傾向時，同其他的家長一樣，父母親也希望小狄利徐里能夠專心的攻讀法律。以便步入社會之後從事律師職務的工作。如此，對於日後的生活會比較有保障。然而，在眾多的課業當中，狄利徐里卻對數學情有獨鍾。所以，打從小時候起，他就不顧家人的反對，並抱定決心，意志堅定的表示，「我喜歡數學，我選擇研究數學為我終身的職志。」

第六章　重拾微積分信心

　　十九世紀初期，除了高斯之外，在德國較為有名的數學家為數極少。所以，當時德國的數學研究風氣，在整個歐洲大陸地區而言，基本上是比較不興盛的。甚至可以說是稍微落後的。為此之故，高中畢業年僅十七歲的狄利徐里，便決定到法國攻讀數學學位。

　　西元 1822 年，狄利徐里帶著高斯的經典名著《算學研究》離開家鄉。他來到法國巴黎綜合科技學院，拜在柯西的門下主修數學。正如前述所言，狄利徐里是一位有教養、乖巧而又討人喜愛的年輕人。所以，在一個偶然的場合，他很快的便認識了法國眾議員 M. Foy 將軍（拿破崙手下退役的一員大將）。並且，深深獲得了 M. Foy 將軍的賞識。於是，M. Foy 將軍特別提供了優厚的酬勞，聘請狄利徐里為其兒子的家庭教師。在 M. Foy 將軍的寓所，狄利徐里因而也結識許多法國學術界的名流。

　　開始之當時，狄利徐里專注於＜數論＞上的研究。他把高斯的《算學研究》全面修訂、重新編輯之後，全新的《算學研究》變得淺顯易懂，較能為大眾所接受。經過兩三年的專心研究，西元 1825 年，狄利徐里發表了他的第一篇研究成果。論文中，他主要討論諸如 $x^5 + y^5 = Cz^5$ 之類的方程式的解。過後不久，狄利徐里在該篇文章的結論當中，更進一步的證明了＜費馬最後定理＞，當 $n = 5$ 以及 $n = 14$ 時的案例。消息傳出之後，狄利徐里一時聲名大噪。年僅 20 歲，竟有如此成就，狄利徐里莫不令人刮目相看。

備註

　　在狄利徐里證明，費馬最後定理，$n = 5$ 的條件之同時，法國的另一

位大數學家，Legendre, Adrien-Marie（1752~1833）也獨立的證出了相同的結果。

法國數學大師傅立葉（Jean Joseph Fourier，1768-1830）在得知消息之後，立刻予以約見。會面之後，傅立葉對狄利徐里果然讚賞有加。於是，傅立葉向歐洲的數學界大力的推崇說，狄利徐里思路敏捷、學識淵博，他將會是歐洲數學界的明日之星。如此振奮人心的消息，傳回了德國。當時，正致力於提昇普魯士數學程度的 Alexander von Humboldt，立刻發出聘函。希望狄利徐里學業完成之後，能夠返回德國任教。

Joseph Fourier 　　　　Statue of Alexander von Humboldt

西元 1828 年，狄利徐里在 Humboldt 的力邀之下，應聘回國。他來到柏林大學任教。除了教學和研究之外，狄利徐里平時還得負起校務推展的責任。所以，大致上來說，狄利徐里在柏林大學的日子是充實而且操勞的。校務雖然繁忙，狄利徐里在學術研究方面，卻也絲毫沒有懈怠。返回柏林的第二年，狄利徐里在研究三角級數的收斂性方面，獲得了重大的突破。在有關三角級數的收斂性方

第六章　重拾微積分信心

面,他指出了數學家 Fourier 以及 Cauchy 只認識條件收斂,而忽略了絕對收斂的錯誤。

為了感謝狄利徐里在學術方面的傑出表現,以及感懷他對德國數學水平的提昇所做出的貢獻,西元 1831 年,柏林政府特別選任狄利徐里為柏林科學院的院士。此時,狄利徐里雖然年僅 26,卻已經集名望和恩寵於一身。次年 12 月,狄利徐里在眾人的媒合之下,和大音樂家,孟德爾頌(Felix Mendelssohn)的妹妹 Rebecca Mendelssohn 結為夫妻。

Rebecca Mendelssohn
(1811-1858)

Prussian Academy of Sciences

備註

In 1832, Rebecca married the mathematician Peter Gustav Dirichlet, who was introduced to the Mendelssohn family by Alexander von Humboldt.

除了＜數論＞之外,狄利徐里同柯西一樣,也是十九世紀分析學嚴格化的倡導者之一。西元 1837 年,狄利徐里發表了劃時代的創作＜函數的概念＞。他將兩個集合 X 與 Y 之間的對應關係,

用＜函數＞這個抽象的名詞，做了一個完整的定義。他說，

A function is a map which assigns to each element in X one and only one element in Y （一個函數是一個映射，它將集合X中的任意一個元素，唯一對應到集合Y中的某一個元素。也就是說，對於集合X中的每一個元素x，在集合Y中唯一存在一個元素y與之對應。）

這個全新概念的發明，得以讓微積分的計算，往前跨越了傳統的障礙。狄利徐里在研究中發現，除了肉眼可以看得見的連續函數之外，微積分的計算也可以考慮一些較為特殊，甚至於一些人造的函數。狄利徐里舉例說，

當變數x是有理數的時候，$y=1$；當變數x是無理數的時候，則$y=0$。

這就是一個典型的非傳統函數。這個例子是過去的數學家所想都想不到，而且也是他們所不敢去接觸的函數。然而，狄利徐里卻不畏艱難、勇於挑戰。他求新求變，創新革新。他讓數學的思維脫離傳統，走向複雜而多變的未來。

西元 1855 年高斯去世之時，狄利徐里接受了哥廷根大學（Göttingen University）之聘請，到哥廷根繼任高斯的教職。就從這時候開始，繁忙的教務以及過於負荷的研究工作，使得狄利徐里的健康狀況急轉直下。西元 1858 的夏天，狄利徐里的太太，Rebecca Mendelssohn 因腦中風而病逝。這突如其來的嚴重打擊，使得原本體弱多病的狄利徐里，更顯得憔悴衰弱。隔年三月，狄利徐里帶病前往瑞士，為高斯逝世四周年紀念作出演說之時，心臟病突發。西元 1859 年 5 月 5 日與世長辭，得年五十有四。

第六章　重拾微積分信心

備註

1. Dirichlet's function

$$d(x) = \begin{cases} 1, & \text{if } x \in Q \\ 0, & \text{if } x \in Q^c \end{cases}$$

2. Modified Dirichlet's function:

$$d_m(x) = \begin{cases} \dfrac{1}{p}, & \text{for } x = \dfrac{q}{p} \text{ a reduced fraction} \\ 0, & \text{for } x \text{ irrational} \end{cases}$$

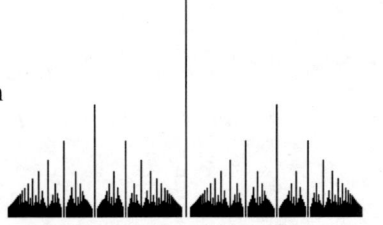

3. 狄利徐里在傅氏級數方面的貢獻，也是令人刮目相看的。茲舉出相關事例如下：

   Dirichlet kernel:

   $$D_N(x) = \sum_{n=-N}^{N} e^{inx}, \quad N = 1, 2, 3, \ldots$$

   The Nth partial sum of the Fourier series of a 2π-periodic Riemann-integrable function f on $[-\pi, \pi]$ can then be written as follow,

   $$S_N(x) = \sum_{n=-N}^{N} c_n e^{inx} = \sum_{n=-N}^{N} \frac{1}{2\pi} \int_{-\pi}^{\pi} f(t) e^{-int} dt \, e^{inx}$$

   $$= \frac{1}{2\pi} \int_{-\pi}^{\pi} f(t) \sum_{n=-N}^{N} e^{in(x-t)} dt$$

   $$= \frac{1}{2\pi} \int_{-\pi}^{\pi} f(t) D_N(x-t) dt$$

   $$= \frac{1}{2\pi} \int_{-\pi}^{\pi} f(x-t) D_N(t) dt$$

利用這個結果，狄利徐里證明了

「若 f 為周期 2π 的連續函數，則存在一三角多項式 P，使得 P 與 f 近似。」

6.4 一位艱苦經營的數學家——威爾斯特拉斯

「*A true mathematician who is not also something of a poet will never be a perfect mathematician.*」（一位絲毫沒有詩情寫意的數學家，將不會是一位完美的數學家。）

這是另外一位對微積分基礎工程的重建工作，有著極大貢獻的德國數學家，威爾斯特拉斯所說的。

威爾斯特拉斯（Karl Weierstrass, 1815-1897）出生於德國的 Ostenfelde。父親（Wilhelm Weierstrass）是當地市府的秘書。膝下育有四子，Karl 排行老大。據說，Wilhelm 的四個小孩，長大之後全都沒有結婚。

Karl Weierstrass 　　　　　　　The University of Bonn

第六章　重拾微積分信心

　　Karl 八歲之時，父親轉任稅務稽查員。因此之故，父親常居無定所。也因此，Karl 便隨著父親在德國境內四處轉學。西元 1827 年，母親 Theodora 病故，次年父親再婚。這一連串不順遂的童年，讓 Karl 養成了特立獨行以及叛逆的個性。

　　西元 1834 年，19 歲的 Karl 考上波昂大學（University of Bonn）之時，父親一度強迫威爾斯特拉斯，一定要選擇財務法律或商學科系。心理一陣煎熬折騰之後，年青氣盛的威爾斯特拉斯，勉爲其難的聽從了父親的指示。然而，威爾斯特拉斯卻從沒有專心的在商學院上過一堂課。他反而沉溺於各類的社團活動，散漫、放任，直到不能自拔。四年後，23 歲的威爾斯特拉斯沒有拿到學位。在不得已的情形之下，只好回到他所不喜歡的家。

　　見到了父親，一場家庭風暴勢必在所難免。威爾斯特拉斯在父親的指責下，氣憤的決定外出找尋工作。所幸，上天眷戀，威爾斯特拉斯沒有走上絕路。在朋友的鼓勵和推薦之下，他進入了 Münster 學院，參與選修中等學校教師培訓計畫課程。更幸運的是，在 Münster 學院，他碰到了一位非常優秀的數學教授——哥德曼（Gudermann）。哥德曼對於威爾斯特拉斯的機智，和敏捷的思維方式甚表讚賞。在哥德曼的鼓勵之下，威爾斯特拉斯於是開始研究數學。尤其是對於橢圓函數（elliptic functions）以及冪級數（power series）的專題研究領域上，威爾斯特拉斯產生了極爲濃厚的興趣。

　　西元 1841 年 4 月，教師培訓的課程結束後，威爾斯特拉斯通過了教師資格檢定考試。在這次的資格考當中，威爾斯特拉斯在數學方面的表現，極爲優異。所以，哥德曼教授在威爾斯特拉斯的培訓課程評語中，極力的請求主考官同意威爾斯特拉斯到大學教書；而

不是當中學的數學老師。事後,雖然主考官沒有採納哥德曼的意見,可是對於這樣的結果,威爾斯特拉斯已經心滿意足了。26 歲的威爾斯特拉斯,高興的前往中學任教。回想起三年前那般窮途潦倒的模樣,如今已不復見,莫不令人心感吁吁。

除了數學之外,威爾斯特拉斯在學校也被要求同時講授物理、生物、地理、歷史、寫作,甚至於體育等課程。威爾斯特拉斯真不愧是一個全方位的人才啊!白天教書,晚上威爾斯特拉斯也沒閒著。他對數學的喜愛,更勝於任何其他休閒。他每天都自己獨立的做數學研究,直到深夜。

十數年如一日,威爾斯特拉斯在微積分的嚴密化方面,逐漸的獲得了一些重要的突破。除了改進前輩柯西等人的漏失之外,他在分析學的領域裡,更是掌握了整體發展的動脈。雖然如此,威爾斯特拉斯卻是一位埋頭苦幹型的人物。他只知道用心的作研究,從來就沒有想到,把自己所研究出來的成果對外發表,以便獲取聲譽。因此,在很長的一段時間裡,外界很少人知道他在數學方面的研究工作。所以,當時很多威爾斯特拉斯早已經研究出來的成果,後來都讓其他數學家研究獲得,而搶先發表出來。對於這樣一件事情,威爾斯特拉斯從來不覺得在意。這些年來,他只知道一心一意的致力於,更深入的數學研究。

西元 1853 年的有一天,威爾斯特拉斯在中學的《數學天地》雜誌中,做了有關「解析乘階」(Analytical factorials)的註腳。這樣一個研究成果傳開之後,紛紛獲得全國各界的好評。此時,威爾斯特拉斯才開始認真的考慮,何不也將自己的研究所得對外發表呢?

果然,西元 1854 年,德國最著名的專業期刊(*Crelle's*

第六章　重拾微積分信心

Journal）上，刊登了威爾斯特拉斯的一篇，談論有關「abelian functions」的數學原創，轟動了德國數學界。文章中，威爾斯特拉斯將一個 abelian function 表示成一個收斂的冪級數。當時，學術界的各大報章雜誌競相報導。標題為「來自一位不知名中學老師的一篇數學巨作」。這篇報導使得威爾斯特拉斯的學術聲望，迅速的傳播至全國各個角落，甚至於歐洲各地。除此之外，威爾斯特拉斯特殊的教材教學方法，也深深獲得廣大年輕學子的喜愛。西元 1856 年，在德國數學家學會的鼎力支持和推薦之下，威爾斯特拉斯獲得了好幾所大學的榮譽學位。當年十月，柏林大學（the University of Berlin）數學系更聘任他為專任教授。而這個職務正是威爾斯特拉斯多年來的夢想。所以，接到聘書之當時，他立刻接受了這個聘約。

威爾斯特拉斯在柏林大學，除了更加勤奮的研究之外，在課程的講授方面更是十分細緻而有條理。所以，無論在學術界、同儕間或是在學生的評鑑中，他都贏得了日漸增長的聲譽。藉著在柏林大學的多場演講，威爾斯特拉斯把過去所獲得的研究成果，陸續的展現在所有數學家的面前。過去所不為人知的辛苦代價，今天得以逐漸的變成了歐洲數學界的共同財富。諸如，

1. The application of Fourier series.
2. The application of integrals to mathematical physics.
3. An introduction to the theory of analytic functions.
4. The theory of elliptic functions.
5. Applications to problems in geometry and mechanics.
6. Introduction to analysis.
7. Integral calculus.

特別值得一提的是，西元 1863 年在他的演講主題為，The general theory of analytic functions，當中，威爾斯特拉斯證明了「複數體系是實數體系唯一一個可交換體之代數延伸（The complex numbers are the only commutative algebraic extension of the real numbers）」。

這個結果是西元 1831 年，偉大的數學家高斯所企圖證明，而未完成的研究工作。西元 1872 年，威爾斯特拉斯更是近乎奇蹟似的，創作了一個「處處連續但是卻處處不可微分的函數」（continuous but nowhere differentiable function）。這個發明讓一些完全依賴直覺的數學分析學家，感到沮喪、挫折與汗顏。在當代數學分析學界，佔有一席之地的德國數學家黎曼（Bernhard Riemann, 1826-1866）認為，這樣一個函數是可以找得到的。可是，多年來對於這個答案，黎曼卻是束手無策。

The Berlin University in 1850　　　　　　Bernhard Riemann

除了顯赫的數學研究成果之外，威爾斯特拉斯的熱心助人、以及非凡的人格特質，也是為人所稱道的。一位曾經得過法國科學院，最高榮譽獎的俄羅斯女數學家 Sofia Kovalevskaya，年輕時，於西元 1870 年，從俄國初次來到德國。她想申請到柏林大學攻讀數學學位。然而，由於她是女性而被校方拒絕進入校園。這件事情讓威

第六章 重拾微積分信心

爾斯特拉斯知道之後,深表同情、感同身受。於是,威爾斯特拉斯私下造訪了 Sofia。威爾斯特拉斯鼓勵 Sofia,不要氣餒。他說,研究數學不一定非要到學校不可。就如同自己為例,獨立研究仍然有成功的時候。言畢,威爾斯特拉斯當下答應,利用時間私下指導 Sofia 做數學。

第二天,威爾斯特拉斯帶了很多數學的相關資料給 Sofia。好讓 Sofia 也能夠與外界的步調一致,有效的開創新的視野和論述。得到威爾斯特拉斯的協助,Sofia 展現了女性專心、細膩的特質。數年後,豐碩的研究成果陸續的出刊,並且逐漸獲得歐洲學術界的認同與景仰。最後,更贏得了法國科學院的最高榮譽頭銜。這件事情說明,苦讀出身的人更能夠體會、更懂得珍惜擁有學習機會的可貴。

威爾斯特拉斯的研究工作,深深的影響了 19 和 20 世紀的數學發展。尤其是,他在分析學上的貢獻。諸如,「威爾斯特拉斯函數級數均勻收斂檢定法則」(Weierstrass M-test for uniform convergence),以及它所發明的「連續但無處可微分的函數」(continuous but nowhere differentiable function),更是現代科技中舉足輕重的數學創作。

柯西、狄利徐里、威爾斯特拉斯等人,對微積分的嚴格性所進行的重建工作,一開始就造成了巨大的轟動。和其他科學的每一次進步一樣,微積分嚴密化的過程,也不是馬上就被所有科學家們普遍接受的。為了深入揭示,「函數的連續性質與可積分性質、和可微分性質之間的關係」,他們需要克服傳統的惰性。為了深入探討函數的各種反傳統性質,狄利徐里、威爾斯特拉斯、黎曼等人曾經建構了一些獨特的函數,而這些函數在其他數學家的眼裡,幾乎是不可思議的奇怪。於是,他們當時曾經一度地被其他數學家認為是

病態的、古怪的、違反自然法則的。繼而,這些重整微積分嚴密性的先鋒們,受到了來自多方面的壓力和譴責。

直到今天,在微積分曾經有過的混亂,以及使微積分嚴密化的工作所受到的種種非難,都已經成為歷史的時候;當我們在現代的微積分教本中,看到由一個又一個的定義、一串又一串的公式和定理所編輯成的一本嚴謹而完整的理論體系的時候;我們要深刻的記取,這本書裡面凝聚著歷代數學家們的心血、困惑、失敗、爭執、羞辱、創造和喜悅。

備註

1. Weierstrass M-test for uniform convergence:

   Suppose that $\{f_n\}$ is a sequence of functions defined on a set E, and suppose that

   $$|f_n(x)| \leq M_n, \quad \forall x \in E, \quad n = 1, 2, 3, \ldots$$

   Then $\sum f_n(x)$ converges uniformly on E, if $\sum M_n$ converges.

2. Continuous but nowhere differentiable functions:

   Define, for $-1 \leq x \leq 1$,

   $$\varphi(x) = |x|$$

   and extend the definition of $\varphi(x)$ to all real x by requiring that

   $$\varphi(x+2) = \varphi(x)$$

   Then $f(x) = \sum_{n=0}^{\infty} (\frac{3}{4})^n \varphi(4^n x)$

   is continuous but nowhere differentiable.

   (詳細請參閱,Page 154, *Principles of Mathematical Analysis*, Walter Rudin.)

第六章　重拾微積分信心

Note:

由上述 $\varphi(x)$ 的擴張定義，可知

$$\varphi((x-2)+2) = \varphi(x-2)$$

所以　　$\varphi(x) = \varphi(x-2)$

又　$\varphi((x+2)+2) = \varphi(x+2)$　且　$\varphi((x-2)-2) = \varphi(x-2)$

因此　$\cdots = \varphi(x+4) = \varphi(x+2) = \varphi(x) = \varphi(x-2) = \varphi(x-4) = \cdots$

6.5　二十世紀最偉大的數學家──希爾伯特

　　若想要知道希爾伯特對於近代數學的影響有多麼的深刻，大家只要看一下一些高等數學課程書本裡的目錄，便可以略知一二。尤其是對於分析學稍微有所認識的人都知道，希爾伯特發明的 Hilbert space 上的一些相關的重要定理，以及 Hilbert transforms in Hilbert space 在近代數學的場合裡，不僅是舉足輕重的，而且是不可缺少的。希爾伯特以數值方法討論逼近理論時所發明的 Hilbert 矩陣，更是令人驚訝萬分、嘆為觀止。在抽象代數裡，Hilbert's Basis Theorem, Hilbert's Nullstellensatz, Hillbert's Satz 90, 以及 Hilbert's Specialization theorem 等，更是展現了希爾伯特在「數論」方面的卓越成就。所以，希爾伯特被世界數學界公認為是 19 與 20 世紀最具有影響力的數學家，是無庸置疑的。

　　除了數學之外，希爾伯特晚年，對於物理學的傑出研究成果，也是有口皆碑的。諸如，Kinetic gas theory, Radiation theory, Gravitation and general relativity theory 等，都是高等物理學上的重要指標。希爾伯特豐富的學識，涵蓋了代數、數論、幾何、邏輯學、

分析學，以至於物理學等，足跨數學和物理學的各分支領域。他以「將數學和物理學的各個領域理論，給予公理化組織起來。」為終身的職志。這一個歷史性的任務，更使得希爾伯特贏得了「二十世紀最偉大的數學家」（the greatest mathematician of the twentieth century.）的美譽。

David Hilbert

University of Königsberg

備註

1. Nullstellensatz states that for every polynomial g vanishing on the ideal's set of vanishing points some power of g is contained in the ideal.
2. Satz 90 is a theorem on relative cyclic fields.

　　希爾伯特（David Hilbert, 1862-1943）出生在東普魯士王國的首府柯尼斯堡（Königsberg, Prussia。Now Kaliningrad, Russia. 請參閱 5.6 節）。父親 Otto Hilbert 的工作，是當時為大家所尊敬的城市法庭的法官。父親由於工作忙碌的關係，所以從小時候起，希爾伯特就由母親 Maria（An unusual woman, interested in philosophy and astronomy and fascinated by numbers, especially prime numbers.）一手

第六章 重拾微積分信心

帶大。包括學校的課業以及課後的生活輔導等,都是在母親細心的呵護之下成長。母親如此用心與耐心的教導,使得希爾伯特不僅從小就培養出良好的讀書習慣。而且,對數學也因而產生了極為濃厚的興趣。

西元 1880 年,中等學校畢業之後,希爾伯特考上了柯尼斯堡大學(The university of Königsberg)。他滿懷憧憬期待著,在大學裡能夠學到更多、更深、更有趣的數學。然而,開學後,當他來到柯尼斯堡大學時,他的期待落空了。他失望的難以安頓下來好好念書。因為他發現,Heinrich Weber 是該所大學裡唯一的一位數學教授。失望之餘,希爾伯特期盼著下學期,看看是否可以到別的學校,選讀比較具有挑戰性的課程。果然,1881 年的 2 月,在他參觀了海德堡大學(university in Heidelberg)之同時,他選修了 Leonard Fuchs 的一門微分方程的課。希爾伯特發現,海德堡大學所開的課程,比起柯尼斯堡大學所開的,顯然要來的豐富而且多樣。於是,希爾伯特便當下決定,在海德堡多待一個學期,以便多選些有興趣的課程。

西元 1882 年的春天,遠在北方的柯尼斯堡,傳來了令人振奮的消息。柯尼斯堡大學,一位年僅 17 歲的研究生 Hermann Minkowski,獲得了巴黎科學院極具聲望的數學榮譽獎章。聽到了這個消息,希爾伯特在驚喜萬分之餘,改變了他原來的想法。他難以置信而又好奇的返回了柯尼斯堡大學。回到家鄉,希爾伯特很快的便與羞澀的 Minkowski 接觸。並且,很快的與 Minkowski 成了要好的朋友。這時,希爾伯特收拾起那顆浮動而不安的心。他以 Minkowski 的成就為自我激勵的標的。希爾伯特開始在柯尼斯堡大學,認真的求學和研究。

西元 1885 年，希爾伯特在 Ferdinand Lindemann 教授的指導之下，以「某種代數型態的不變異特性」（Invariant properties for certain algebraic forms）獲得了他的博士學位。返回柯尼斯堡大學的這段期間，希爾伯特也認識了另一位傑出的數學系助理教授 Adolf Hurwitz。加上 Minkowski，這三位有為的年輕人成了知心之交。他們三人在一起養成了每天清晨一起到戶外散步的習慣。每當散步的時候，三個知心好友總是天南地北的聊。從數學、哲學、文學、政治，以至於女人的行頭首飾等無所不聊。他們三人，幾乎已經成了莫逆之交。

Hermann Minkowski
(1864~1909)

Adolf Hurwitz
(1859~1919)

在好友 Hurwitz 的建議之下，為了增廣數學的見聞，西元 1886 年，希爾伯特走訪了歐洲各地有名的數學家。諸如，Paul Gordan、Weierstrass、Schwartz、Felix Klein、Henri Poincare、Leopold Kronecker 等，當代屈指可數的數學大師。在和這些數學名流接觸之後，希爾伯特見識到，大師們周全而嚴密的思維邏輯。於此同時，希爾伯特也感受到，大師們固執堅定且充滿自信的個性。特別是，Leopold Kronecker 永不妥協和絕不接受新思維的作風，大大的影響

第六章 重拾微積分信心

了希爾伯特。這位年輕的德國數學家希爾伯特，從眾多的研討會場合中體會到，做學術研究，需要寬廣的胸襟和創新的意志力。在與 Paul Gordan 會談時，Gordan 為希爾伯特介紹了「不變量問題的研究」。Gordan 並且向希爾伯特問到：「是否能夠以有限基底，來表示無限維度的不變量的問題。」（Whether there exists a finite basis to express an infinite system of invariants.）。

見識過大師們的風範，返回了柯尼斯堡。希爾伯特立刻進行 Gordan's problem 的研究工作。經過多日的鑽研之後，西元 1888 年的春天，希爾伯特終於證明了上述所言的 finite basis 的存在性。各界對於年輕的希爾伯特能有如此功力，紛紛讚賞有加。唯獨 Kronecker 與 Gordan 對於希爾伯特的表現不甚滿意。這兩位嚴苛的老數學家甚至認為，希爾伯特的證明沒有創意，而拒絕予以承認這個證明的合理性。在某一個公開場合裡，Gordan 甚至說到：「Das ist nicht Mathematik. Das ist Theologie.（This is not mathematics. This is theology.）」。但也無論如何，希爾伯特的這一篇傑作，已經獲得了 Göttingen 大學教授 Felix Klein 的好評。所以，Klein 特別推薦希爾伯特到德國 Göttingen 大學教書。到了 Göttingen，希爾伯特如魚得水振翅高飛。展現了他年輕無比的活力，和堅定執著的信念。在 Göttingen 大學的四年當中，希爾伯特穿梭活躍於數學王國的國度。

西元 1892 年，希爾伯特再度提出了 Gordan's problem 的證明。這一回他不僅證明了 finite basis 的存在，他更將無限維度的不變量，圓滿的用 finite basis 給表述了出來。看到了希爾伯特的表現，Gordan 此時再也無可挑剔。只是頻頻點頭，聲聲嘉許。希爾伯特前後兩次對 Gordan's problem 專心研究，而提出的證明過程當中，讓

希爾伯特發現了代數學上最為基本的定理,「Every subset of a polynomial ring of independent variables has a finite ideal basis」。數學家 Hermann Weyl 後來認為,這個定理直可說是＜代數流形＞理論的基石(The foundation stone of the general theory of algebraic manifold)。這樣一個研究成果,堅實的奠定了希爾伯特成為世界一流數學家的基礎。

Leopold Kronecker
(1823~1891)

Paul Gordan
(1837~1912)

備註

　　Hermann Weyl 是希爾伯特在 Göttingen 的得意門生,後來也成了同事。他把希爾伯特的終身成就,歸類出下列五大領域。

1. Invariant theory
2. Algebraic number field theory
3. Foundations of geometry of mathematics
4. Integral equations
5. Physics

　　接下來的幾年,希爾伯特的愛情事業與學術研究都穩健成長。

第六章　重拾微積分信心

　　西元 1892 年，希爾伯特和 Königsberg 富商的女兒 Käthe Jerosch 結婚。因此，在好友 Hurwitz 的推薦之下，希爾伯特重返 Königsberg 大學任教。西元 1893 年的八月，就在他的小孩 Franz 出生之後沒多久，希爾伯特在 Charles Hermite 與 Ferdinand Lindemann 之後，提出了一個既簡單又直接的證明。他證明了超越數（transcendence）e 和 π 的存在。這一次的創作，使希爾伯特被德國數學學會任命為國家科學會《數論》（number theory）編輯的主筆。這個具有挑戰性的頭銜，似乎決定了希爾伯特在未來的幾年，必須努力的進行「代數數論」（Algebraic number theory）的研究。

　　西元 1895 年，希爾伯特果然完成了，名為《Zahlbericht》的一本偉大的著作。凡是看過這本書的人，無不將其稱為「數學文獻上的珍寶」（a veritable jewel of mathematical literature）。希爾伯特再一次的具體成就，使得他成了德國數學界的風雲人物。此時，求才若渴的 Göttingen 大學，當然也沒有放過希爾伯特。這次，他們以全職教授（full professor）的頭銜，把希爾伯特聘回了 Göttingen。

　　從 Königsberg 到 Göttingen，或者說，在《Zahlbericht》問世之後，希爾伯特的研究領域已經由「不變量分析」轉移到「代數數論」。希爾伯特在 Göttingen 愉快又順暢的教學研究環境之下，如魚得水、如虎添翼般的進行精湛而又大量的學術創作。諸如，Satz 90 (A theorem on relative cyclic fields), A form of the Legendre symbol and the idea of a p-adic norm，The relations between number theory and modular functions，The theory of ideals and abelian fields，A proof of Waring's problem in 1909，……等，在代數數論的領域裡大放異彩，令人佩服不已。

西元 1898 年之後，36 歲的希爾伯特開始專注於平面幾何公理化的研究。那也就是說，「他計畫將幾何學的理論，設計出一套通則的意思。」希爾伯特的這個研究計畫，將幾何學推到了一個有條理的境界。他所出版的《幾何基礎》（Grundlagen der Geometrie）重新建立了，前後一貫（no axiom overlapped with another）而且完整的（the collection of axioms enabled one to express all of geometry）歐幾里得幾何公理體系。這項偉大的幾何公理化工程，完全改變了歐幾里得幾何學的面貌。

接著，希爾伯特的工作重點，轉向了數學基礎公理化的研究。他發明了一個研究計畫，所謂的「Hilbert's program」。從中，他嚴格的證明了，邏輯和集合理論的適合性。一開始，希爾伯特的這項計畫，招來了一些年輕數學家無情的批判和爭議。但是到了後來，深入的數學研究結果發現，這些批判與爭議只是對數學所知不深，而導致的一時誤解罷了。在一位大哲學家 Michael Detlefsen 證明了批評者 Gödel's 的理論是荒謬的之後，Hilbert's program 終究獲得確認。數學家 Hermann Weyl 在 Hilbert 逝世紀念文中寫到，「Hilbert is the champion of axiomatics」。

西元 1910 年，數學公理化告一段落之後，希爾伯特轉換跑道，投入了物理公理化的研究。由於，物理學家對於數學缺乏嚴格的認識，所以希爾伯特一直認為，物理對物理學家來說有些太難了點。所以，希爾伯特堅持加入物理公理化的修築工程。希爾伯特利用「積分方程」理論中所發明的方法，從 Kinetic gas theory 開始著手。進而轉為 radiation theory，接著 gravitation 和 general relativity theory。

雖然希爾伯特不是一位專業的物理人士，但是他在數學領域上

第六章 重拾微積分信心

的天分卻彌補償了他對物理方面認知的不足。當時，有一位物理學家 Constance Reid 說到：「當愛因斯坦（Albert Einstein, 1879-1955）正在為決定地心引力的十個微分型態系數，尋找束縛定律（binding law）的時候，希爾伯特已經輕鬆而又簡潔的解決了這個問題。」這一段話深刻的描述了當時一位數學家參與物理學研究的最佳寫照。但是無論如何，希爾伯特對於 Einstein 的天分，也是百般推崇的。曾有一次在數學年會中，希爾伯特公開的說：「Every boy in the street of Göttingen understands more about 4-dimensional geometry than Einstein. Yet, in spite of that, Einstein did the work and not the mathematicians.」。

Albert Einstein in 1921   Albert Einstein in 1893

　　西元 1932 年，希特勒（Adolf Hitler, 1899-1945）專權，大肆迫害猶太族人。當時的納粹政府通過法令，凡是純種血統的猶太人，必須強迫離開教職。數學家如 Courant、Noether、Landau、Bernays、Born 和 Franck，一個一個陸續的被趕出了 Göttingen 大學。此時，希爾伯特的心情幾近撕裂、破碎。記得在某一個宴會的夜晚，當時的教育部長向希爾伯特問道：「現在 Göttingen 大學的數學研究變得

如何了？」希爾伯特回答說：「Göttingen 的數學再也不復往昔榮景。納粹政權終結了 Göttingen 在數學界領導的地位。」

Richard Courant (1888~1972)

　　西元 1943 年 2 月 14 日，二次世界大戰的血腥，使得希爾伯特的精神瀕臨崩潰。年邁的希爾伯特對於，政治干預學術的行為徹底的失望。日夜寡歡，希爾伯特鬱悶而終，享年八十有一。數學家 Courant 在希爾伯特逝世紀念文中，有一段敘述說：「希爾伯特對科學的貢獻是如此的廣泛，以至於我真的不知該如何決定希爾伯特的研究領域。不過可以確定的是，希爾伯特那股具有傳染性的樂天主義，給數學注入了一劑生機活水。大衛希爾伯特的精神與數學長在。」

備註

1. A **Hilbert space** is a vector space **H** over a field **F** together with an inner product $<,>$ such that relative to the metric $d(x, y) = \|x - y\|$ induced by the norm $\|x\|^2 = <x, x>$, **H** is a complete metric space.
   For instance,

The space $l^2 = \{X = (x_1, x_2, ..., x_k, ...) : \forall x_i \in R, \sum_{i=1}^{\infty} x_i^2 < \infty\}$ equipped with the scalar product $<X, Y> = \sum_{i=1}^{\infty} x_i y_i$ is a Hilbert space.

2. A **Hilbert matrix** is an infinite matrix $A = \{(a_{ij}, 0 \le i, j < \infty\}$, defined by $a_{ij} = (i+j+1)^{-1}$, for each $0 \le i, j < \infty$

$$\text{Precisely, } A = \begin{pmatrix} 1 & 1/2 & 1/3 & 1/4 & ... & ... \\ 1/2 & 1/3 & 1/4 & 1/5 & ... & ... \\ 1/3 & 1/4 & 1/5 & 1/6 & ... & ... \\ 1/4 & 1/5 & 1/6 & 1/7 & ... & ... \\ ... & ... & ... & ... & ... & ... \\ ... & ... & ... & ... & ... & ... \end{pmatrix}$$

6.6 整裝之後再出發

回想起，西元 1665 年的夏日，倫敦地區發生鼠疫大流行（London great plague）之當時；年輕的牛頓卻無視於所有民眾皆擔

The Plague Window

心可能感染鼠疫而造成死傷所產生恐懼的感受。牛頓當時心無旁騖，他一心一意只想到要追求一個有別於傳統的、更高深的數學計算方法。而且，他急切的需要這個計算方法，以便得以在光譜分析學，以及萬有引力的研究上有所突破。

備註

The Great Plague 1665

In two successive years of the 17th century London suffered two terrible disasters. In the spring and summer of 1665 an outbreak of Bubonic Plague（腺鼠疫）spread from parish to parish until thousands had died. In 1666 the Great Fire of London destroyed much of the centre of London but also killed off most of the black rats and fleas that carried the plague bacillus（芽孢桿菌）.

Bubonic Plague was known as the Black Death and had been known in England for centuries. It was a ghastly disease. The victim's skin turned black in patches and inflamed glands（腺體發炎）in the groin（腹股溝）combined with compulsive vomiting（強迫性嘔吐）, swollen tongue and splitting headaches made it a horrible, agonizing killer（痛苦的殺手）.

It began in London in the poor, overcrowded parish of St. Giles-in-the-Field. It started slowly at first but by May of 1665, 43 had died. In June 6137 people died, in July 17036 and at its peak in August, 31159 people died. In all, 15% of the population perished during that terrible summer.

經過多日椎心泣血的探索之後，牛頓在翻閱中國的《墨經六篇》中的經下篇，有一段話說到：「斲半，進前取也。前則中無為半，猶端也。前後取，則端中也。」以及《莊子》天下篇中，惠施所言：「一尺之捶，日取其半，萬世不絕。」的道理之當時，想出

第六章　重拾微積分信心

了一個「**極微小量**」的概念。就是這個已經擁有兩千多年歷史，古老而又先進的中國科技理論，讓牛頓悟出了這個「劃時代」的道理。從而，牛頓才得以將傳統的「平均變化率」，以極微小量進一步的導出了「瞬時間的變化率」，接著，物理學上的「瞬時速度」、數學上的「切線斜率」，也在牛頓的摧枯拉朽之下先後問世。從此之後，萊布尼茲以及其他的歐洲數學家們，更繼而以此「**極微小量**」的概念，讓微積分變得更加完整、更加完善。

備註

圖中，若 P 點的座標為 $(a, f(a))$，則通過 P 點的切線斜率為，

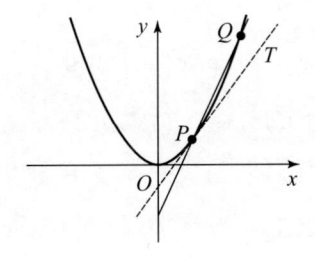

$$\lim_{x \to a} \frac{f(x) - f(a)}{x - a}$$

「微積分」問世之後，人類科技文明的演變，日新月異、一日千里。就從西元 1700 年起算，到現在也只不過是短短的三百年而已。「微積分」勇猛無比的威力，卻早已經讓數學家們開拓了無數個新的數學分支與領域。尤其是分析數學領域的成長茁壯，使得應用工程學方面的技術，有了長足而又快速的發展。時至今日，這樣一個「**極微小量**」概念的純熟應用，讓歐洲從一個科技落後的地

區，一個剛脫離宗教束縛的黑暗的中世紀，一躍而成為執世界科技牛耳的地位。他們利用分析學，有效的開拓了應用工程學的領域。發明了新的科技文明，改善了人類的生活條件。他們製造出堅船利砲，把人類的生活領域帶往太空，向遙遠的不知名的無窮宇宙伸展。

唉！老是喜歡陶醉於中國古代文明的炎黃子孫們，何不讓我們利用數學史發展到今天最後的這個篇幅裡，也好好的來反省一下。假若在西元前 400 年左右，也就是大約 2400 年前，當墨家提出「極微小量」的概念的時候，要是中國的諸子百家們，當時就能夠趁勢出擊、奮起直追的話，那麼想必無需等到耶穌誕生，中國的祖先們早就已經佔領月球，領導人類向無窮的外太空發展了，……。各位看官們，您說不是嗎？

不過話又說回來，自從微積分問世以來，雖說科技的快速發展給人類帶來了生活上的舒適，行動上的方便。可是，我們是否可曾想到過，人類這三百年來的快速進步，卻也即將給人類帶來毀滅性的災難。一位有識之士，曾經很嚴肅的這麼說：「數千年來，人類以傳統的生活方式，本來就生活的好好的。就算再過五千年，我們人類也無需擔心，環境的污染、資源的過度開發、核能爆炸等問題。可是，自從「微積分」這個鬼東西出現之後，才短短的三百年，人類所賴以居住的唯一星球，即將被破壞殆盡。假設，如此之破壞長此以往的話，那麼，有人預測，不出三百年，地球即將毀滅。」

聽了上述這一段話，我們似乎又該覺得慶幸。慶幸 2400 年前，中國的祖先沒能發明微積分。否則咱們人類這塊淨土，可能早在西

第六章　重拾微積分信心

羅馬帝國滅亡之前，就已經不復存在了。

　　從盤古開天地談論河圖洛書開始，經歷規矩、勾股形，墨家的哲學思想，古希臘的幾何原本，古中國的算學技術，直到歐洲文藝復興之後，歐洲數學啓蒙、發展，以至執世界牛耳之現代科技文明，前前後後約莫講了三、四千年。累了、也疲倦了，也似乎是到了該打烊的時候了。

　　然而，一股意猶未盡的衝動，實在令人難以就此作罷。心頭一道靈光閃過，「數學是那麼的美，不僅具有實務上的應用價值，也具有藝術欣賞上的柔順。咱們何不多招呼些有興趣的年輕讀者，來欣賞更多，稍微具有一點深度，需要一些邏輯思維的數學專題，以便傳承數學的香火呢？」沒錯！下面一個章節便是一些雅俗共賞、老少皆宜的趣味數學。諸如，無理數 $\sqrt{2}$，很自然的無理數 e，阿基米得特性，以及中國剩餘定理，……等，都是能夠令人感動，能夠令年輕人筋骨強壯的數學好題材。

數學史演繹

第七章

數學專題欣賞

　　根據多年來的反覆觀察發現，在有壓力的情形之下，數學常會讓年輕的讀者感覺，它是一門艱澀、無味而又令人所不喜歡的課程。實際上，對一般的學生來說，數學從小時候開始，就是一個揮之不去的夢魘。因為，無論是小學也好、中學的時候也是如此，家長對於小孩子的要求總是特別的嚴厲。加上學校的數學老師在課堂上，所給予學生的壓力，比起學生所能承受的壓力，更是有過之而無不及。這些嚴厲的外在因素，無形中造成了學生從小對數學所存在的一種，恐懼和排斥的心理。另一方面，或許由於老師講授課程的方法、課程的內容、或者是授課態度的普遍不得要領，而造成了學生對數學感覺毫無興趣、索然無味的結果。

1. 本來是一道簡單的數學題目，卻在老師的虛榮或是含混不清的講解之下，變得疊床架屋，變得更為複雜以致難以體會。
2. 本來是一門有趣的益智休閒，卻由於客觀嚴厲的鞭笞，弄得學生壓力無限、難以適從，以致無法和數學融為一體。

　　為此之故，筆者藉此機會呼籲學校和社會大眾，若想要改善目前的中小學生、甚至於大學生，在每當面對數學的時候所產生的厭惡和不知所措的窘態，我們不妨給學生們「多一點自主的權力、多一點誘導的思維、多一點輕鬆的場面，少一點無知的期盼、少一點

主觀的約束、少一點無理的責難。」看官們，就從現在開始吧！敞開我們的心胸，讓我們輕鬆的來欣賞一下下列幾個益智休閒題目吧！

7.1 草棚下的天鵝
7.2 不是自然數的自然數
7.3 實數體系的阿基米得特性
7.4 中國剩餘定理

7.1 草棚下的天鵝

　　回憶起第二章，當我們在介紹畢薩哥拉斯的時候，我們曾經懷疑過，畢薩哥拉斯似乎沒有注意到「無理數」的存在。沒錯，不僅如此。畢薩哥拉斯當時極為堅定的認為，「無理數」是沒有其存在的必要的。他說，若真有那樣一個東西存在的話，那麼，這個東西一定是「魔鬼的化身」、是「醜陋的惡徒」。然而，曾有一次，畢薩哥拉斯的門生希伯斯，在研究「畢氏平方數」的時候發現，如果一個直角三角形的兩股長都是 1 的時候，它的斜邊長將是一個有理數所無法表達的數字。後來，希伯斯更進一步的說明，這個數字就是 $\sqrt{2}$。當畢薩哥拉斯聽到了這個消息之後，極其震怒、非常不悅。他認為，希伯斯觸犯了「畢氏學社」的規定，於是便派人把希伯斯給殺了。

　　雖然希伯斯死了，可是他不畏強權、相信真理的精神，卻鼓動

了當代數學家們的勇氣。於是，$\sqrt{3}$，$\sqrt{5}$，$\sqrt{7}$，……等不可理喻的惡魔便陸續的出現。它們的出現，改變了古希臘人對數字的保守觀念，當然也改變了數千年後人類的數學文明。

　　上述這一則小故事說明了，2500 年前古希臘的數學家是如何無知且辛苦的，在有理數的間隙中，找尋無理數的生存空間。自從 $\sqrt{2}$ 之類的數字出現後，數學家們終能得以在原有的「數」的基礎上，建立起一個更為精密的量測理論。所以說，無理數不僅豐富了「實數線」上的內涵，也開拓了人類在數量概念上的視野，……。如此天使般臉龐的「美麗使者，$\sqrt{2}$」，我們何不再靠近一點，仔細的觀察一下。看官們，覺得如何？它像不像一隻躲在湖邊，草棚下的天鵝呀！

　　所謂 $\sqrt{2}$ 者，從希伯斯的原創意中了解，它就是一個滿足方程式

$$x^2 = 2$$

的數 x 之意。當時，希伯斯對於這樣一個發現，是既興奮又恐慌。這雖然是件可喜之事，可是卻也深怕因而違反社約，而忤逆了老師的訓斥。然而，無論如何，希伯斯都無法在老師眼裡所謂的美麗的有理數當中，找得到 $\sqrt{2}$ 這個數字。因此，希伯斯最後才冒著生命的危險，堅定的認為，$\sqrt{2}$ 不屬於有理數的範圍。

希伯斯說：

假設，$\sqrt{2}$ 是有理數，那麼我們可以找到兩個不全**為偶數**的整數，m 和 n，使得 $\sqrt{2} = \dfrac{m}{n}$。如此情形之下，我們將發現

$$m^2 = 2n^2$$

從而得知，m^2 為一偶數。因此，m 也必將是偶數。

今假設 $m = 2k$，那麼前述式子變成，
$$4k^2 = 2n^2$$
也因此，n^2 也是一個偶數。如此一來，n 也必將是偶數。
這樣的結果與原假設矛盾，所以，$\sqrt{2}$ 不是一個有理數。

看官們，其實，我們不妨更仔細的再進一步觀察。假設，A 與 B 是被定義如下的兩個集合；
$$A = \{p \in Q^+ : p^2 \leq 2\} \text{，} B = \{p \in Q^+ : p^2 \geq 2\}$$
其中，Q^+，表示所有大於 0 的有理數集合。

若 p 為集合 A 中的任一數，那麼按照希伯斯的說法，p^2 必然小於 2。

接著，讓我們考慮下列數字 q，
$$q = p - \frac{p^2 - 2}{p + 2}$$
因為，$p^2 < 2$，所以 $q > p$。又由於，
$$q = p - \frac{p^2 - 2}{p + 2} = \frac{2p + 2}{p + 2}$$
所以，$q^2 - 2 = (\frac{2p+2}{p+2})^2 - 2 = \frac{2(p^2 - 2)}{(p+2)^2} < 0$

由此，我們發現，對於集合 A 中的任意數 p，一定存在一數 $q \in A$，使得，$q > p$。換句話說，集合 A 沒有最大的數（The largest number）。

同樣的，若 p 為集合 B 中的任一數，那麼按照希伯斯的說法，

p^2 必然大於 2。接著，同樣讓我們考慮下列數字 q，

$$q = p - \frac{p^2 - 2}{p + 2}$$

因為，$p^2 > 2$，所以 $q < p$。這時候，

$$q^2 - 2 = (\frac{2p+2}{p+2})^2 - 2 = \frac{2(p^2-2)}{(p+2)^2} > 0$$

結果，我們也發現，對於集合 B 中的任意數 p，一定存在一數 $q \in B$，使得，$q < p$。換句話說，集合 B 也沒有最小的數（The smallest number）。

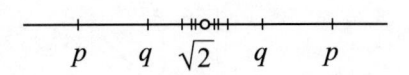

從上述的仔細觀察當中，我們了解到，集合 A 與集合 B 中，確實存在著一個間隙（gap），而這個間隙一直是有理數所無法填滿的。如此這樣一個概念，是畢薩哥拉斯所無法想像、不願想像、也想像不到的事情。可憐的倒是，畢薩哥拉斯的得意門生希伯斯。由於畢薩哥拉斯的無知和固執，而斷送了大好的前程，平添了無辜的冤魂。

7.2　不是自然數的自然數

第 5.5 節中，我們曾經提到過俄羅斯數學家尤拉，他一生中最為傑出且最為得意的數學創作，Euler's formula，

$$e^{ix} = \cos x + i \sin x$$

只因為,當 $x = \pi$ 的時候,這個公式巧妙的把數學上最為重要的五個數,$1, 0, i, \pi, e$ 給緊密的結合在一起。然而,除了熟悉的 $1, 0, i, \pi$ 之外,年輕的讀者不禁要問,e 是甚麼東西呢???

在微積分的課程裡,一般的學者專家常將其做了如下之定義,

「e 是一個使得,$\ln e = 1$ 的正實數。」

上述式子中,$\ln$ 所指的是,以 e 為底的對數函數(或曰,自然對數)。

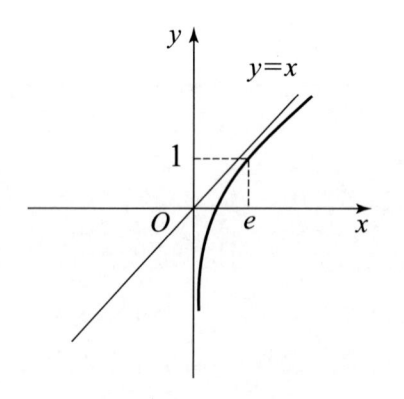

$y = \ln x$ 的函數圖形

觀察上述,自然對數 $y = \ln x$ 的圖形。它是一個遞增函數,而且 $\ln 1 = 0$。所以,我們初步認識 e 是一個大於 1 的數。

可是,對於一般的中學生,或者是對微積分沒有多少認識的社會人士而言,他們根本就不知道上述所言者何物。有鑑於此,何不讓我們以較為通俗的方式出發,來介紹 e 這個東西。

首先,我們看看下列有限級數的和,

$$\sum_{k=0}^{n}\frac{1}{k!}=1+1+\frac{1}{2!}+\frac{1}{3!}+\cdots+\frac{1}{n!}\leq 1+1+\frac{1}{2}+\frac{1}{2^2}+\cdots+\frac{1}{2^{n-1}}=2+(1-\frac{1}{2^{n-1}})$$

當 n 越來越大的時候，$\frac{1}{2^{n-1}}$ 會越來越小，也就是說，$1-\frac{1}{2^{n-1}}$ 會越來越靠近 1。

因此，我們發現，無窮級數

$$\sum_{k=0}^{\infty}\frac{1}{k!}=1+1+\frac{1}{2!}+\frac{1}{3!}+\cdots+\frac{1}{n!}+\cdots$$

它的和不會比 3 大，而且它是一個收斂的無窮級數。

根據這樣一個觀察，我們大膽的將 e 這個東西定義如下，

定義：

$$e=\sum_{k=0}^{\infty}\frac{1}{k!}=1+1+\frac{1}{2!}+\frac{1}{3!}+\frac{1}{4!}\cdots$$

綜合前述的討論以及這個定義，我們目前已經得知，e 是一個介於 1 與 3 之間的實數。然而，它到底有多大呢？或者說，是否有更明確的表示方法呢？且讓我們再往下看，看看下面的二項式，

$$(1+\frac{1}{n})^n=1+1+\binom{n}{2}(\frac{1}{n})^2+\binom{n}{3}(\frac{1}{n})^3+\cdots+\binom{n}{n}(\frac{1}{n})^n$$

將式中的組合數給予展開，並給予化簡之後，得出

$$(1+\frac{1}{n})^n$$
$$=1+1+\frac{1}{2!}(1-\frac{1}{n})+\frac{1}{3!}(1-\frac{1}{n})(1-\frac{2}{n})+\cdots+\frac{1}{n!}(1-\frac{1}{n})(1-\frac{2}{n})\cdots(1-\frac{n-1}{n})$$

由於，$1-\frac{1}{n}$，$1-\frac{2}{n}$，$1-\frac{3}{n}$，…，$1-\frac{n-1}{n}$，等都比 1 小

所以，我們得知，

$$(1+\frac{1}{n})^n \leq \sum_{k=0}^{n}\frac{1}{k!} = 1+1+\frac{1}{2!}+\frac{1}{3!}+\cdots+\frac{1}{n!}$$

將這個不等式，兩邊取 $n \to \infty$，則

$$\lim_{n\to\infty}(1+\frac{1}{n})^n \leq \lim_{n\to\infty}(\sum_{k=0}^{n}\frac{1}{k!} = 1+1+\frac{1}{2!}+\frac{1}{3!}+\cdots+\frac{1}{n!}) = \sum_{k=0}^{\infty}\frac{1}{k!} = e \quad (1\ \text{式})$$

備註

這裡要稍微注意一下，我們姑且假設極限 $\lim_{n\to\infty}(1+\frac{1}{n})^n$ 存在。其實這個極限的存在性是不容懷疑的。因為，前述已經說明過，$\left\{(1+\frac{1}{n})^n\right\}_{n=1}^{\infty}$ 是一個遞增且有上界的無窮數列。

另一方面，假設 $n \geq m$，則

$$(1+\frac{1}{n})^n \geq 1+1+\frac{1}{2!}(1-\frac{1}{n})+\frac{1}{3!}(1-\frac{1}{n})(1-\frac{2}{n})+\cdots+\frac{1}{m!}(1-\frac{1}{n})(1-\frac{2}{n})\cdots(1-\frac{m-1}{n})$$

現在，將 m 給固定不變，且令 $n \to \infty$，則

$$\lim_{n\to\infty}(1+\frac{1}{n})^n \geq 1+1+\frac{1}{2!}+\frac{1}{3!}+\cdots+\frac{1}{m!}$$

（再注意上述不等式，對任何小於或等於 n 的正整數 m 而言都是成

立的。）

最後，令 $m \to \infty$，則結果又得到，

$$\lim_{n \to \infty}(1+\frac{1}{n})^n \geq \sum_{k=0}^{\infty}\frac{1}{k!} = e \qquad (2\text{式})$$

將（1式）與（2式）結合起來，我們結論如下，

$$e = \lim_{n \to \infty}(1+\frac{1}{n})^n$$

看到這個式子，有學過微積分的同學，想必非常的熟悉。沒錯，在微積分的課程裡，我們也曾利用微分的方法，證明過這樣一個結果。

感興趣的同學，現在不妨拿出簡單的計算器，動手算算看。

當 $n = 10$ 的時候，$(1+\frac{1}{10})^{10} \cong 2.59374246$；

當 $n = 100$ 的時候，$(1+\frac{1}{100})^{100} \cong 2.70481383$；

當 $n = 1000$ 的時候，$(1+\frac{1}{1000})^{1000} \cong 2.71692393$；

當 $n = 10000$ 的時候，$(1+\frac{1}{10000})^{10000} \cong 2.71814593$；

當 $n = 100,000$ 的時候，$(1+\frac{1}{100000})^{100000} \cong 2.71826824$；

當 $n = 1,000,000$ 的時候，$(1+\frac{1}{1000000})^{1000000} \cong 2.71828047$；

當 $n = 10,000,000$ 的時候，$(1+\frac{1}{10000000})^{10000000} \cong 2.71828169$；

當 $n = 100{,}000{,}000$ 的時候，$(1+\dfrac{1}{100000000})^{100000000} \cong 2.71828181$；

……。

很顯然的，當 n 越大的時候，所得出來的值，當然也就越逼近 e 的精確值。上述最後，當 n 等於一億的時候，e 的近似值為 2.71828181。根據筆者目前所能發現的是，一個精確至小數點 32 位的近似值，

$$e \cong 2.71828182845904523536028747135266$$

如同 $\sqrt{2}$ 一樣，e 也是畢薩哥拉斯所不喜歡的醜陋的惡魔。同學們，鼓起勇氣，我們就試試看下列這個定理。

Theorem

$e = \sum_{k=0}^{\infty} \dfrac{1}{k!} = 1 + 1 + \dfrac{1}{2!} + \dfrac{1}{3!} + \dfrac{1}{4!} \cdots$ 確實不是一個有理數。

Proof

首先，令

$$S_n = \sum_{k=0}^{n} \dfrac{1}{k!} = 1 + 1 + \dfrac{1}{2!} + \dfrac{1}{3!} + \cdots + \dfrac{1}{n!}$$

則，$e - S_n = \dfrac{1}{(n+1)!} + \dfrac{1}{(n+2)!} + \dfrac{1}{(n+3)!} + \cdots$

$$< \dfrac{1}{(n+1)!}(1 + \dfrac{1}{n+1} + \dfrac{1}{(n+1)^2} + \dfrac{1}{(n+1)^3} + \cdots)$$

$$= \dfrac{1}{(n+1)!}(\sum_{k=0}^{\infty} \dfrac{1}{(n+1)^k})$$

$$= \frac{1}{(n+1)!} \frac{1}{1-\frac{1}{n+1}}$$

$$= \frac{1}{n \cdot n!}$$

我們初步得出，

$$0 < e - S_n < \frac{1}{n \cdot n!} \qquad \text{（3 式）}$$

現在，我們假設 e 是有理數，也就是說假設能夠把 e 表示為

$$e = \frac{q}{p} \text{，for some } p, q \in Z^+$$

接著再令（3 式）中的 $n = p$，則

$$0 < e - S_p < \frac{1}{p \cdot p!}$$

或 $\quad 0 < p! \cdot (e - S_p) < \dfrac{1}{p} \qquad$（4 式）

但是，問題來了，

$$p! \cdot e = p! \cdot \frac{q}{p} = q \cdot (p-1)! \in Z$$

而且， $p! \cdot S_p = p! \cdot (1 + 1 + \dfrac{1}{2!} + \cdots + \dfrac{1}{p!}) \in Z$

所以，$p! \cdot (e - S_p)$ 也應該屬於整數。然而，這個結果與（4 式）顯然是相互矛盾的。因此，e 是有理數的假設錯誤。換句話說，e 不是有理數。

e 這個東西最常被應用在，指數函數的領域。譬如說，自然指數函數 e^x，或者說，e^{-x^2}。這些函數不管是在生物學、商業學、管理學或者是統計學上，都有其舉足輕重的份量。由於，這些函數在大自然界的現象中，出現的頻率甚高，再加上它們平滑而又美麗的曲線，非常獲得眾人的喜愛。所以，科學家們將它取名為「自然」指數函數，是有其道理的。而這個道理就如同十幾年前的一個瘦身廣告名詞「自然就是美」一樣，有著相類似的思考背景。所以，筆者說「e」這個東西，它是一個「不是自然數的自然數」，也是合理而能夠體會的。

7.3 實數體系的阿基米得特性

記得第 2.3 節的《墨經六篇》中，我們曾提及＜經下篇＞所言：「窮，或有前，不容尺也。」的論述。接著，在墨子之後的二百年，希臘數學家阿基米得也提出了同樣一個理論：「若 x, y 為任意兩實數，且 $x > 0$，則存在一正整數 n，使得 $nx > y$。」唉，呀呀呀！實在是太美妙了！東西方兩位古老的數學家，在不同時空、不同朝代、不同的生活習慣、不同的地理環境背景之下，創造了相同的數學思想架構。足以見得，雖然是不同的人種，可他們的思考順序、思考邏輯、思考動機、思考需求的形成也都是一樣的。這或許也驗證了考古學家們先前的一個推測，「所有人類都源自於同一物種」的結論。筆者心想，既然是那麼炫、那麼「超級棒」的思維成就，我們那有可能就這樣輕易放過，而不加以欣賞的道理呢。這一個章節，我們不妨就靜下心來，將這個具有兩千多年歷史的學術美

第七章　數學專題欣賞

學，好好的欣賞研究一番吧！

先喘口氣，慢慢來！我們從認識一些數學上的「術語」，和一個實數體的完備性質「公設」開始。

定義：

實數集 R 中的任一子集合 S 被稱為是：

1. **有上界的**（bounded above），假若存在一個實數，M，使得

    $x \leq M$, $\quad \forall\ x \in S$

2. **有下界的**（bounded below），假若存在一個實數，m，使得

    $x \geq m$, $\quad \forall\ x \in S$

譬如說：

1. $S = [-2, 7]$ is bounded both above and below。

    因為，$x \leq 7$, $\forall\ x \in S = [-2, 7]$；

    而且，$x \geq -2$, $\forall\ x \in S = [-2, 7]$。

2. $S = (-\infty, 5)$ is bounded above, but it is not bounded below。

    因為，$x \leq 5$, $\forall\ x \in S = (-\infty, 5)$。

    但是，找不到一個實數，m，使得

    $x \geq m$, $\forall\ x \in S = (-\infty, 5)$

3. $S = (3, \infty)$ is bounded below, but it is not bounded above。

    因為，$x \geq 3$, $\forall\ x \in S = (3, \infty)$。

    但是，找不到一個實數，M，使得

    $x \leq M$, $\forall\ x \in S$

（注意，$-\infty$ 或是 ∞ 都是不存在的數。）

備註

我們說，S 是有界的（bounded），假若 S 是有上界的，而且也是有下界的。

譬如說：

上述之 $S=[-2, 7]$ 是有界的。然而，$S=(-\infty, 5)$ 以及 $S=(3, \infty)$ 則不是有界的。當然，$S=(-\infty, \infty)$ 也不是有界的（not bounded）。

定義：

若 S 為實數集 R 中的任一子集合，則

1. 實數 u 被稱為是 S 的一個上界（upper bound），
   假設 $x \leq u$, $\forall x \in S$。
2. 實數 v 被稱為是 S 的一個下界（lower bound），
   假設 $x \geq v$, $\forall x \in S$。

譬如說：

6 是 $S=(-\infty, 5)$ 的一個上界；-5.6 是 $S=[-2, 7]$ 的一個下界。注意，8，109，或是任何大於或等於 5 的實數，都是 $S=(-\infty, 5)$ 的上界。相同的，任何小於或等於 -2 的實數，也都是 $S=[-2, 7]$ 的下界。再注意一下！同學們有沒有發現，在這眾多的上界和眾多的下界中，5 是 $S=(-\infty, 5)$ 的最小上界。而 -2 則是 $S=[-2, 7]$ 的最大下界，對不對？有關這兩個新的名詞，我們不妨也給它來個明確的定義。

第七章　數學專題欣賞

定義：

　　一個實數 α 被稱為是，集合 S 的最小上界（the least upper-bound），假設

1. α 是 S 的上界。
2. 所有小於 α 的數都不是 S 的上界。

定義：

　　一個實數 β 被稱為是，集合 S 的最大下界（the greatest lower-bound），假設

1. β 是 S 的下界。
2. 所有大於 β 的數都不是 S 的下界。

　　認識了上下界之後，緊接著我們來看看一個有關實數的完備性質公設。

The axiom of the completeness property

　　令 S 為實數集 $\Re$ 中的一個非空子集（non-empty subset）。

1. 若 S 有上界，則 S 必有最小上界。
2. 若 S 有下界，則 S 必有最大下界。

備註

　　這個公設全是因為實數的「完備」（completeness）特性所產生的必然結果。而這樣的結果，在有理數體系中是不存在的。

譬如說：

集合 $S = (0, \sqrt{2})$ 在有理數體系中，雖然它有上界，但是卻沒有最小上界。只因為 $\sqrt{2}$ 不屬於有理數。

這不正是在 7.1 節中，我們所說明的有理數的間隙（gap）嗎？

覺得累嗎？那就稍微喘口氣吧！本節最後，讓我們言歸正題，認真的研究 2400 年前的數學巨著，阿基米得特性。

定理：

若 x, y 為任意兩實數，且 $x > 0$，則存在一正整數 n，使得 $nx > y$。

證明

我們將使用反證法。也就是說，

假設，對於所有正整數 n 而言，不等式，$nx \leq y$ 都成立。
而且，令 $A = \{nx : n \in Z^+\}$。由前述假設，得知集合 A 是有上界的。也因此，由實數的完備特性公設確認，A 有最小上界。我們以 α 記之。

緊接著，由於 $x > 0$，所以 $\alpha - x$ 不是 A 的上界。因而，存在一正整數 m 使得，

$$\alpha - x < mx$$

或者說，$\alpha < (m+1)x$

然而，由於 $(m+1)x \in A$，所以，導致 α 不是 A 的上界。這樣的結果與 α 是 A 的最小上界相互矛盾。所以，前述假設錯誤。也就是說，存在一正整數 n，使得 $nx > y$。定理證明完畢。

同學們，讓我們大聲的再念一遍，＜經下篇＞所言。

「窮，或有前，不容尺也。」

不就是這個道理嗎。真是太美，真是太偉大，真是太令人佩服了。看官們，讀讀中國的古書吧，讀讀墨家的經典名著吧，經典古書中，可蘊藏著無限的寶藏呢！

7.4 中國剩餘定理

　　回頭看看，第三章的《孫子算經》中，我們曾經提及「物不知其數」的解題技巧。這門學問代表著中國祖先在代數學領域上，領先世界長達一千年的智慧。直到西元 1200 年，當義大利的數學家 Fibonacci，在阿拉伯地區接觸到《孫子算經》，並且將其帶回歐洲之後。從此，有關中國古代科技，「物不知其數」的解題方法和它的實務應用，於是便在歐洲地區大放異彩，凌駕中國、超越東方。此後，輾轉 600 年，到了西元 1801 年，德國數學家高斯創造出「物不知其數」的一般定理，並且提出了該定理的證明。當時，高斯有感於中國古人的聰明才智，不敢專美於前，特別將此一定理命名為「中國剩餘定理」。從此，中國古代科技得以揚名西域，「中國剩餘定理」得以在代數學上昂首闊步，得以在學術界佔有一席之地。

　　面對如此重要而又有智慧的學術成就，雖然或將是令人感覺稍嫌枯燥而又乏味了一點。可是，筆者還是極力的鼓勵讀者同學們，若有興趣的話，我們何妨花點心思來欣賞一下，二百年前西方的數

數學史演繹

學家是如何闡釋咱們的「中國剩餘定理」的。首先，讓我們認識一個主要名詞，所謂的「同餘」（congruence）。

定義：

我們說，整數 a 是整數 b 的一個因數（factor）或除數（divisor），假若存在一個整數 k 使得 $b=ak$。我們以 $a|b$ 記之。

譬如說：

$2|8$，$3|15$，$5|5$，...，等。

備註

1. 一個很特殊的情況是，$a|0$，因為 $0=a\cdot 0$。
2. 另外，假設，$a|b$ 且 $b|c$，則 $a|c$。

預備定理 1

若，$a|b$，$b|a$ 且 $a\neq 0$，則 $a=b$ 或 $a=-b$。

Proof

$a|b \quad \Rightarrow \quad b=ak_1$ for some integer k_1.

$b|a \quad \Rightarrow \quad a=bk_2$ for some integer k_2.

Together, they imply $b=bk_1k_2$. That means, $k_1k_2=1$.

Hence, $k_1=1=k_2$ or $k_1=-1=k_2$. Therefore, $a=b$ or $a=-b$.

備註

1. 我們稱一個整數 p 為質數（prime number），假設 $p\neq 0$, $p\neq \pm 1$，而且

除了 ± 1, $\pm p$ 之外，p 沒有其他的因數。

2. 另外，我們稱非零整數 a 與非零整數 b 為「互質」的，假設除了 ± 1 之外，它們沒有共同因數。此時，我們以 $(a,b)=1$ 表之。

接著，就來看看所謂的「同餘」。

定義：

今有三個整數，a, b 以及 m，且 $m>0$。若 $m|(a-b)$，則我們稱 a 與 b 是，模數為 m 的同餘。（a is congruent to b modulo m），並以 $a \equiv b \pmod{m}$ 表之。

譬如說：

$8 \equiv 2 \pmod{3}$　　　$15 \equiv 7 \pmod{4}$

明白的說，$a \equiv b \pmod{m}$ 指的是，a 與 b 分別被除以 m 時，有相同餘數的意思。這也就是，「同餘」這個名稱的由來。請看下列定理。

預備定理 2

If a and b are integers having the same remainders upon division by m, then $a \equiv b \pmod{m}$.

Proof

由已知條件得出，$a = mk_1 + r$ 且 $b = mk_2 + r$。

因此，　　　　　　　$a - b = m(k_1 - k_2)$

所以，　　　　　　　$m|(a-b)$

得證。

備註

1. 其實，上述定理的逆敘述也是成立的。換句話說，若 $m\,|\,(a-b)$，則 a 與 b 分別被除以 m 時，有相同的餘數。有關這一點，我們姑且略過不多談。
2. 按照這個說法，很顯然的，對於任意整數 a 而言，$a \equiv a \pmod{m}$。

預備定理 3

If $a \equiv b \pmod{m}$ and $c \equiv d \pmod{m}$, then

1. $a + c \equiv b + d \pmod{m}$
2. $a - c \equiv b - d \pmod{m}$
3. $ac \equiv bd \pmod{m}$

Proof

1.&2. 已知 $a \equiv b \pmod{m}$ 以及 $c \equiv d \pmod{m}$。

這兩個式子告訴我們存在整數，x 與 y 使得，

$$a = b + mx, \quad c = d + my \tag{7.4.1}$$

因此，$(a+c)-(b+d) \equiv m(x+y)$ 或者 $(a-c)-(b-d) \equiv m(x-y)$。這也就說明，$a+c \equiv b+d \pmod{m}$ 以及 $a-c \equiv b-d \pmod{m}$。

3. 至於乘法部分，我們則將（7.4.1 式）之兩邊相乘，得出

$$ac = bd + m(by + dx + mxy)$$

因而確認，$ac \equiv bd \pmod{m}$。

譬如說：

$12 \equiv 2 \pmod 5$,$3 \equiv 8 \pmod 5$

所以,$15 \equiv 10 \pmod 5$,$9 \equiv -6 \pmod 5$,$36 \equiv 16 \pmod 5$

預備定理 4

If $ac \equiv bc \pmod m$, and if $(c, m) = 1$, then $a \equiv b \pmod m$.

Proof

這也是一個非常好的結果。這和一般的方程式有其吻合之處。但是要注意,在這兒我們多了 $(c, m) = 1$ 的條件。

$ac \equiv bc \pmod m$

$\Rightarrow ac - bc = mx$

$\Rightarrow a - b = \dfrac{mx}{c}$

由於,c 和 m 互質,而且 $a - b \in Z$,所以,$y = \dfrac{x}{c} \in Z$。

那麼,$a - b = my$ 說明了 $a \equiv b \pmod m$,得證。

譬如說:

1. $12 \equiv 2 \pmod 5$ 而且 $(2, 5) = 1$,所以 $6 \equiv 1 \pmod 5$
2. $36 \equiv 16 \pmod 5$ 而且 $(4, 5) = 1$,所以 $9 \equiv 4 \pmod 5$

在代數學的課程中,我們曾經學過所謂的<除法算則>。這個算則在說明中國剩餘定理的過程當中,是一個極為重要的概念。我們把它敘述如下。

Division Algorithm

對任意二整數,a 與 b,且 $b \neq 0$,則存在整數 q 與 r,其中

$0 \leq r < |b|$，使得

$$a = bq + r$$

備註

這個式子 $a = bq + r$ 說明 $a - r = bq$。也就是說，$b | (a-r)$。換句話說，$a \equiv r \pmod{b}$。這個結果，說明了下列特性。在下面的特性中，我們將以符號 Z_m 來表示集合 $\{0,1,2,3,...,m-1\}$。例如，$Z_6 = \{0,1,2,3,4,5\}$。

Proposition

Let m be a positive integer. If $a \in Z$, then there exists one and only one $r \in Z_m$ such that $a \equiv r \pmod{m}$.

講了那麼多，就快要到我們這一節的主題，中國剩餘定理了。進入最後階段之前，大家稍稍再忍耐一下，再認識一個東西。所謂的線性同餘（linear congruence）。

定義：

1. An equation of the form, $ax \equiv b \pmod{m}$, is called a linear congruence in x.
2. An integer x_0 satisfying the linear congruence $ax \equiv b \pmod{m}$ is called a solution of the linear congruence.

譬如說：

3，7，11，……等皆為 $3x \equiv 1 \pmod{4}$ 的解。

如同一般的方程式一樣，並非每一個線性同餘方程都有解。

例如，

$6x \equiv 1 \pmod{3}$ has no solution.

上述這個無解的特例，出現了什麼問題？在甚麼情形之下，一個線性同餘方程一定有解？看看下面的預備定理。

預備定理 5

1. If $(a, m) = 1$, then the linear congruence $ax \equiv b \pmod{m}$ has a solution.
2. If x_0 is a solution to $ax \equiv b \pmod{m}$, then $x_0 \pm km$, $k = 0, 1, 2, 3, \ldots$ are also solutions to $ax \equiv b \pmod{m}$.

Proof

1. 已知 $(a, m) = 1$，所以存在整數 s 與 t 使得，

    $as + mt = (a, m) = 1$

    將等式的兩邊，乘以 b 並且移項之後得，

    $asb - b = -mtb$

    或 $asb - b = m(-tb)$

    這式子說明，$asb \equiv b \pmod{m}$

    若令，$x = sb$，則為 $ax \equiv b \pmod{m}$ 之一解。

2. 已知 x_0 是方程式，$ax \equiv b \pmod{m}$ 的一個解，所以存在整數 k_0 使得，

    $ax_0 - b = mk_0$

因此，$a(x_0 \pm km) - b = (ax_0 - b) \pm akm$
$$= mk_0 \pm mak$$
$$= m(k_0 \pm ak)$$

這式子證明了 $x_0 \pm km$ 是方程式，$ax \equiv b \pmod{m}$ 的解。

備註

預備定理 5 說明，若 x_0 是方程式，$ax \equiv b \pmod{m}$ 的一個解，則 $y = x_0 \pm km$，$k \in Z^+ \cup \{0\}$，也是方程式，$ax \equiv b \pmod{m}$ 的解。
其實，這個定理反過來說也是成立的。換句話說，

若 x_0 是方程式，$ax \equiv b \pmod{m}$ 的一個解，且 y 亦為方程式，$ax \equiv b \pmod{m}$ 的另一個解，則存在某一個整數 k 使得，

$$y = x_0 \pm km$$

茲將這個說法簡單證明如下。

由已知條件，$ax_0 \equiv b \pmod{m}$，$ay \equiv b \pmod{m}$
得知，分別存在 k_1 以及 k_2 使得，

$$ax_0 - b = mk_1 \text{，} ay - b = mk_2$$

兩式相減，得

$$ax_0 - ay = m(k_1 - k_2)$$

也就是說，$ax_0 \equiv ay \pmod{m}$
接著利用預備定理 4，因為，$(a, m) = 1$
所以，$x_0 \equiv y \pmod{m}$
這個結果說明，存在一個整數 k 使得，

$$y - x_0 = mk$$
$$y = x_0 \pm km \quad \text{for some integer } k$$

Examples

1. Solve the linear congruence $3x \equiv 5 \pmod{7}$

Solution

首先確定，$(3, 7) = 1$。而且，當 $s = 5, t = -2$ 時，
$$3 \cdot 5 + 7 \cdot (-2) = 1$$
所以，$sb = 5 \cdot 5 = 25$，即為方程式 $3x \equiv 5 \pmod{7}$ 之一個解。
也因此，$\{25 \pm 7k : k = 0, 1, 2, 3, \ldots\}$ 即為方程式 $3x \equiv 5 \pmod{7}$ 之所有解的集合。

2. Solve the linear congruence $8x \equiv -4 \pmod{5}$

Solution

同樣的，由於 $8 \cdot 2 + 5 \cdot (-3) = 1$，
所以，$sb = 2 \cdot (-4) = -8$ 為方程式之一個解。
也因此，$\{-8 \pm 5k : k = 0, 1, 2, 3, \ldots\}$ 即為方程式 $8x \equiv -4 \pmod{5}$ 之所有解的集合。

最後，就是本 7.4 節的主要目標，中國剩餘定理。

The Chinese Remainder Theorem

For integers, a, b, m_1, m_2 with $m_1 > 0, m_2 > 0$.

1. If $(m_1, m_2) = 1$, then the congruences $x \equiv b_1 \pmod{m_1}$ and $x \equiv b_2 \pmod{m_2}$ have a common solution.
2. If x_0 is a common solution of $x \equiv b_1 \pmod{m_1}$ and $x \equiv b_2 \pmod{m_2}$, then $x_0 \pm km_1m_2$ is also a common solution of $x \equiv b_1$

$(\bmod\ m_1)$ and $x \equiv b_2\ (\bmod\ m_2)$.

3. If x_0 is a common solution and if y is any other common solution, then $y = x_0 \pm km_1m_2$ for some k.

Proof

1. 預備定理 2 告訴我們，$x \equiv b_1$ 是方程式 $x \equiv b_1\ (\bmod\ m_1)$ 的一個解。（因此，$b_1 \pm km_1$ 是 $x \equiv b_1\ (\bmod\ m_1)$ 的所有解。）

   另一方面，由於 $(m_1, m_2) = 1$，所以，預備定理 5 告訴我們，方程式

   $$m_1 k \equiv b_2 - b_1 (\bmod\ m_2)$$

   有解。換句話說，存在一個 k_0 使得，

   $$m_1 k_0 \equiv b_2 - b_1 (\bmod\ m_2)$$

   或者說，$b_1 + m_1 k_0 \equiv b_2\ (\bmod\ m_2)$

   這裡的 $x_0 = b_1 + m_1 k_0$ 是 $x \equiv b_1\ (\bmod\ m_1)$ 與 $x \equiv b_2\ (\bmod\ m_2)$ 的共同解。

2. 首先，我們看看

   $$x_0 + km_1m_2 - b_1 = (x_0 - b_1) + km_1m_2 \qquad (\textbf{7.4.2})$$

   因為，x_0 is a solution to $x \equiv b_1\ (\bmod\ m_1)$，所以存在 k_0 使得，

   $$x_0 - b_1 = k_0 m_1$$

   此時，式子（7.4.2）變成，

   $$\begin{aligned} x_0 + km_1m_2 - b_1 &= k_0 m_1 + k\, m_1 m_2 \\ &= (k_0 + km_2)m_1 \end{aligned}$$

第七章　數學專題欣賞

這結果說明，$x_0 \pm km_1m_2$ 是方程式 $x \equiv b_1 \pmod{m_1}$ 的解。

相同的道理也可以證明，$x_0 \pm km_1m_2$ 也是 $x \equiv b_2 \pmod{m_2}$ 之解。

3. 假設，y 是 $x \equiv b_1 \pmod{m_1}$ 與 $x \equiv b_2 \pmod{m_2}$ 之共同解，那麼

$$y \equiv b_1 \pmod{m_1}，y \equiv b_2 \pmod{m_2}$$

另外，$x_0 \equiv b_1 \pmod{m_1}$，$x_0 \equiv b_2 \pmod{m_2}$

利用預備定理 3 得知，

$$y - x_0 \equiv 0 \pmod{m_1}，y - x_0 \equiv 0 \pmod{m_2}$$

因此，存在 k_1 與 k_2 使得，

$$y - x_0 \equiv m_1 k_1，y - x_0 \equiv m_2 k_2 \qquad (7.4.3)$$

這說明，$m_1 k_1 = m_2 k_2$

$$\Rightarrow \quad k_1 = \frac{m_2 k_2}{m_1} = m_2 \frac{k_2}{m_1}$$

由於，$(m_1, m_2) = 1$ 而且 k_1 是整數，所以，$k = \frac{k_2}{m_1} \in Z$。

將此結果代入（7.4.3）式得，

$$y - x_0 = m_2 k_2 = m_1 m_2 k$$

或者說，$y = x_0 + m_1 m_2 k$

證明完畢。

對於一般的讀者而言，這些證明過程或許稍嫌無聊、無趣了點兒。但是，同學們要是能夠早活 2200 年，又若是同學們能夠聽到，漢高祖劉邦問大將軍韓信曰：「今，不知將軍統兵幾何？」，將軍

363

答曰：「三三數之賸二，五五數之賸三，七七數之賸二。」之言的話，那麼同學們就不至於感受如此索然無味了。下面，不妨讓我們看兩個中國古老的例題，以爲本章最後的結尾。

例 7-1

今有物，不知其數。三三數之賸二，五五數之賸一。問物幾何？

解：

先置二個線性同餘如下，

$$\begin{cases} x \equiv 2 \pmod{3} & (1) \\ x \equiv 1 \pmod{5} & (2) \end{cases}$$

接著，求出此兩方程式的共同解，即得。

將（1）式代入（2）式，得，

$$3k + 2 \equiv 1 \pmod{5}$$

或爲， $3k \equiv -1 \pmod{5}$

接著由於， $3 \cdot (-3) + 5 \cdot 2 = 1$

由預備定理 5 得知，$sb = -3 \cdot (-1) = 3$ 爲，$3k \equiv -1 \pmod{5}$ 之一個解。也因此，$x_0 = 3 \cdot 3 + 2 = 11$，爲（1）式、（2）式之共同解。那麼，按照中國剩餘定理，

$$\{x_0 + 5 \cdot 3k = 11 + 15k \ : \ k \in Z\}$$ 即爲此題的通解。

例 7-2

今有軍士，不知其數。每八人一列，餘三人，每二十一人一列，餘七人。問軍士幾何？

第七章　數學專題欣賞

解：

置二個線性同餘如下，

$$\begin{cases} x \equiv 3 \ (\text{mod}\ 8) \\ x \equiv 7 \ (\text{mod}\ 21) \end{cases} \qquad \begin{matrix}(1)\\(2)\end{matrix}$$

將（1）式代入（2）式，得，

$8k + 3 \equiv 7 \quad (\text{mod}\ 21)$

或為，$8k \equiv 4 \quad (\text{mod}\ 21)$

由於，$8 \cdot 8 + 21 \cdot (-3) = 1$

所以，$sb = 8 \cdot 4 = 32$ 為，$8k \equiv 4 \ (\text{mod}\ 21)$ 之一個解。也因此，$x_0 = 8 \cdot 32 + 3 = 259$，為（1）式、（2）式之共同解。同樣的，按照中國剩餘定理，

$\{x_0 + 8 \cdot 21k = 259 + 168k : k \in Z\}$ 即為此題的通解。

數學史演繹

參考資料

1. 趙良五
   中西數學史的比較，二版，臺灣商務印書館，1995

2. 劉健飛、張正齊
   數學五千年，一版，曉園出版社，1989

3. 張潤生、陳士俊、程惠芬
   中國古代科技名人傳，初版，貫雅文化事業公司，1990

4. 康明昌
   幾個有名的數學問題，凡異初版社，1987

5. 王懷權
   數學的故鄉，初版，學英文化事業公司，1997

6. 數學圈，凡異出版社，32卷，1991年11月

7. 歐陽絳
   數學大觀，第一卷，一版，曉園出版社，1993

8. Jacobson
   Basic Algebra I，W. H. Freeman and Company，1974

9. Walter Rudin
   Principle of mathematical analysis，McGraw-Hill, Inc.，1976

10. Michael White
    Isaac Newton，Exley Publications Ltd，1991

11. Michael White
    Galileo Galilei，Exley Publications Ltd，1991

12. James Stewart
    Precalculus，Third edition，Brooks/Cole Publishing Company，1998
13. Hilbert Biography，http://www.math.umn.edu/，2008
14. 甜蜜的笛聲-希爾伯特，數學王子-高斯，
    http://www.math.ntu.edu.tw/，2008
15. Hilbert，David，Weierstrass，Dirichlet，Cauchy，Euler，Leonhard，
    Tartaglia vs Cardano，談韓信點兵問題，http://episte.math.ntu.edu.tw/，2008
16. Karl Wilhelm Theodor Weierstrass，Augustin Louis Cauchy，
    http://scidiv.bcc.ctc.edu/，2008
17. Johann Peter Gustav Lejeune Dirichlet，非歐幾何學，正十七邊形的尺規作圖法，數學家年表，http://cartan.math.ntu.edu.tw/，2008
18. Johann Carl Friedrich Gauss，http://mail.mcjh.kl.edu.tw/，2008
19. 數學王子，高斯，http://www.pcsh.tpc.edu.tw/，2008
20. 數學王子的生平，http://www.math.ncu.edu.tw/，2008
21. 尺規作圖正多邊形，http://netcity1.web.hinet.net/，2008
22. 柯西，柯尼斯堡七橋問題，歐拉，哥白尼，九章算術，幾何原本，
    http://www.edp.ust.hk/，2008
23. 王者之王拿破崙大展，http://napoleon.chinatimes.com/，2008
24. Augustin Louis Cauchy，http://www-groups.dcs.st-and.ac.uk/，2008
25. Kaliningrad，http://www.inyourpocket.com/，2008
26. Riss, Kaliningrad，http://www.riss-kaliningrad.com/，2008
27. 柯尼斯堡的七條橋，http://home.netvigator.com/，2008
28. Leonhard Euler，http://www.physics.ucla.edu/，2008
29. Leonhard Euler，Gottfried Wilhelm Leibniz，Sir Isaac Newton，Isaac Barrow，Pierre de Fermat，Ren Descartes，http://www.maths.tcd.ie/，2008

參考資料

30. 數學界的老師，尤拉，http://www.math.ntu.edu.tw/，2008
31. Pierre de Fermat，Leonardo Pisano Fibonacci，http://teacher.mcjh.kl.edu.tw/，2008
32. The Origin of Complex Numbers and the Notation "i"，http://www.math.toronto.edu/，2008
33. 西方哲學史─羅馬帝國與文化的關繫，http://www.twbm.com/，2009
34. 羅馬帝國的滅亡，http://www.sm21.net/，2009
35. 十字軍東征，周髀算經，http://www.cmi.hku.hk/，2009
36. 西方戰略思想史，http://www.strategy.idv.tw/，2009
37. 文藝復興及宗教改革，http://darrenlok.tripod.com/，2009
38. 拜占庭與仿羅馬式的風格，http://ceiba.cc.ntu.edu.tw/，2009
39. 評價十字軍東征，http://www.lucifer.hoolan.org/，2009
40. 祖沖之和 π，http://netcity1.web.hinet.net/，2009
41. 圓周率是怎樣算出來的？，http://pei.cjjh.tc.edu.tw/，2009
42. 九章算術，古希臘三大幾何問題，http://mikekong.uhome.net/，2009
43. 周髀算經：古代天文書，http://www.thinkerstar.com/，2009
44. 中國古觀星台，http://china-window.com/，2009
45. 漢代科技，http://www.cityu.edu.hk/，2009
46. 中國數學，http://www.csjh.tpc.tw/，2009
47. 尼羅河，http://home.kimo.com.tw/，2009
48. Archimedes，http://scidiv.bcc.ctc.edu/，2009
49. 點燃數學明燈的天才，http://www.chjhs.chc.edu.tw/，2009
50. 墨子救宋，http://mail.dfes.tpc.edu.tw/，2009
51. 墨子，http://www.china-contact.com/，2009

52. 畢達哥拉斯，http://www.tsjhs.tcc.edu.tw/，2009

53. Pythagorean Theorem，http://cchs.tp.edu.tw/，2009

54. 大禹治水的自述，http://www.chinakongzi.net/，2009

55. The great plague 1665，http://www.historic-uk.com/，2010

56. David Hilbert，http://en.wikipedia.org/，2010

57. Karl Wilhelm Weierstrass，http://www-history.mcs.st-andrews.ac.uk/，2010

58. Peter Gustav Lejeune Dirichlet，http://www.amt.canberra.edu.au/，2010

59. Carl Friedrich Gauss，http://www.shsu.edu/，2010

60. 代數的由來，中國數學著作，http://www.math.tku.edu.tw/，2010

61. 紅夷大砲與明清戰爭，http://www.hss.nthu.edu.tw/，2010

62. 天文學家之四，伽利略，http://www.nknu.edu.tw/，2010

63. 哥白尼，http://bwc.hkcampus.net/，2010

64. 天文學家之一，哥白尼，http://www.tyhs.edu.tw/，2010

65. 哥白尼 (二)，http://www.nmns.edu.tw/，2010

66. 近代歐洲的興起，http://netcup.tecom.ntu.edu.tw/，2010

67. 義大利的文藝復興，http://www.tces.tc.edu.tw/，2010

68. 文藝復興的先河，從但丁、佩脫拉克到薄伽丘，http://www2.tku.edu.tw/，2010

69. 認識達文西，微笑的開示，http://art.network.com.tw/，2010

70. 當斐波那契碰上孫子，http://math.ntnu.edu.tw/，2010

71. 東羅馬帝國及其文化，http://www.nssh.tpc.edu.tw/，2010

72. 維基百科，en.wikipedia.org，2011